# 新幹線実現をめざした技術開発

下前 哲夫 編著

株式会社
成山堂書店

本書の内容の一部あるいは全部を無断で電子化を含む複写複製（コピー）及び他書への転載は，法律で認められた場合を除いて著作権者及び出版社の権利の侵害となります。成山堂書店は著作権者から上記に係る権利の管理について委託を受けていますので，その場合はあらかじめ成山堂書店（03-3357-5861）に許諾を求めてください。なお，代行業者等の第三者による電子データ化及び電子書籍化は，いかなる場合も認められません。

▲ モデル線走行試験（A編成）

▲ モデル線走行試験（車両点検）

▲ モデル線走行試験（地上測定）

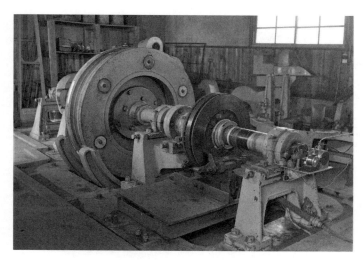

▲ 新幹線ブレーキ試験装置

▲ モデル線走行試験（車上測定）

▲ 新幹線車両模型の風洞試験

▲ 速度向上試験中の SE 車（列車風測定）

▲ 速度向上試験中の SE 車の台車

口絵写真提供：(公財) 鉄道総合技術研究所

# まえがき

　東海道新幹線は世界で初めての高速鉄道として、東京オリンピックが行われた 1964（昭和 39）年に開業し、すでに 50 余年経ちました。

　鉄道の新線建設はいつの時代でも大事業ですが、殊に東海道新幹線は、広軌新線に反対が多いなかでの、また鉄道斜陽論という逆風のなかでの建設決定、世界銀行借款を含む巨額の資金調達、鉄道の速度を飛躍させた技術開発、極めて短い期間での用地買収・建設工事・車両製造など多くの難関を克服して実現したものであります。

　新幹線はその後山陽新幹線、東北・上越新幹線、九州新幹線、北陸新幹線と続き、直近の北海道新幹線（2016 年、新青森 – 新函館北斗）の開業で全営業キロは約 3,000km に達しました。この間多くの改良が加えられ、今では速度、快適性、運行安定性、運行本数、環境保全性のいずれにおいても開業時とは比較にならないほど進化しています。

　一方欧州では、フランスが東海道新幹線の 17 年後（1981 年）に、続いてイタリア、ドイツが 1988 年、1991 年に、またアジアでは韓国が 2004 年、台湾、中国が 2007 年に高速鉄道の運転を始めました[1]。

　2012 年時点で高速鉄道を運行している国は 21 か国におよび[2]、その総延長キロは 2 万キロを超えるに至っています。

　このように世界の高速鉄道は東海道新幹線から始まりましたが、本書はそれを実現させた技術開発に焦点を当てたものです。

　本書では新幹線の技術開発を大きく、
　　第 1 段階：主に終戦後から昭和 33 年東海道新幹線の建設が決定されるまでの 10 余年
　　第 2 段階：建設決定から開業までの 6 年間
　　第 3 段階：開業から国鉄の民営分割までの 25 年
　　第 4 段階：JR 発足以降の 30 余年
に分け、第 1 段階と第 2 段階に焦点を当てています。

---

[1] 韓国は TGV 方式、台湾は新幹線方式によっているが、中国は技術移転を条件に日本、ヨーロッパと車両輸入等の契約を結び高速鉄道技術を国産化した。世界の総延長 2 万キロの半分は中国による。

[2] 秋山芳弘、三浦一幹、原口隆行『世界のハイスピードトレイン』、JTB パブリッシング、2012 年、pp.165/167

第1段階と第2段階は新幹線を生んだ技術開発、第3段階、第4段階は育てた技術開発とすれば、技術史的な意義はまず第1段階と第2段階にあると思うからです。

さてこの段階での技術開発の中心は、終戦後陸海軍等から鉄道技術研究所に移籍した人たちであったことはよく知られていますが、彼らが行った技術開発の中身についてはあまり知られていません。

そこで本書では、戦後から昭和30年代にわたって行われた鉄道技術に関する各種研究委員会の記録、鉄道技術研究所による上記第2段階の記録、そして研究者諸氏が残した論文などを元に「鉄道高速化のためには何が問題だったのか、それを克服するためにはどのような発想、苦労があり、どのような経過をたどったのか……」を改めてたどってみました。

もちろんコンピュータのない時代であり、測定器や試験装置を自作しながら始まった研究がやがて高速鉄道の基礎技術になっていく過程は、先人たちの非凡な能力、情熱、エネルギーを十分に感じさせてくれるものでした。

本書は5つの区分で構成されています。

第1編は上記第1段階の記述であり、いまだ高速鉄道の実現という目標が定まっていなかった状況のなかで、研究者がそれぞれの分野で行っていた研究をたどりました。

第2編は鉄道技術研究所に新しく着任した所長が、第1段階の研究成果を統合すれば今までにない高速鉄道を実現できると感じ、講演会を開催してその構想を世に問うまでの経過をたどっています。

第3編では、戦後経済の復興のなかで東海道本線の輸送力を増強する必要性から、上記講演会の発表も取り込み、東海道新幹線の建設が決定されるまでの経過を略記しています。

第4編では、高速鉄道の「可能性」から「実現」に向けて東京オリンピックに間に合わせるため、一斉に立ち上がった広範囲な技術開発のなかから主な事柄を選びその経過をたどっています。

第5編では、新幹線の開業直後の故障について簡単にとりまとめています。

さらに、巻末には歴史的意義を持つと思われるもの、技術的に参考になると思われるものを、資料として掲載しました。

本書では、数式も残していますが、これらは研究者諸氏が現象を解明していった手段の一部なので、こんな風に考えたのかという程度に見てもらえれば良いと思います。

高速鉄道の技術分野は広く、著者の浅学非才ゆえにでき上がったものは満足

なものとは言えませんが、諸兄が新幹線技術の生い立ちについて理解を深めようとされる際、本書がその一助になることができれば望外の喜びであります。

　なお、本書で使用される用語について、文献等からの引用箇所は原文のままの表記としてあるため、同一の用語であっても表記が異なる場合があること、さらに、本書に登場する人物については、原則として敬称略としたことをおことわりしておきます。

2018年12月　下前 哲夫

# 目　　次

まえがき

## 第1編　終戦からの技術開発

### 第1章　台車と車体の振動防止 …… *2*
1.1　高速台車振動研究会の発足 …… *4*
1.2　第2回研究会 …… *13*
1.3　第3回研究会 …… *19*
1.4　第4回研究会 …… *31*
1.5　第5回研究会 …… *35*
1.6　第6回研究会 …… *37*
1.7　昭和24〜32年 …… *41*

### 第2章　車体の強度、軽量化、空気抵抗 …… *55*
2.1　抵抗線歪みゲージによる応力測定の実現 …… *57*
2.2　車体強度計算法の確立 …… *62*
2.3　車両の軽量化 …… *64*
2.4　東京−大阪間4時間半の構想 …… *67*
2.5　小田急3000形SE車の実現 …… *71*

### 第3章　軌　　　道 …… *74*
3.1　ロングレールの実現 …… *74*
3.2　軌道力学の進歩 …… *91*

### 第4章　信号保安 …… *103*
4.1　軌道回路計算法の簡易化 …… *106*
4.2　疑似軌道回路装置の完成 …… *108*
4.3　キロサイクル軌道回路（可聴周波と電子回路への挑戦） …… *109*

## 第5章　集　電 …………………………………………………………… *120*
5.1　集電研究委員会の発足 ………………………………………………… *122*
5.2　測定装置の開発 …………………………………………………………… *124*
5.3　三島－沼津間 120km/h 速度向上試験 ………………………………… *127*
5.4　架線方式比較試験 ………………………………………………………… *130*
5.5　新しい集電理論 …………………………………………………………… *132*

# 第2編　鉄道技術研究所 50 周年記念講演会

## 第6章　鉄道技術研究所 50 周年記念講演会 ……………………………… *138*
6.1　記念講演会まで …………………………………………………………… *138*
6.2　記念講演会の開催 ………………………………………………………… *142*

# 第3編　東海道新幹線建設決定に至る過程

## 第7章　新幹線建設決定に至る過程 ………………………………………… *164*

# 第4編　建設決定から開業までの技術開発

## 第8章　研　究　体　制 ……………………………………………………… *170*

## 第9章　蛇行動の克服 ………………………………………………………… *175*
9.1　1/5 模型台車による実験（1 台車、昭和 34 年度） …………………… *177*
9.2　実物大実験台車の転走試験（1 台車、昭和 35 年度） ………………… *180*
9.3　蛇行動解析の条件拡大（1 台車、昭和 36 年度） ……………………… *185*
9.4　試作電車の転走試験（車体＋2 台車、昭和 36 年度末） ……………… *189*
9.5　ボギー車全体の蛇行動計算（昭和 37 年度） …………………………… *191*
9.6　衝撃的横圧の評価法 ……………………………………………………… *197*
9.7　試作電車のモデル線走行試験（昭和 37 年度） ………………………… *199*
9.8　量産車用台車の仕様決定 ………………………………………………… *204*

## 第10章　高速集電 ……………………………………………………………… *208*
10.1　高速架線の開発 …………………………………………………………… *208*
10.2　高速パンタグラフの開発 ………………………………………………… *222*

10.3 新幹線用パンタグラフすり板の開発 ………………………………… *229*
10.4 開業後の問題 ……………………………………………………………… *233*

## 第11章 高速軌道 …………………………………………………………… *238*
11.1 軌道構造の決定 ………………………………………………………… *239*
11.2 モデル線における振動、応力の測定 ………………………………… *245*
11.3 座屈試験 ………………………………………………………………… *246*
11.4 車輪フラットによる衝撃 ……………………………………………… *247*
11.5 レール溶接破断時の安全性確認 ……………………………………… *249*
11.6 ロングレールと橋梁桁座配置 ………………………………………… *251*

## 第12章 車両の強度 ………………………………………………………… *253*
12.1 軽量・高強度・気密化車体の製作 …………………………………… *253*
12.2 車軸の強度 ……………………………………………………………… *255*

## 第13章 車両振動・乗り心地 ……………………………………………… *259*
13.1 空気ばねの開発 ………………………………………………………… *259*
13.2 乗り心地判定基準 ……………………………………………………… *267*
13.3 量産車の乗り心地 ……………………………………………………… *268*

## 第14章 ブレーキ …………………………………………………………… *272*
14.1 ブレーキ方式の決定 …………………………………………………… *272*
14.2 粘着限界、ブレーキ減速度 …………………………………………… *273*
14.3 ディスクブレーキの構成と材料 ……………………………………… *276*
14.4 モデル線試験 …………………………………………………………… *278*
14.5 量産車による試験 ……………………………………………………… *279*

## 第15章 空気力学に関する事柄 …………………………………………… *281*
15.1 車体形状 ………………………………………………………………… *281*
15.2 非定常的な空力問題 …………………………………………………… *289*
15.3 走行抵抗 ………………………………………………………………… *302*

## 第16章 き電系（セクションアーク対策）……………………………… *308*
16.1 BT（吸上げ変圧器）き電方式 ………………………………………… *309*

16.2 BTセクションのアーク対策 …………………………………… *310*
16.3 抵抗式セクションの抵抗値の決定 …………………………… *313*
16.4 AT（単巻き変圧器）き電方式への変更 …………………… *318*

## 第17章 信号保安、進路制御 ……………………………………… *321*
17.1 ＡＴＣ ………………………………………………………… *321*
17.2 ＣＴＣ ………………………………………………………… *330*

# 第5編　開業後の故障

## 第18章 開業後の故障 ……………………………………………… *340*

資料1. 摩擦とクリープ（高速台車振動研究会資料） ……………… *343*
資料2. 架線パンタグラフ系の限界速度の考察（集電第四専門委員
　　　 会資料） ………………………………………………………… *347*
資料3. 振幅変調、復調について ……………………………………… *355*
謝　　辞 ………………………………………………………………… *357*
索　　引 ………………………………………………………………… *359*

# 第1編　終戦からの技術開発

# 第 1 章　台車と車体の振動防止

　昭和 20（1945）年 8 月 15 日、第二次世界大戦が終結し、軍の技術者たちは、各自の人脈を頼って新たな職場探しを始めねばならなかった。
　後に、鉄道技術研究所の所長を務め高速鉄道の実現に大きな役割を果たした松平精[1] は、自身の回顧録「戦後の鉄研 24 年間の思い出」[2] のなかで、

> 「昭和 20 年 11 月 15 日、国鉄本社旧館の 8 階講堂右手奥の物置のような一室に、当時の鉄研（運輸省鉄道技術研究所）第一部長の故池田正二博士をおたずねした。昭和 9 年大学卒業以来ひき続いて勤務していた海軍航空技術廠が、終戦後間もなく 10 月 31 日で解散になったので、新しい職を求めて、これも故人になられた東大航空研究所の小川太一郎教授の紹介で、池田さんにお会いしたのである。
> 　しばらくお話ししたのち、それでは明日からでも鉄研の仕事をして下さいと言うことになった。帰途浜松町の鉄研本館に立寄って、嘱託という名義で、初めて国鉄の通勤パスをもらった時は、大変ありがたく、うれしかったのをおぼえている。」

と記している。

　鉄道技術研究所に移籍した松平は、海軍で培った技術力を活かして鉄道の高速化に顕著な業績を残すことになるが、まずは後年の論文から氏の終戦までの経歴をたどってみよう[3]。

　松平は昭和 9（1934）年、大学卒業後に海軍航空技術廠に入り、飛行機部の配属になっている。当時の海軍では飛行機の振動問題が重要視されていたが、その方面の専門家がいないことから振動の研

**図 1-0-1**　研究所長時代の松平精
（写真提供：（公財）鉄道総合技術研究所）

---

[1] 松平精（まつだいらただし）：昭和 9 年東京帝国大学工学部船舶工学科卒業、同年海軍航空技術廠、昭和 20 年 12 月鉄道技術研究所、後車両運動研究室長、鉄道技術研究所所長、（株）石川島播磨重工業研究所長
[2] 『十年の歩み - 創立七十周年 -』、鉄道技術研究所、昭和 52 年、p.291
[3] 松平精「零戦から新幹線まで」、『日本機械学会誌』Vol.77、No.667、1974 年 6 月

究に従事することになる。しかし、当時はどこの大学でも機械振動学として体系づけられた講義はなされていなかったようで、松平は独学で初歩から機械振動の勉強を始めている。

教科書にしたのは Prof. Den Hartog[4] の「MechanicalVibrations」($1^{st}$.Ed.1934)であった。

氏は、「この名著のおかげで完全に振動学のとりこになり、夢中で読み終わったときは早くも一人前の振動専門家になった気がしたものである」と言っている。

そして、フラッタ[5]の古典的文献である R.A.Frazer & W.J.Duncan, The Flutter of Aero-plane Wings[6] を入手し、フラッタの研究を始めている。この文献は、第一次世界大戦中に頻発した飛行機の不可解な空中分解事故の原因がフラッタと呼ばれる自励現象によるものであることを突き止め、その基礎性質と防止法を記したものであった。

松平はこれらで得た知見に基づき、昭和11年、空中分解には至らなかったものの急降下中に機体が大振動を起こした92式艦上攻撃機のフラッタ事故の対策を行い、続いて95式陸上攻撃機のフラッタ対策を行っている。これらの事故は、速度が150〜200ノット（約280〜370km/h）と低速であったため致命的な事故にはならなかったが、昭和16年になって横須賀航空隊上空で零戦が速度約320ノット（約590km/h）で空中分解し、操縦者が殉職する事故が起きた。当時、すでに150機ほど生産されていた零戦にこのような事故が起きたことは大きな衝撃であった。当時はフラッタが起きる速度を風洞実験をもとに推定する技術は世界のどこにもなく、松平率いるチームは、1/10の主翼模型を作り風洞を使って高速域フラッタ現象の解明にとりかかった。模型の曲げ剛性分布、ねじり剛性分布、質量分布は実物と力学的相似性を有するように工夫された。松平は『零戦から新幹線まで』のなかで風洞試験の様子を次のように述べている[3]。

　　「……田丸君がハンドルを回して徐々に風速を上げて行く、期待と不安のまじった極度の緊張の中で、次第に風速が上がって行く。突如、補助翼が小刻みに振れだした。よく見ると、主翼は見事にねじれ振動をしている。まさに主翼ねじれ−補助翼フラッタだ。やっぱりこれだった。これまでの

---

[4] Jacob Pieter Den Hartog：MIT 教授
[5] 飛行中の空気流によって飛行機の翼や胴体などに生じる異常振動
[6] British ARC, R & M No.1155、1928

事故原因がつかめたという安堵感と同時に、今までの筆者の不明に対する悔恨の情、機体の地上振動試験審査の主務者としての深刻な責任感、それらが筆者の頭の中を渦巻いて流れた。このときの複雑な苦しい気持ちは今だに忘れることができない。

……かくしてこの事故は発生後2か月足らずで完全に解決されたのである。対策としては、補助翼のつりあい質量を増して主翼のねじり振動に対して動的にバランスさせ、さらにある時期から後の機体には主翼の外板の板厚を増した。この事故以来、零戦はもちろん、すべての機種において主翼フラッタは姿を消したのである。」

松平は、飛行機のフラッタ事故に関わるなかで、実物試験ができない振動系の問題を解析的手法と模型実験によって解決した技術者であった。
やがて鉄道技術研究所に移籍することとなるが、その時は氏のこのような能力が鉄道の世界でどう生かされるかなどは、当然のことながら予見されていたわけではなかった。松平35歳の時である。

## 1.1　高速台車振動研究会の発足

松平が鉄道技術研究所に来て1年後、昭和21（1946）年12月に当時運輸省[7]鉄道総局車両局動力車課の課長だった島秀雄[8]によって、電車の振動低減を目指した高速台車振動研究会[9]（以下、研究会）が発足し、松平はそのなかで中心的役割を果たすことになる。

氏は後年の論文[10]のなかで、

「当時の車両の振動は、現在（昭和47年ごろ）の車両に比べると数倍の大きさであって、特に電車の振動はすこぶる大きく、その乗心地は極めて

---

[7]　昭和20年5月運輸通信省廃止、運輸省発足、昭和24年6月日本国有鉄道発足
[8]　島秀雄：大正14年鉄道省、昭和23年運輸省工作局長、昭和26年辞任、同30年国鉄技師長、後宇宙開発事業団理事長。
[9]　初回は、電車用動力台車設計研究会と称し昭和21年12月16日から3日間、大阪鉄道局有馬療養所において運輸省鉄道総局工作局動力車課・客貨車課、鉄道技術研究所、メーカー（汽車製造、三菱重工、川崎車両、扶桑金属、日本車両）他から26名が参加して行われた。2回以降は東芝車両、日立製作所、鉄道車両工業会が加わり、3回目には更に東洋電機が加わるなど、回を追って参加者が増え、島課長が極力制限しようとしたにもかかわらず90名近くまで増えている。研究会は昭和24年4月第6回で終了した。
[10]　松平精「東海道新幹線に関する研究開発の回顧－主として車両の振動問題に関連して－」、『日本機械学会誌』第75巻 第646号、昭和47年

悪いものであった。したがってこのような電車を長距離列車にすることは思いもよらぬことであった。ところが当時工作局動力車課長であった島秀雄氏は、そのころから電車列車論者で、その持論を実現するためには、電車の振動を徹底的に改善する必要があるとし、その要望を筆者に依頼されたのである」

と述べている。

　島にしてみると、従来から行われている車両振動の研究は、現実に電車の振動軽減には役立っていない。この研究会で徹底的に議論を戦わせて確かな理論体系に収束させ、それに基づく設計指針を作りたいということだったのだろう。

　このように、研究会は在来線電車の乗り心地向上を目的としたものであったが、そこで行われた鉄道車両振動の基礎研究は、その後の新幹線車両の実現につながるものであった。

　島は研究会発足時の挨拶で、その趣旨を次のように述べている。

「……今迄客車電車に対しましては、それがお客様を扱う関係上何といっても振動動揺の問題が議論の中心となっております。それに就いて方々で各個別に研究しておりましてその間にあまり連絡がなかった様に思われます。我々後学の者が振動の勉強をしたいと思う時各個別の業績の上にもう一つ積み上げたものがあると大変ありがたいわけであります。

　電車がこれから非常に発達してくると思いますが、この様なとき各方面で見事な個体発生をして居られる車両動揺の専門家にお集まりを願い日本だけでなく世界的な系統立ったものを組み立て行きたいと思います。

　……これまで個別的に研究して居られたのでありますから相当ご意見の相違があろうかと思いますから、この際忌憚なくお互いの意見を披瀝し合い学問のためには漱石の言われた所謂非人情になって突込んでやって戴きたいと思います」

　当時の資料から、以下にこの研究会の活動をたどってみることとする。

　表 1-1-1 にこの研究会で討議された内容をまとめてみた。○印は提出された資料一篇を表す。蛇行動も振動の一種ではあるが、ここでは通常の振動とは分けた。

表 1-1-1　高速台車振動研究会で検討された事柄

| 事柄 | 発表、討議 | 第1回 昭和21.12 | 第2回 昭和22.7 | 第3回 昭和22.12 | 第4回 昭和23.6 | 第5回 昭和23.11 | 第6回 昭和24.4 |
|---|---|---|---|---|---|---|---|
| 振動 | 車体台車系振動解析、計算 | ○○○○ | ○○○ | ○○○ | ○○○○ | ○○○○ | ○○○○ |
| | 揺れ枕吊り構造の振動解析 | ○○ | ○○○ | | | | ○○○ |
| | 軌道たわみ理論 | | ○ | | | | |
| | 乗り心地 | | ○ | | | | ○ |
| | 振動測定 | | | ○○○ | ○○○○ | ○○○○ | ○○○○ |
| | 加振装置 | | | ○○ | ○○ | | |
| | 重ね板ばね特性解析、実測 | | ○○ | ○○ | ○○○ | | ○○ |
| | コイルばね特性 | | | | ○ | | |
| | オイルダンパ | | | ○ | ○ | ○ | ○ |
| | 空気ダンパ・ばね | | | ○ | ○ | ○○ | |
| 蛇行動 | 蛇行動理論 | | | ○○ | | | |
| | クリープ現象 | | ○ | ○○ | | | |
| | 模型実験 | | | ○ | ○ | | ○○ |
| 電動機支持 | | | | | ○○○ | ○ | ○○○○ |
| 外国台車紹介 | | | ○ | | | | ○ |
| 新形式台車 | | | | ○○ | ○○ | | |

### 1.1.1　車両の固有振動解析

松平は、第1回の研究会に車両の固有振動数解析の論文[11]を提出しており、その内容は鉄道技術研究所の昭和24年の論文誌にまとめられている[12]。

氏はその緒言で、

> 「車両の固有振動の性質を調べ、またその計算方法を明らかにすることは、車両の振動防止上の基礎的問題である。特に客車および電車においては、乗心地の見地からこの問題の重要性は大きい。すなわち乗心地の良い客電車を作るには、設計に際してその固有振動数を計算し、それらの値を適切に選定することが必要である。揺枕吊（ゆれまくらつり）構造（図1-1-1参照）の台車を有するボギー客車の固有振動数の計算方法については、既に武藤博士[13]、永島博士[14]等の研究がある。しかしそれ等はいずれも理論的に不明確な点があり、かつ計算式が複雑なため、設計者に余り利用されていないようである。従って従来のボギー車の設計に当たってはその固有振

---

[11] 「2軸ボギー車の横方向の固有振動数の計算」（資料No.10）、「2軸ボギー車の上下方向の固有振動数の計算」（同No.12）
[12] 松平精「客車および電車の固有振動数」、『鉄道業務研究資料』第6巻第2号、昭和24年
[13] 武藤倉治：鉄道技術研究所
[14] 永島菊三郎：扶桑金属工業

動に関する考慮がほとんど払われていなかったのである。」
と当時の状況を述べている。

　松平の論文は、当時一般的に使用されていた揺れ枕吊り構造の台車に対しその運動を解析したもので、実車データとの対比はなされていなかったが、島は松平の論文から彼の高度な振動解析能力を感じ、この研究会は確かな成果を上げ得るとの確信をもったと思われる。

　松平は資料の冒頭で、

「今までの車両振動の論文を見ますと、ボギー車の固有振動数の種類がはっきりしていないようでありますから、先ずどんな固有振動数があるかと言うことから説明いたします。先ず座標の取り方からはっきり決めなければならないと思います」

と述べている。

　車両振動に関する既存の論文を読んだところ、「いずれも理論に不明確な点があり、かつ計算式が複雑なため、設計者に余り利用されていない」ことがわかったので「正統的且つ厳密な取扱い」方で固有振動数の解析にとりかかったのだろう。

　図 1-1-1 は当時のモハ 63 型電車で、台車の構造は当時一般的に使われていた揺れ枕吊り方式である。

図 1-1-1　モハ 63 型電車と揺れ枕吊り方式台車の構造
（写真提供：西田良和氏）

車軸は軸ばねで台車枠を支持しており、台車枠はリンク（揺れ枕吊り）で下揺れ枕が振り子のようにまくら木方向に揺れるように吊るしている。

下揺れ枕は枕ばねで上揺れ枕を支持し、上揺れ枕は心皿を通して車体を支持する構造である。したがって、車体重量は、

車体→心皿→上揺れ枕→枕ばね→下揺れ枕→吊りリンク→台車枠→軸ばね→車輪→レール

の順で伝わる。

上下振動は軸ばねと枕ばねが緩和し、横振動は揺れ枕構造が緩和する仕組みである。車両振動問題に対する松平の解析は、極めて厳密かつ明瞭であり、門外漢である著者にもその道の達人の技を感じさせてくれるものである。

論文[15]は事柄の性格上数式が連続するが、数式を追うのは本書の目的ではないので、ここでは松平が使った解析モデルを中心に手順を紹介するにとどめたい。

(1) 座標と固有振動数の種類

座標軸を図1-1-2のようにとり、車両に起こる運動を次のように分類している。

直線運動には、

・前後運動（$x$方向）　・横運動（$y$方向）　・上下運動（$z$方向）

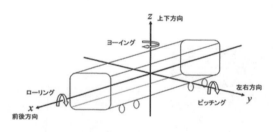

図1-1-2　座標軸
（出典：文献11）

があり、回転運動には、

・ローリング（$x$軸回りの回転）
・ピッチング（$y$軸回りの回転）
・ヨーイング（$z$軸回りの回転）

がある。

---

[15] 松平精「客車および電車の固有振動数」、『鉄道業務研究資料』第6巻、第2号、昭和24年

このうち、単独で存在するのは、前後運動、上下運動、ピッチング、ヨーイングであり、横運動とローリングは通常単独では存在せず、互いに連成して現れる。また、前後運動は単車両の場合は考えなくてよい。

(2) 上下運動の計算

上下運動は図1-1-3のモデルで計算している。$m$は車体質量、$m'$は台車質量、$k_1$、$k_2$は軸ばねと枕ばねのばね定数である。

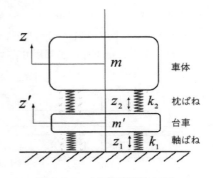

図1-1-3 上下運動解析モデル
(出典：文献11)

軸ばね、枕ばねの静止位置からの伸びを$z_1$、$z_2$とすれば、$z_1 = z'$、$z_2 = z - z'$なので車体と台車の上下自由振動の運動方程式は、

$$m\ddot{z} + 2k_2(z - z') = 0$$
$$m'\ddot{z}' + 2k_1 z' - 2k_2(z - z') = 0 \tag{1.1.1}$$

である。第1項は質量による慣性力、第2項以降はばねによる復元力であり、自由振動なので右辺を0としている。

車体、台車の振動を、

$$z = a\cos\nu t \quad 、 \quad z' = a'\cos\nu t \tag{1.1.2}$$

とおいて（1.1.1）式を解けば固有振動数が得られる。

松平は固有振動数$\nu_z$として（1.1.3）式を導いている。

$$\nu_z^2 = \frac{1}{2}\left\{ \nu_2^2 + \nu'^2 - \sqrt{(\nu_2^2 - \nu'^2)^2 + 4\nu_2^4 m/m'} \right\}$$
$$\nu_2^2 = 2k_2/m \quad , \quad \nu'^2 = \frac{2(k_1 + k_2)}{m'} \tag{1.1.3}$$

実際の台車では、枕ばねには「重ね板ばね」が使われており（図1-2-1参照）、板間の摩擦があるが、松平は摩擦を考慮すると問題が非常に難しくなるとして摩擦なしで解析を行い、最後にその影響を評価している。

実は台車にはこの他にも各部にガタや摩擦があり、これらが間もなく関係者を悩ませることになる。

(3) ピッチング、ヨーイング

ピッチングは図 1-1-4 のモデルで、ヨーイングは図 1-1-5 のモデルで計算している。$i_y$、$i_z$ は車体の $y$ 軸周り、$z$ 軸周りの回転半径である。

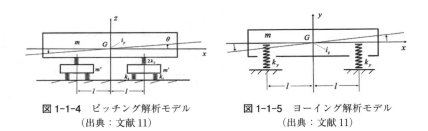

図 1-1-4　ピッチング解析モデル　　図 1-1-5　ヨーイング解析モデル
　　　（出典：文献 11）　　　　　　　　　（出典：文献 11）

(4) 左右動とローリングの連成振動

図 1-1-6 のモデルで解析している。

横振動を緩和する揺れ枕機構と上下振動を緩和する軸ばね、枕ばねの運動が組み合わさるため複雑な運動になり、振動解析の中核をなしている。

松平は、車体の横方向の運動を、軸ばね、枕ばね、揺れ枕吊りがそれぞれ単独に作用する場合の運動の合成であるとし、回転運動については3つの回転中心、$O_1$（軸ばねのみによる車体の回転中心）、$O_2$（枕ばねのみによる車体の回転中心）、$O$（リンク機構による回転中心）を設定し解析している。

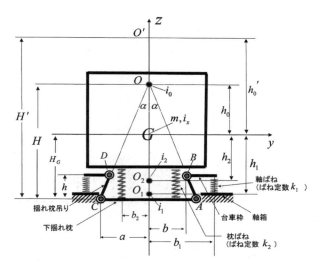

図 1-1-6　左右振動、ローリングの解析モデル（出典：文献 11）

図中 $k_1, k_2$ は軸ばね、枕ばねのばね定数、$m$ は車体質量、$i_x, i_o, i_1, i_2$ は $G, O, O_1, O_2$ 点周りの回転半径、$G, O'$ は重心、中立点を表している。

　この運動の解析は難しく従来説得力のある解法はなかったようで、研究会のなかでも考え方について質問があり、松平が解説している。研究会ではこの資料に限らず、松平が振動現象について解説をしている場面がいくつかあり、この研究会が参加者の車両振動に対する見解を統一し振動解析のレベルアップに役立っている様子がうかがわれる。

　以降、揺れ枕吊り機構を考える際は、松平の解法が基本になっている。

　松平は、以上の考え方で上下振動、横振動・ローリング、ピッチングおよびヨーイングが車体、台車の諸定数とどのような関係になっているかの計算式を導いた。それによって当時の「モハ63型電動車（TR25型台車）」の固有振動数を計算し次のようになることを示した。

（ⅰ）　上下振動：枕ばねの摩擦なしで毎分104回、（枕ばねの摩擦が極めて大きく、ばねとして動かない場合は136回）
（ⅱ）　ピッチング：毎分116回（同148回）
（ⅲ）　ローリング低次：毎分32回（同58回）
（ⅳ）　ローリング高次：毎分67.5回（同73.5回）
（ⅴ）　ヨーイング：毎分59回（同67回）

各振動モードの固有振動数が計算されたのは、この時が初めてであろう。

研究会の質疑応答のなかの、

島　：実際に車体に起っている振動の中最もひどいものは何ですか。
松平：私は出勤時、横須賀線及び中央線でストップウオッチを使って振動の周期、車体番号などを調べましたが、モハ32などでは40～50km/h位で上心横揺れ振動が起こり、もう少し速い時は偏揺振動（ヨーイング）が起こるようです。下心横揺れは駅に入る様なときに起りゆっくり揺れます。

というやりとりからは、松平が、電車がどのように揺れるのかを注意深く体感しながら振動解析の方法を考えていた様子がうかがわれる。

　このように当時は振動の実態が全くわかっておらず、当然ながら測定も行われてはいなかったのである。

　また、

松平：(車体の固有振動数は)、少なくとも車輪の偏心による振動数よりも、即ち車輪回転数よりも高くする必要があると思う。

島　：モハ63は屋根が木張りゆえ剛性が低いが、年末には鉄板にするから相当増加すると思います。

という会話からも当時の状況がうかがわれる。そして、

松平：（重ね）板ばねの剛性は動的なものが是非必要で、現在動的にばねの剛性を測定する装置を考えております。

からは、摩擦作用によって振動を減衰させるために用いられていた重ね板ばねは、基本的な特性がわかっていなかったことがわかる。

また、乗り心地についてメーカーから出された資料中にある記述

「我々鉄道車両の製造に従事しているものは常に信頼性ある品物を作ることに専念しているが、唯丈夫なものを作ることのみが能ではない。出来る限り軽くしかも強いものを作るべく努力が続けられている。また、貨車に於いては乗心地は余り重要でないかも知れないが、客車に於いては乗心地の良い車を設計すると云うことは今後の一つの大きな問題であると思ふ……。（原文カタカナ）」

からは、当時の鉄道車両は乗り心地には意を払わずに製造されていたことがわかる。

計算式の検証に必要な「実車振動試験」のやり方についても議論されている。過去に振動試験の例がなく、試験装置がないことから結局、研究所が工夫してやることになった。

また、松平は走行時の振動測定に関連して、「研究室で加速度計を作った。通勤時に測るとピッチング0.3g、継目によるビビリは0.05g、人間の歩行時は±0.5g位です」と言っており、当時の計測器事情がうかがわれる。

このような状況から出発し、12年後に110km/hの長距離電車特急「こだま」を走らせ、18年後には「新幹線」を実現させたのである。改めて頭の下がる思いがする。

松平の論文をたどって感じるのは、氏の仕事の圧倒的な速さと密度の高い仕事量である。氏が鉄道技術研究所に来たのは昭和20年末である。鉄道に関する知識もなく、不慣れな環境で仕事に取り掛かれるようになるまでには少なくとも1、2か月かは必要だったであろう。

そうすると、第1回の研究会までの10か月程度の間に、従来この分野の鉄道技術者が確立できていなかった振動解析を行ったわけである。このことから

も、そして以降の研究会での質疑応答からも、松平のこの分野における突出したポテンシャルの高さがうかがい知れる。

### 1.1.2 研究会のテーマ

第1回研究会の終わりに松平は、研究会のテーマを次のように集約した。これらの項目に、当時の車両技術の状況がよく表れている。

---
一、車両振動関係
　（一）固有振動数計算法の確立　　（二）車両振動実験
　（三）板ばねの剛性
　（四）振動計算に必要な基礎数値の収集
　（五）減衰力
二、振動源に関する研究
　（一）軌条継目による振動　　　　（二）分岐器による衝撃
　（三）曲線路入口における衝撃　　（四）前後衝撃
　（五）蛇行動　　　　　　　　　　（六）走行時の振動測定
　（七）軌道に関する基礎数値の収集
三、乗り心地に関する研究
四、台車構造様式の研究
五、設計荷重の研究
六、固有振動数及び減衰力の選定

---

後に高速鉄道実現の絶対条件となる蛇行動問題の克服は、この時点では乗り心地を悪化させる振動源のひとつとして認識されている。

## 1.2　第2回研究会

第2回の研究会は、7か月後の昭和22（1947）年7月に開催された[16]。

### 1.2.1 車両の定置加振試験

まず、研究所が行った「モハ63型電車」の振動試験の結果が報告された。動力源に壊れたオートバイのエンジンを使って車両を加振している。

結果は意外なものだった。振動の種類は理論的に考えられるものと同じであるが、振動数は理論値と非常に違っていたのである。

---

[16] 出席者は運輸省4部署、メーカー7社及び鉄道車両工業協会から合計37名と参加者が増え20編の資料が審議された。

この実験結果および松平の理論式により、後に車両運動研究室長を務める松井信夫[17]が計算した各種電車の固有振動数に対して、

> 松井：モハ63型電動車の振動試験結果から見て、このような計算をしてもあまり意味がないかもしれないが、何かつかめないかと思って計算した。
> 
> 曽根（三菱重工）：このなかで乗心地はどの車が良く、どの車が悪いですか。
> 
> 松井：サハ48等が良いようです。一般的に言えば電動車が悪く、附随車、客車が良いようです。（しかし）この計算値ではあまり差がありません。
> 
> 松平：私はこの（計算）結果から乗心地について何とか理屈をつけようと思ったのですが、あまり（計算結果に）差が出てこないのでできませんでした。モハ63の振動試験結果や実際に車両が走っている時を見ますと、枕バネが殆ど効いておりませんから、枕バネを固定してしまって軸バネだけで振動数を比較したらモハとサハで差が現れてくると思います。

などの意見が交わされている。

最終的に松平は、理論値と測定値の比較を次のように集約した。

(1)　固有振動数

　　振動の種類は理論的に考えられるものと同様であるが、振動数は全然異なり、かつ振幅によって変化する。

(2)　固有振動数の理論値と実験値との比較

　・理論の大きな間違いの第一は摩擦を無視したことである。実際の車両では各結合部及び摺動部の摩擦、特に板ばねの摩擦が非常に大きい。したがって、これを省略する事はできない。

　・第二に、心皿部を剛体と考えたが、実際にはこの部分にばね作用がある。

　・第三には、枕ばねの横変位はないと考えたが、実際は横方向にも動く。

以上が理論と実験との大きな食い違いの原因と考えられる。

このほか、車体の曲げ、ねじれ剛性が低いことも原因のひとつと考えられる。

(3)　重ね板ばねの動的特性

　・板ばねの動的剛性は静的剛性に比し、著しく大きいことがわかった。

(4)　現用台車に対する振動上の意見

　・枕ばねの剛性が非常に大きいため、車体の弾性支持としての意味は全然

---

[17] 松井信夫：昭和16年海軍航空技術廠、20年鉄道技術研究所に移籍、松平グループの一員、後車両運動研究室長

ない。
・各部に必要以上の摩擦がある(特に台車と上揺れ枕の間)。

廃品利用の自作装置による初めての振動試験からは、以上のような貴重な知見が得られたのである。重ね板ばねを使った枕ばねはサスペンションとして機能していないことなどには、関係者はさぞ驚いたと思われる。

**図1-2-1** 重ね板ばねを用いた枕ばね
(写真：著者)

早速討議のなかで、

横田(汽車製造)：減衰を入れれば枕ばねに蔓巻バネを使って良いわけですか。
松平：そうです。
横田(汽車製造)：昔あった脱線事故では蔓巻ばねを使ったことがありましたが、これを板ばねに直したら脱線しなくなったことがありますが。
島　：米国でも過去に同様の事実が多くあったので、あちらでは蔓巻ばねのままダンパーを併用する様に進めて解決しております。今は殆どすべての台車がそうなっている様です。

のように、特性が定まらない重ね板ばねに代わり、コイルばねとダンパを併用する方向が出ている。

### 1.2.2 蛇行動研究の始まり

第2回の研究会で注目されるのは、松平が提出した資料「クリープ説による蛇行動理論の紹介」である。従来、理解されていた蛇行動現象は、明治16(1883)年にドイツのKlingelによって導かれた、いわゆる幾何学的蛇行動[18]と称されるもので、蛇行動の波長は車輪径、車輪踏面勾配、レール間隔のみで決まる。

しかし、モーターにより駆動され転がる輪軸には、慣性力、重力に加えレールから受ける力が作用するため運動は単純ではない。

振動論の専門家である松平は、鉄道技術者が説く幾何学的蛇行動理論が力学系としては不完全であることに気づき、文献調査をしたところ、欧米ではずいぶん以前からこれらの力を取り込んだ動力学的解析が行われていること、そしてそれが日本では全く手つかずであるということを知ったのだろう。

---

[18] Klingel,W.：Uber den Lauf der Eisenbahnwagen auf Gerarder Bahn, Organ Fortich. Eisenb.-wes., 38, 1883

この資料は、わが国における本格的な蛇行動研究の出発点とも言えるものである。

───────────

## 「クリープ説による鉄道車両の蛇行動理論の紹介」

22-6-18　鉄研第一部　松平精

　鉄道車両の蛇行動に関しては、古くから多くの人々によって研究されている。一つの車輪が直線軌条の上をゆっくり転がる場合の蛇行動は、車輪の踏面勾配に基づく車輪軌条間の純粋の運動学的（Kinematical）関係から容易に導かれるが、これについては武藤博士が正確な式を出している。

　台車のように二つ以上の車軸の場合は、台車が蛇行動をなすためには、各車輪は転がると共に多少とも滑りを生じなければならぬ。この場合の蛇行に関する初期の理論は多くは車輪の滑りに応じて生じる摩擦力の静力学的釣合から出発している。

　これらの理論では凡て台車の質量を省略しているが、それは台車の慣性力を考慮して動力学的（Dynamical）に解こうとすると摩擦力の存在のために運動方程式が非線形になって取り扱いが極めて困難になるからである。従って、これ等の理論は単に低速度に於いて運動学的に起り得べき蛇行動の性質を教えるのみであって、実際に高速度で動力学的に起る蛇行動の性質、殊に如何にしてそれが誘起されるかと云う発生機構に対しては何等の回答も与え得なかったのである。

　これに対し F.W.Carter は、車輪と軌条の間に生じる微小な滑りに関してクリープ説（Theory of Creep）を導入して、蛇行動の理論を発展させた。

　クリープとは車輪と軌条の間に働く接線力によって生ずる車輪踏面材料の弾性変形に基づく"ずり"であって、例えば軌条の上を転がっている車輪に横方向の力が働く場合、普通の摩擦理論によれば、横力がある限界（摩擦力）を越えなければ横方向に移動（滑る）しないのに対し、クリープ説によれば、横力が如何に小さくても車輪は必ず力の方向に移動（クリープ）し、その"ずり"と転がりの距離の比、即ちクリープ速度と転がり速度の比は横力即ちクリープ力に比例すると云うのである。Carter はこの比例常数 f の値を理論的に求めたが、その値は B.S.Cain によって実験的に確かめられた。

　このクリープ説に基づく蛇行動理論の動力学的解析によって、蛇行動が不安定な振動即ち自励振動（self-induced vibration）なることが明らかにされ、機関車或いは客貨車の台車に於いて、しばしば高速度に発生する激しい定常的な振動の原因が説明されるに至った。

　この理論には尚多くの欠点があり、究明を要する点も少なくないが、少なくとも従来の摩擦説に比べてはるかに実際の蛇行動現象をよく説明するものと思われる。

　欧米に於ける最近（1940年以降）のこの方面の研究の状況は、文献入手不可能のため全く知ることができないが、恐らくクリープ説の線に沿って更に進歩発展しているものと想像される。

　所で、意外な事に、我が国の鉄道技術者にはこのクリープ説による蛇行動理論が殆ど紹介されておらず、従って蛇行動に関する知識は、その最も初歩の運動学的、静力学的

蛇行動に関するものから一歩も出ていないようである。そこで、ここに改めて、欧米に於いては既に甚だ古くさいクリープ理論並びに、それによる蛇行動理論の代表的な文献を紹介して、我が国鉄道技術者のこの方面への研究の導火線にしようと思う。

---

関連する質疑応答には、

疋田（三菱重工）：タイヤの直径とか材質などが（クリープ力に）入っているのですか。

松平：私もあまりよく読んでおりませんのではっきり把握しておりませんが、接触点の長さ、（車輪の）半径が入っております。

島　：（クリープ現象に関する論文[19]を読んでいて）たしか Friction force = const. × creep × wheel load のような形だったと思います。

池田[20]：この論文はあると思います。

松平：何時頃のですか。

島：1936〜1937年頃だと思います。之から出発した蛇行動の理論を進めていくと面白そうですから、松平さんの力を借りて発展させていきたいと思いますから大いに御協力をお願いします。

というやりとりがあり、松平による蛇行動の研究はこの頃から始まったことを示している。

第2回の研究会では、このほか揺れ枕吊り構造をどう改善するかや重ね板ばねの特性などについて熱心に議論されている。後年、上下に加えて左右の緩衝機能を持つ空気ばねが開発されるに至って、構造が複雑で連結部にガタや摩擦がある揺れ枕吊り構造および特性不定の重ね板ばねは廃止され台車構造が大きく変わることになるが、当時はまだその方向が見えておらず、この2つの改善に懸命に取り組んでいたことがわかる。

また、メーカーからの資料「アメリカに於ける客車用台車の新設計」に関連して、

樫田（東芝車両）：鉄道関係の外国雑誌を進駐軍の図書館で見ておりますが、

---

[19] Porter, S.R.M.: The Mechanics of a Locomotive on Curved Track, Proc. of the Inst. of Mechanical Engineers, Vol.126, 1, Jun. 1934, London

[20] 池田正二：鉄道技術研究所第一部部長。第一部は蒸気車、電気車、内燃動車、客貨車、制動、車両運動力学、車両付属機器の各研究室および自動車実験所からなり、松平は車両運動力学研究室に所属していた。研究所は終戦後多くの要員を受け入れ、昭和21年9月、総務部、第一・第二・第三理学部、第一部（車両関係）、第二部（土木関係）、第三部（信号関係）、第四部（化学関係）、第五部（機械関係）、第六部（電気関係）、第七部（船舶・港湾関係）、試作部からなる新組織となった（『鉄道技術研究所50年史』より）。

省から話をしてもっと入れる様にして戴きたいと思いますが（もっと多くの雑誌をの意）。

島　：Railway Age だけですね。そのうち輸入してくれる様になりそうです。Railway Gazette が来ると良いと思いますが。

という会話からは、終戦2年後の当時の状況がうかがわれる。

第2回の終わりに、研究会の成果を設計者向けにまとめる「台車振動便覧」の項目が次のように集約され、それぞれをどう進めるかの議論が行われた。

|  |  |
|---|---|
| ・振動基礎理論 | ・蛇行動 |
| ・車体及び台車要目 | ・主電動機の振動及び支持法 |
| ・軌道の性質 | ・車両振動試験 |
| ・ばね及び減衰器 | ・特殊台車 |
| ・車両振動理論 | ・揺れ枕機構 |
| ・軌道による振動 | ・乗り心地 |

ばねについては、手分けして特性を測ることとされ、振動理論については松平が再検討することとなった。また、蛇行動については、松平とともに研究所の第一理学部[21]やメーカーでも研究を進めることとなった。

電動機の振動及び支持法は、松平が「今までは触れておりませんが、大きな問題ですから手始めに実験したいと思います」と言っていることから、ばね下重量の軽減がこの時期から始まったことがわかる。

また、鉄道車両強度、安全率についても議論が始まっている。

島：強度関係のことについては熱心な御発言によってだんだん実になりつつありますが、振動の方とは違いまだ研究会をやっておりませんから方針がはっきり決まっておりません。研究所の三木さん[22]、疋田さん[23]に中心になって戴き、方々の会社のご協力をお願いしたいと思います。

というように、車両強度をどう設定するかについては手がついていなかったことがわかる。

元内閣中央航空研究所の疋田は、強度規定に関する研究方針として次を挙げ

---

[21] 第一理学部～第三理学部は、戦後の転入者増に対応して昭和21年9月に組織改編されできた。
[22] 三木忠直：昭和8年海軍航空技術廠、昭和20年12月鉄道技術研究所に移籍、後客貨車研究室長
[23] 疋田遼太郎：昭和7年海軍、内閣中央航空研究所から鉄道技術研究所に移籍、後（株）豊田中央研究所副所長

ている。

> ・車輪衝撃の伝わり方　　・連結器衝撃の伝わり方
> ・走行中の3方向加速度の測定ならびに資料収集
> ・走行中の部材応力の測定ならびに資料収集
> ・部材の負荷　　　　　　・疲労強度
> ・安全率の取り方　　　　・現用車両の応力解析
> ・事故調査

当時は、走行中の車両各部にどのような力がかかっているのかがわかっていなかったのである。

部材にどんな力がかかっているのかを知ることは、車両部門のみならず軌道、橋梁、架線など多くの分野では必須であり、応力測定なくしては技術の進歩はないと言っても過言ではない。それを可能にしたのが中村和雄[24]が自作した「歪みゲージ」である。中村によって応力測定ができるようになったのは、この研究会が終了した昭和24年頃である。間もなく走行時の輪重、横圧や車体各部にかかる応力等がわかるようになって研究は大きく前進した。歪みゲージの果たした役割は非常に大きく、昭和39年の新幹線開業を可能とした技術のひとつであると言えるだろう。歪みゲージについては、2.1節をご覧いただきたい。

第3回の開催場所について、参加者からの要望「次回は食料豊富なところでやったらどうでしょう。」も当時の食糧難の状況を伝えている。

## 1.3　第3回研究会

第3回は昭和22年12月に行われた[25]。モハ63から台車を外し、車体の重心と慣性半径の測定が初めて行われている。また、車両振動特性を把握するためのより本格的な加振試験の案が示されている。

### 1.3.1　サスペンションの最適化

枕ばねに摩擦がないと仮定した計算式が、実車振動データと合わなかったことはすでに述べたとおりである。第3回にはこの計算式の修正版として、松平

---

[24] 中村和雄：昭和17年陸軍、元陸軍技術大尉、昭和21年5月中島飛行機から鉄道技術研究所へ移籍
[25] 第3回は昭和22年12月17〜19日、参加者47名

グループの一員である国枝正春[26]から枕ばねに摩擦がある場合の論文が提出され[27]、さらに、第5回研究会に続編が提示されている。これらは内容を一歩進めて、後年鉄道技術研究所の論文誌にまとめられている[28]。

その緒言で、松平は、

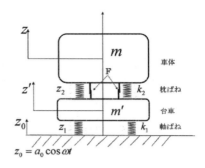

図 1-3-1　枕ばねに摩擦がある上下運動モデル（図 1-1-3 に F 追加）
（出典：文献 28）

「普通の客車または電車用の台車では、車体の上下振動は直列に配置された軸ばねと枕バネによって緩和される。通常軸ばねにはコイルばねが使われているが、枕ばねには板ばねが使われ、その板間摩擦によって上下振動に減衰を与える。アメリカでは最近枕ばねにもコイルばねを用い、別にスナバー（摩擦制振器）を併用して減衰を与える方式が主として採用されている。このような台車において車体の上下振動を極力少なくするためには、軸ばねと枕ばねのこわさ（ばね定数）を如何に選ぶべきか、また枕ばねまたはスナバーに与えるべき摩擦はどの位が適当であろうか。この問題は台車設計の基本的な重要問題であるが、従来はもっぱら経験的に決められており、明確な理論的根拠がなかったようである。そこで、枕ばねにその振幅および振動数に無関係な一定摩擦が存在するとし、車両が正弦波状のでこぼこのあるレールの上を走る最も基本的な場合に就いて、ボギー車の上下強制振動性質を理論的に明らかにし、それに基づいてばねのこわさと摩擦の最適値を如何に決定すべきかを考察し、もって台車設計の基礎資料として役立てたいと思う」

と経験的手法でなく、計算による合理的な設計の必要性を述べている。

松平は、この計算式から、軸ばねと枕ばねの定数には、車両の上下振動を最も少なくする比率が存在することを示し、それを求める図表を作っている。

そして、その図表からオハ 35（TR34 台車）の場合、車体重量（半分）を

---

[26] 国枝正春：昭和 21 年運輸省、当時鉄道技術研究所主任研究員、後車両運動研究室長、日本機械学会会長
[27] 国枝正春「ボギー車体の共振特性」、『高速台車振動研究会資料』No.65
[28] 松平精、国枝正春、横瀬景司「ボギー車の上下強制振動理論」、『鉄道業務研究資料』第 8 巻第 8 号、昭和 26 年

10トン（空車）、14トン（満員）とし台車重量を2.5トンとすれば、最適値は、
  （ⅰ）軸ばね定数（1台車片側あたり）115kg／mm
  （ⅱ）枕ばね定数（同上）72.4kg／mm
  （ⅲ）枕ばね摩擦力（同上）450kg
となることを示した。

　つまり、結合部に余分な摩擦やガタがなければ、上下振動に関しては台車のサスペンションを最適化できることを示したのである。サスペンションの最適化は、研究会が終わった後の昭和27（1952）年DT17型台車で実現し、湘南電車の乗り心地が大きく向上することになる。

### 1.3.2　蛇行動解析

　第2回の研究会で松平は、蛇行動の動力学的研究の必要性について述べたが、第3回では早速これに関する論文[29]を提出している。概要は以下に紹介するが、わずか5か月間でこれをまとめたことに驚かされるとともに、その内容は氏の卓越した振動解析能力をうかがわせるものである。
　松平は資料の緒言で、

> 「客車、殊に電車の乗心地に特に最も悪い影響を与える振動は、台車の蛇行動に基づく車体の横揺れである。従って、乗心地の良い客、電車を作るには、台車の蛇行動を防止乃至軽減する事が最も重要である。ところがその方法については、今迄のところはっきりしたことは殆ど何も分かっていない有様である。そこで本論文では二軸台車の蛇行動を基礎的な簡単な場合について理論的に解析し、その性質を検討して蛇行動防止法の一端を少なくとも定性的に明らかにし、高速台車設計に役立てたいと思う。
> 　解析の方法は、クリープ理論に基づいて台車の横及び偏角運動の線形運動方程式を立て、微小変位における運動の安定性を吟味する。最初に一軸車輪の蛇行動より出発して蛇行動の本質を見極めたのち、剛体構造の二軸台車の蛇行動を考察し、次に実際問題として最も重要な車体の弾性支持の影響及び台枠に対する車軸の横移動（弾性変位乃至ガタ）の影響を調べる」

と述べている。
　解析手順と結果を、松平論文の図を借りて以下に概要を見てみることにする。

---

[29]　松平精「二軸台車の蛇行動に関する基礎的理論的考察」、『高速台車振動研究会資料』No.63

## (1) 1輪軸の蛇行動

図 1-3-2 は輪軸を上から見た図である。レールに対して輪軸が右にも左にも偏らず、すなわち車軸中心 G が左右レールの中心にある場合は車輪の A 点、B 点がレールに乗っており、車輪半径は両方とも同じ $r$ である。しかし、図のように車輪 A は A′ 点、車輪 B は B′ 点でレールに乗っている場合は、その点での車輪半径は A 車輪の方が B 車輪より大きい。したがって、輪軸が転がると A 車輪の方が B 車輪より進みが多くなる。

そして、この状態で転がり続ければ中立点を行き過ぎ、やがて B 車輪の方が半径が大きくなり A 車輪より進みが多くなる。

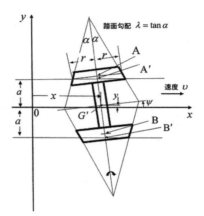

図 1-3-2　1 輪軸蛇行動の解析モデル
(出典：文献 29)

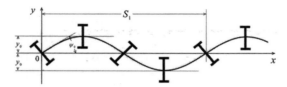

図 1-3-3　1 輪軸の蛇行動
(出典：文献 29)

その結果、図 1-3-3 のような蛇行動が発生する。この現象は車輪踏面の勾配がもたらすものであり、その波長 $S_1$ は近似的に

$$S_1 = 2\pi\sqrt{ar/\lambda} \qquad (1.3.1)$$

ただし、$a, r, \lambda$ は軌間の半分、車輪半径、車輪踏面勾配

となる。すなわち、蛇行動の波長は速度に関係なく軌間、車輪径、踏面勾配のみによって決まるという意味で幾何学的蛇行動と称されている。この式は 1883 年に Klinger[30] によって導かれた。

松平も図 1-3-2 から出発し、この式の妥当性を最初に確認している。なお、

---

[30] Klingel,W.：注 18

上式は、蛇行動に伴って生じる車軸の僅かな傾きの影響を無視しているが、氏はその効果を省略しないで厳密解を求め、上記近似解の誤差は1～3％だから実用上は近似解を使って問題ないとしている。

松平は、この幾何学的蛇行動について、

> 「以上述べた蛇行動は車輪踏面の円錐度によって幾何学的に決まる運動で、この理論は車輪が非常にゆっくり転がる場合には全く正しい。ところが転がる速度が速くなると、蛇行動の振動数が増し、その振動数の自乗に比例して輪軸の慣性力が増すから、その影響を考えねばならない。
>
> 　慣性力は変位に比例し、常に変位の方向に作用する。そしてこの力に比例して車輪踏面とレールの接触点で微小な弾性的辷り、即ちクリープが起こる」

と述べ、速度が上がれば慣性力、クリープ力を取り込んだ運動を考えなければならないと言っている。また蛇行動の防止については、

> 「……本来不安定な蛇行動を安定にするには如何にすべきか、それには、蛇行動を拡大する力が輪軸の慣性力であることに着目して、それに対応する弾性復元力を与えればよいであろうことは直ちに思いつくところである」

と述べている。すなわち、輪軸を駆動すれば、力は踏面接触点のクリープ力の形で車輪に伝わり、車輪の踏面勾配によって横振動のエネルギーに変換される。その横方向の慣性力が蛇行動を拡大する源なのだから、慣性力を打ち消すことが蛇行動防止の根本原理だということである。

(2) 2軸台車の蛇行動

次に、2つの輪軸が台枠によって拘束されているとき、蛇行動はどうなるかを解析している。

2つの輪軸が図1-3-4のように中央で連結されている場合は、お互いに拘束しあっているから、(1)の場合のようにそれぞれが自由には動けない。少なくとも (1) の場合よりは蛇行動しにくいことが予想される。

松平は、この場合の運動を次のように解析している。

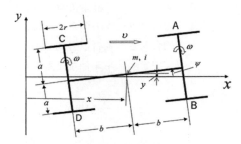

図1-3-4　2軸台車蛇行動の解析モデル
　　　　(出典：文献29)

- 2つの輪軸が中央で連結されている場合は各車輪は転がりと同時に滑りを生じることになる。この滑りは微小な範囲では接触点付近の車輪とレールの弾性変形によって生ずるものでクリープと呼ばれる。
- 図中 $r, v, \omega, m, i$ は車輪半径、台車の移動速度、輪軸回転の角速度、台車質量、台車の重心周りの回転半径とし、

$$\text{クリープ速度} = \text{移動速度} - \text{転がり速度}$$

と定義すれば、クリープ現象によって接触点に発生するクリープ力は、

$$\text{クリープ力} = -f \frac{\text{クリープ速度}}{\text{転がり速度}} \tag{1.3.2}$$

$$\text{ただし、転がり速度} = \text{角速度} \times \text{車輪半径}$$

の関係にあり、比例定数 $f$ をクリープ係数という。

クリープ係数 $f$ は、車輪踏面とレールの材質および形状に関係し力の次元を持ち、1軸あたりの $f$ の値は Cater の理論と Cain の実験によれば普通の鉄車輪に対し次式が使われている[31]。

$$f(kg) = 1480\sqrt{\text{車輪直径}(cm) \times \text{輪重}(kg)}$$

解析手順は、図 1-3-4 に基づき、

(ⅰ) 各車輪について、車輪方向の速度、車軸方向の速度、接触点における車輪半径、転がり速度、車輪方向のクリープ力、車軸方向のクリープ力を記述する。

(ⅱ) (ⅰ)を元に台車全体の $y$ 方向の力と重心周りのモーメントを記述する。

(ⅲ) 台車に働く力(レールから受けるクリープと台車質量の慣性力)のうち、極めてゆっくり走る場合は慣性力は無視できる。したがって台車に働く力はクリープ力のみであるからこの条件で台車に働く力とモーメントの釣合から、進行横方向 ($y$) について運動方程式を求めこれを解くと(途中省略、章末補足1参照)、

$$y = y_0 \sin\left\{\sqrt{\frac{\lambda}{ar(1+f_2 b^2/f_1 a^2)}} \cdot x + \beta\right\} \tag{1.3.3}$$

($y_0, \beta$ は初期条件で決まる定数)

---

[31] 松平精「二軸台車の蛇行動に関する基礎的理論的考察」、『高速台車振動研究会資料』No.63、p.6

を得る。

$\sin px$ の波長は $2\pi/p$ だから（1.3.3）の $y$ の波長 $S_2$ は

$$S_2 = 2\pi\sqrt{\frac{ar}{\lambda}(1+f_2b^2/f_1a^2)} \quad (1.3.4)$$

である[32]。

　すなわち、2軸台車は、慣性力が小さいごく低速では（1.3.1）式で表される一軸車輪の場合の波長 $S_1$ の $\sqrt{(1+f_2b^2/f_1a^2)}$ 倍の波長の蛇行動になることになる。

　松平は、上式からTR25型台車の蛇行動波長 $S_2$ は35.1 mになると算出している。しかし、TR25台車は現実には波長10～15 mで蛇行動していることが知られており、このことについて「この差異の原因は色々考えられるけれども、一番主なものは車軸と台車との間の横方向の弾性及びガタにあると思われる」と述べている。すなわち、横方向弾性とガタゆえに台枠が輪軸を拘束する効果が薄まり、単独輪軸の蛇行動に近くなっているとの見解である（この見解は翌年行われた現車試験で確認されている）。

(3) 台車質量の影響

　次に、台車質量の慣性力を考慮した場合の運動方程式を立て、その解から、2軸台車は速度の如何にかかわらず常に不安定な蛇行動をすること、及び、速度があまり高くない範囲では、蛇行動による横変位 $y$ は、

$$y = y_0 e^{\alpha t}\sin(\nu t + \beta) \quad (1.3.5)$$

と表現でき、

$$\alpha = \frac{\pi^2 m\upsilon^3}{f_2 S_2^2}\frac{1+f_2(b^2+i^2)/f_1a^2}{1+f_2b^2/f_1a^2} \quad (1.3.6)$$

$$\nu \approx 2\pi\,\upsilon/S_2 \quad (1.3.7)$$

となることを示した[33]。そしてこの両式から、

（ⅰ）　台車慣性力を考慮しても蛇行動波長は $S_2$ で変わらない。

（ⅱ）　蛇行動は速度とともに急激に不安定度を増す。

---

[32] 松平精「二軸台車の蛇行動に関する基礎的理論的考察」、『高速台車振動研究会資料』No.63、p.7
[33] 同上、p.9

（ⅲ）　輪軸質量 $m$、回転半径 $i$ が小さいほど、横クリープ係数 $f_2$ 及び蛇行動波長 $S_2$ が大きいほど不安定度は小さくなる。

（ⅳ）　$m$ 及び $i$ を小さくすることも $S_2$ を大きくすることも蛇行動による慣性力を小さくすることであり、蛇行動の不安定度を下げる。

（ⅴ）　回転半径 $i$ の影響は大きくないが、台車の縦横比 $b/a$ は蛇行動波長 $S_2$ を変えるので安定度に大きな効果をもつ。

などを挙げている。

(4)　弾性支持された車体の影響

次は、車体質量が蛇行動にどのように影響するかの問題である。松平は、「車体は枕ばね、揺れ枕吊りによって台車に支持されている。従って、車体は台車に対して横移動と横傾斜の2つの自由度を持っているが、ここでは簡単のため、図1-3-5 の如く台車の中心に直接に弾性支持されているものとする」として、まず、ごく低速の場合の検討している。

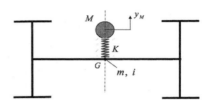

$M$：車体質量、$m$：台車質量、
$K$：台車と車体間のばね、
$G$：台車中心、$i$：回転半径
**図 1-3-5**　弾性支持された車体
（出典：文献 29）

この場合、蛇行動の振動数は非常に小さく、したがって車体の慣性力も非常に小さいから、車体は台車中心とほとんど同じ動きをするはずである。したがってこの場合は、単に台車質量が増したことと同じなので不安定である（慣性力が大きくなる）。

次に、十分高速の場合を考える。もし、蛇行動が起きればその振動数は非常に大きく、したがって車体の慣性力も非常に大きいため、車体はほとんど動かないはずである。この場合は台車は固定点からばねで結合されているのに近い状態なので安定になる。

しかし、台車の慣性力をばねが抑えられなくなると再び不安定になる。

すなわち、ある速度範囲では安定だが、その範囲外では不安定となる、として安定する範囲の下方と上方の限界速度は、近似的に次の式で表せることを示した[34]。

$$安定領域の下限速度：v_c = \frac{1}{2\pi} S_2 \nu_M = S_2 \cdot n_M \tag{1.3.8}$$

$n_M$ は車体質量 $M$、ばね定数 $K$ の共振周波数で

---

[34]　松平精「二軸台車の蛇行動に関する基礎的理論的考察」、『高速台車振動研究会資料』No.63、p.11

$$n_M = \frac{\nu_M}{2\pi}, \quad \nu_M{}^2 = \frac{K}{M}$$ の関係にある。

安定領域の上限速度：$\upsilon_c = \dfrac{1}{2\pi} S_2 \cdot \nu_{Mm} = S_2 \cdot n_{Mm}$ (1.3.9)

$n_{Mm}$ は車体質量 $M$、ばね定数 $K$、台車質量 $m$ の共振周波数で

$$n_{Mm} = \frac{\nu_{Mm}}{2\pi}, \quad \nu_{Mm}{}^2 = K\left(\frac{1}{M} + \frac{1}{m}\right)$$ の関係にある。

すなわち大まかに言って、
（ⅰ） 低速で起きている蛇行動は速度が $S_2 \cdot n_M$ になると安定領域に入って止まる。
（ⅱ） 速度がさらに上がって $S_2 \cdot n_{Mm}$ になるとまた蛇行動が起きる不安定領域に入る。
ことを示した。

(5) 輪軸が台枠に柔に結合されている場合の影響

松平は、このような解析の必要性について、

「普通の台車では、輪軸は台枠に対して横方向にかなりの相対変位をなし得る。それは軸と軸承、軸承と軸箱、軸箱と軸箱守の間の横遊隙、及び台枠の弾性変形によって起こる。これ等の台枠に対する輪軸の相対変位は台車の蛇行動に如何なる影響を与えるか調べよう。解析の便宜上、この相対変位は線形弾性的であるとする」

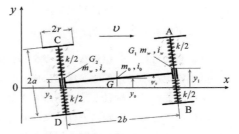

図 1-3-6　輪軸が台車に柔に結合されている場合の蛇行動解析モデル（出典：文献 29）

と述べ、図 1-3-6 に示すモデルで解析している。

図において $G$ は台枠中心点、その横変位を $y_0$、角変位を $\psi_0$、台枠質量を $m_0$、その回転半径を $i_0$、前後輪軸中心点を $G_1, G_2$、その軌道中心からの横変位を $y_1, y_2$、輪軸の質量を $m_w$、回転半径を $i_w$、走行速度を $\upsilon$、縦方向、横方向のクリープ係数を $f_1, f_2$、輪軸と台枠間の弾性支持定数を $k$ とする。

解析手順は 2 軸台車の蛇行動の場合と同じように各車輪に働くクリープ力を記述して各輪軸と台枠の運動方程式を立て、輪軸質量 $m_w$ と台枠の回転半径 $i_0$

を省略して[35]方程式を簡略化して解き，次の結果を導いている（章末補足2参照）。
（ⅰ）　$k$ によって蛇行動は抑制される。
（ⅱ）　$k$ が大きくなれば限界速度（蛇行動が起きる速度）は高くなるが，$k$ がある値を超えれば限界速度は下がる。
（ⅲ）　限界速度は

$$v_c = \sqrt{K}VN\sqrt{\frac{2f_2 L}{m_0}} \tag{1.3.10}$$

ただし，$V^2 = \dfrac{K^2(1+A)^2 - 1 + \sqrt{\left\{K^2(1+A)^2 - 1\right\}^2 + 4K^2(1+A)}}{2K^2(1+A)}$

$N^2 = \dfrac{V^2 - (1+A)}{V^2 - (2+A)}, \quad L = \sqrt{\dfrac{ar}{\lambda}}, \quad K = \dfrac{kL}{f_2}, \quad A = \dfrac{f_2 b^2}{f_1 a^2}$

で表される。

そして TR25 台車の場合，$k$ を 315kg/mm とすれば，限界速度は約 200km/h になると算出している。

このように，輪軸と台車の柔結合が蛇行動抑制に非常に有効であることがわかったことから，松平は蛇行動制圧に自信をもったと思われる。

最後に車軸と台枠間のガタの影響について，松平は，

「輪軸と台枠との相対変位がガタの範囲内では速度の如何を問わず蛇行動は不安定なので，振幅が次第に増大してガタの端に当たり更にガタを拡大する。従って，輪軸と台枠間のガタは極力避けなければならない。輪軸を台枠に対して横方向に弾性的に取り付ければ，このガタを育てることも無く，レールから来る衝撃も緩和される」

と述べ，輪軸・台車間の弾性結合を推奨している。

以上（1）〜（5）をまとめて松平は，蛇行動現象の本質とその防止法を次のように述べている。

（ⅰ）　輪軸の蛇行動は動力学的には速度のいかんにかかわらず本質的に不安定な振動である。したがって，何らかの撹乱により生じた蛇行動は時間とともにその振幅を拡大していき，車輪フランジがレールに衝突するに至ってその振幅を制限される。

---

[35]　松平はこの省略について，「この簡単化は大きな車体質量が台車の中心に付着している普通の場合には定性的に正当であろう」と記している（文献34、p.14）。

(ⅱ) 剛体構造の2軸台車の蛇行動は、その波長が軸距とともに増す以外には、その性質は1軸車輪の場合と全く同じである。
(ⅲ) 蛇行動を不安定にする主要素は、輪軸及びそれと一体になって運動する部分の慣性力である。
(ⅳ) したがって、蛇行動を防止するには、何らかの方法でこの慣性力を打ち消すに足る弾性復元力を輪軸または台車に与えることが最も効果的である。

また、輪軸及び台車の質量を小さくすること、及び蛇行動の波長を大きくする（踏面勾配を小さくする、軸距を大きくする）ことも蛇行動を軽減するうえで有効である。
(ⅴ) 輪軸と台枠の間に横方向の弾性を与えると、前後輪軸の相対変位に応じ輪軸に対して弾性復元力が働き蛇行動を制御する。そのため低速で安定になる。そして、これが不安定になる限界速度は輪軸台枠間の横弾性のある値において最大になる。したがって、この方法は蛇行動防止策として最良の手段と思われる。なお、これに関連して輪軸と台枠間のガタは一般的に蛇行動に悪影響を与えるので極力なくすべきであるが、上記方法はこのガタの発生並びに成長を抑える点でも有効である。
(ⅵ) 台車に対する車体の弾性支持の影響は、低速では蛇行動に悪影響を与えるが、ある速度の範囲では蛇行動を防止する効果を生ずる。

そして、さらに高速になると再び蛇行動が不安定になる。車体の横振動（横固有振動数）の選定についてはなお検討を要する。
(ⅶ) これらの理論は、本論文の目的に応じ極力簡単化して基礎的な性質を明確にすることに努めたため、細部にわたってはなお検討を要する点が少なくない。これらの点は引き続いて補足し、かつ模型並びに実物実験によって検証するつもりである。

輪軸が台車に柔結合されている場合の解析は前例がなく、松平は蛇行動に関する後年の論文[36]の前書きで、

「従来鉄道車両の自励蛇行動を理論的に解析したものには、Carter, Cain, Langer等の研究がある[37,38,39]。しかしこれらはすべて車軸が（台車に）剛に

---

[36] 松平精「2軸鉄道車両の蛇行動とその防止法 – 第一報理論 –」、『日本機械学会論文誌』第19巻第87号、昭和28年

[37] F.W.Carter：On the Stability of Running Locomotive, Proc.Roy.Soc.Vol.112, 1928, p.538

[38] B.S.Cain：Safe Operetions of High Speed Locomotives, Trans, A.S.M.E.Vol.59, No.8, 1935, p.471

[39] B.F.Langer & J.P.Shamberger：Lateral Oscillation of Rail Vehicles, A.S.M.E.Vol.57, No.8, 1935

取り付けられている場合のものであって、実際の車両に於けるように車軸が車体に弾性的に取り付けられている場合の解析はなされていない」
と述べている。

そして Wickens[40] は、鉄道車両の動力学を論じるなかで[41]Carter と Matsudaira を挙げ、輪軸が台車に柔結合されている場合の解析は松平が初めてであり、これによって鉄道車両の走行安定性についての理解が大きく前進し、優れたサスペンションを提案できるようになったと松平の功績を記している。

以上のような蛇行動現象の解析と並んで、この時期から実験による理論検証が始まっている。

第3回研究会には穂坂衛[42]から2つの論文「クリープ理論について」と「二軸台車の蛇行動の模型実験」が出されている。

模型実験は松平の蛇行動理論を検証しようとするもので、装置は苦心の自作である。レールには有り合わせの $15 \times 20$ mm のジュラルミンのアングルを、車輪には踏面勾配 1/10, 1/20 のフランジのない円錐体を用い、80mm の軌間に対し軸距を変えたときに蛇行動波長がどう変わるかを観察している（台車の縦横比 $b/a$ を変えた効果の確認）。走行速度は 1m/sec である。

この模型実験で穂坂は、1輪軸の幾何学的蛇行動波長、2軸台車で軸距を変えたときの蛇行動波長は理論値（1.3.4式）と合うことを確認している。

穂坂は、引き続き模型を改良し走行方式で実験を続けているが、一方、松平は回転ドラムによる転走方式の模型実験にとりかかっている。

定置状態で実物車両の模擬走行試験を行う、いわゆる車両試験台は、古くは 1892 年にアメリカに始まり、日本でも 1914 年に鉄道院品川電車庫にできたとのことである[43]。

松平がこれらのことを知っていたかどうかはわからないが、彼は穂坂の模型実験の様子から走行方式の限界を感じたのであろう。飛行機の風洞試験では飛行機を固定し空気を動かすように、車両を固定してレールを動かす試験装置ができないか考えたのである。

---

[40] A.H.Wickens:British Railways Research Department, Wilmorton, Derby, England
[41] Edited Simon Iwnicki: Handbook of Railway Vehicle Dynamics, Chap.2, p.16, Taylor & Francis Group, 2006
[42] 穂坂衛：昭和17年海軍、元海軍技術大尉、昭和20年12月鉄道技術研究所に移籍、第一理学部に所属、昭和27年フルブライト留学生として MIT に留学、帰国後わが国初の大型オンラインシステムである列車運行管理システム COMTRAC と座席予約システム MARS を提唱し開発をけん引した。後東大宇宙航空研究所教授、情報処理学会会長
[43] 佐々木君章「車両試験台の軌跡と展望」、『RRR』Vol.72、No.11、鉄道総研、2015年11月

走行速度範囲を広くとることができ、また台車の挙動も仔細に観察できる転走式試験装置によって蛇行動研究は次の段階に入っていった。

松平は、研究会のなかで、

> 「私の所の蛇行動の模型実験の計画を申し上げますと、車輪の接触点間（軌間）80 mm、ドラムの直径 500 mmで、これに一軸の模型車輪をのせ、クリープ係数の測定と一軸蛇行動の実験をやります。装置は殆ど出来て居り、模型も同時に出来ます。来月早々（昭和23年早々）実験にかかれるつもりです。之と並行して台車の転走試験装置、飛行機で云えば風洞に相当するものも計画して居り、この図面は殆ど出来て居ります。」

と述べている。

この1輪軸の転走試験装置は、間もなく模型2軸貨車の転走装置になり、1/10 模型車両転走装置（2台車4軸）を経て1/5模型車両転走装置になる。そして昭和34年には、実物車両の実速度転走試験ができる世界初の高速車両試験台に発展した。この高速車両試験台は、新幹線計画が立ち上がる前から計画されていたものであり[44]、松平等の先進的な取組みによって、昭和34年に完成し、昭和39年の新幹線開業に大きく貢献した。

松平が考案した転走式模型実験装置は、鉄道車両技術の進展に極めて大きな役割を果たしたと言えるだろう。

## 1.4　第4回研究会

第4回は昭和23年6月に行われた。島は車両局長に栄転していたが、研究会には引き続き出席している。

第4回で注目されるのは、松平グループの国枝正春による報告「電車の走行振動試験結果」である[45]。

### 1.4.1　走行車両の振動測定

試験は運輸省所属電車の戦後最初の走行試験であり、昭和23年2月から4月にかけて行われたものである。

---

[44] 将来の鉄道車両の高速化を考え、昭和30年頃から車両関係研究室の要望をまとめ鉄道技術研究所試作工場で設計された。最高速度250km/h、軸距、軌間可変。

[45] 国枝正春「電車走行時振動測定結果について」、『高速台車振動研究会資料』No.101

国枝はこの資料の前言で、

「先にモハ63型電動車に就いて静止時の振動試験が行われたが、走行時に於いては電車は如何なる振動をするかを調べるため、最近各種型式の電車に就いて、走行時の振動加速度を測定し車種による振動の差異を調べ、特にモハ52型電動車に就いては、稍詳細な試験を行って速度による車体振動の変化を調べた。」

と述べている。

モハ30、31、33、34、41、63などについては測定区間を中央線国分寺 - 立川間に選定し、営業中の電車床面に加速度計を設置しているが、モハ52については、東海道線三島 - 沼津間下り線に試験区間をとり、この車を先頭にした試験列車を編成し、速度30、60、80、90、110km/hで走らせた本格的な試験であった。

初めての現車試験ゆえに、彼らはどんな波形が出てくるのか胸を高鳴らせて計測器を注視していたことだろう。そして、現れた波形をどう解釈すべきかについて熱い議論が交わされたに違いない。

国枝は、測定波形から次のような事柄がわかったと述べている（図1-4-1）。

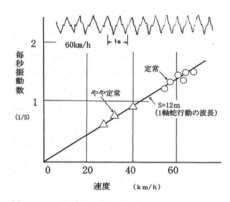

図 1-4-1　明確な1軸蛇行動を示しているモハ31の加速度データ（出典：文献45）

「モハ31の記録を見ると、波長が12mを示しているが、これは輪軸台車間に相当なガタがあるためと、台車枠自体の左右剛性が非常に弱いので、2軸の蛇行動をしないで1軸の蛇行動をやり、且つこの事が一般検査後15か月を経過し、車輪踏面が相当摩耗し、勾配が急になっている事と高速ではフランジ衝撃も加わるので、この波長を示すのであろう。」

「……しかるに全く車軸にガタを与えないで台車枠も充分強いと、今度はレール不整の影響を強く受けて、車体に急激な加速度変化を与えて乗心地を悪くするのみならず、レールやフランジを摩耗させ、車軸、軸箱間とか、軸箱、軸箱守間等に大きな衝撃を与えて、この部分に故障を与える事にな

る。この事は実際にモハ63型等で度々起こっている事である。

以上の考察からも、車軸にガタは全然与えず、車軸を弾性的に丈夫な台車枠に結合すると云う方法は、蛇行動も防止し、レール不整の影響も衝撃的とならないという理由で、非常に良好なのではないかと思われる。」

と述べ、

「しかし、かくの如き対策をしても、尚且つ大きなレール不整は逃げる事が出来ないであろう。そしてかかる不整は全く不規則であって、低速ではあらゆる周期、あらゆる変位の強制振動を車体に与え、高速では衝撃的に車体に作用して自由振動を起こさせる。従って、車体の固有振動数を加減するだけでは不十分であって、是非とも良好なダンパーを取付ける事が望ましく、この研究は今後の重要な課題であると思う」

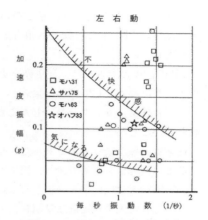

図 1-4-2　昭和 23 年頃の乗り心地
（出典：文献 45）

と述べている。

以上のように、乗り心地を悪くしている第一原因は 1 軸蛇行動であり、そしてそれは車軸と台車間のガタおよび台車枠の低い剛性に起因していることがわかったのである。

蛇行動の理論解析が、試験データを解釈するベースになっていることがわかる。図 1-4-2 は、この時のデータに乗り心地上の感覚を入れた図である。データのほとんどが気になるラインの上にあり、さらに不快感ラインを超えているのも少なくない。

当時の乗り心地がいかに悪かったかを示している。

### 1.4.2　新型台車の製作

以上のような経過を経て、研究会の議論を採り入れた新型台車の試作が始まっている。

まず、扶桑金属工業が試作した TR37 型台車の試運転が第 4 回研究会の直前に行われ[46]、松平がその結果を口頭で、「一般的に言って TR35 に比べて左右動

---

[46] 試運転は、昭和 23 年 6 月 24 日に品川 - 平塚間で約 110km/h で行われた。

は1/2～1/3に減り蛇行動は感じない。上下動も小さくなっているが左右動ほどではない。またビビリ振動は相当あるがTR35よりは改善されている（要旨）」と報告している。

TR37台車の変更点は、台車枠を丈夫にし、軸箱の両側に軸ばねを配置するウイングばね式としてばねを柔らかくし、かつ左右方向のガタを少なくしたこと、揺れ枕吊りリンクを長くしたこと、枕ばねの重ね板ばねの枚数を減らし2枚としたことなどであった。

従来は劣悪な乗り心地であったにせよ、新しい台車で格段の改善が確認されたことは研究会の成果であり、松平は「力強く感じる」と言っている。

第1回研究会に松平が提出した振動理論は、枕ばねの摩擦を省略したものであり、それが実車の定置振動試験結果とは合わなかったことはすでに述べたとおりである。そして、その修正版として国枝が枕ばねに一定の摩擦がある場合の振動理論を第3回に発表したこともすでに述べたが、松平は振動解析の深度化について第4回の研究会で、

　「この問題は一応一段落で、我々の式が合うかどうか疑問がありますが実験的に修正していく方向で良いと思います。これ以上余り深く進まないつもりです」

と言っている。

松平は恐らく、乗り心地の良い車両を作るという本来の目的からすれば、実際の台車に点在するガタや摩擦あるいは振幅依存性をもつばね定数等を組み入れて著しく困難な解析をするより、これらの非線形要素を排除した台車構成を目指す方が合目的だと考えていたのだろう。

また、司会者（北畠顕正動力車課長）が、

　「松平さんから振動もだいぶん片がついてきて、そろそろ音の心配をしなければならないという話でしたが、音となれば振動より手がかかりますが、何とか音の方も解きほぐして頂きたいと思います」

　「台車の方も一応片がついてきて、松平さんからお話もありましたが、今度は車体の方も考えなくてはならないと思います。それには車体が軽く、剛性が高くビビリ振動をしない、壊れないものでなければいけないわけです」

と言っているように、昭和23年半ば頃から防音と車体も課題に上がってきている。

## 1.5　第5回研究会

　昭和23年2〜4月の既存車両の走行試験に続き、同年9〜10月に新製台車（4種類）と旧台車を比較する大規模な試験が行われ[47]、11月に開催された第5回研究会[48]にその結果が報告されている。

　研究所内の試験とは異なり、営業線で行う実車走行試験は多くの部署との共同作業になるので万が一にも失敗は許されない。台車のどの部位で何を測るか、試験速度をどう設定するか、何回走行させるか、検出器の取付けや測定器のセッティングをいつ、どこでするかなど、綿密に試験計画を立てる。そして、運行部門と試験ダイヤを打ち合わせ、測定機器を運搬し、運行部門の協力を得て測定機器をセッティングして走行試験に臨み、試験後はデータから雑音を取り除いて必要な情報を読み取り報告書にまとめることになる。

　年に2回の実車走行試験をこなした松平グループは多忙を極めたことであろう。しかし、その多忙さを上回ったのは、研究会の議論を踏まえて作られた台車の性能を早く見届けたいという気持ちだったと思われる。

### 1.5.1　新製台車走行試験

　扶桑金属工業製鋼所、川崎車両、三菱重工業によるそれぞれの新型台車（TR37、OK1、MD1）は、高剛性の台車枠、ガタの少ない軸箱支持方式、枚数を減らした板ばねやスナバー内蔵のコイルばねを用いた枕ばね、物理的にあるいは等価的に長くした揺れ枕吊りリンク、軸ばね対枕ばねの剛性比の変更など研究会の提言を採り入れたものである。

　国枝は、試験結果を次のようにまとめている[49]。

（ⅰ）　新製台車はでは一般に旧台車に比し、動揺は相当に減少した。特に左右動の減少が著しい。

（ⅱ）　ビビリ振動については、一般に新台車は旧台車に比し、ほとんど改善されていない。

（ⅲ）　全台車を通じ、次の一般的性質をもつことが明らかになった。

---

[47]　東海道貨物下り線大船−藤沢間（R500 m）、同上り線辻堂−茅ヶ崎間（直線）において、昭和23年9月16日〜10月15日にかけて、曲線区間30〜70km/h、直線区間30〜90km/hの試験が行われた。

[48]　昭和23年11月30日、12月1日に行われ参加人員は80名に上っている。

[49]　松平精「電車用新製台車試験」、『第5回高速台車振動研究会資料』No.123

- 上下振動は 1.5〜2.5Hz の範囲にあり、低速ではレール継目によって、高速では 8〜10 m のレール高低によって誘起される。
- 車体の上下曲げ振動に関連すると思われる 7〜12Hz の上下ビビリ振動が現れる。
- 蛇行動による左右動の波長は台車によりそれぞれであるが、すべて 10〜20m の間にある。
- 50km/h 以下の低速では蛇行動により車体のローリングが起こり、その振動数は 0.6〜1.0Hz の範囲である。
- 50km/h 以上の高速では 1.2 から 2.0Hz の車体のヨーイングが現れる。
- 台車の横方向の高次の振動によるものと思われる 7〜10Hz の左右ビビリ振動が現れる。これは車体の上方が特に大きい。
- 台車のピッチングは 5〜7Hz の範囲にあって、高速時に主としてレール継目の衝撃によって催振される。等

以上のように、研究会から生まれた新製台車により乗り心地を極端に悪くしていた大きな問題が片づくにつれて、それまで見えなかった、あるいは順位が低かった課題が多数浮かび上がってきている。車両の振動防止はこの試験によって次の段階に入ったと言えるだろう。

一方で、定置加振試験と計算結果との照合は難航している。

ある台車は、枕ばねの剛性を無限大とした場合、ヨーイングが毎分 71 回と計算されるのに対し、松平は、

> 「(加振試験での) 実測値は毎分 180 回で全然合いません。これは加振力がせいぜい 300kg で、実際には 1 トンとか 2 トンとかの力を加えなければなりませんから、あの方法では駄目なわけです」

と簡易ベンチテストでは車両の振動特性は掴めないと言っている。

台車各部にガタや摩擦があるため加振試験による結果と計算値が合わなかったことは 1.2 節でも記したが、結局、車両振動の低減について松平は後年の論文でその経過を次のように振り返っている[50]。

> 「……そこで、台車を合理的に設計するためには、台車の構造を振動計算が可能なようにすることが先決と考えた。そのため、先ず枕ばねの重ね板ばねを廃止して、コイルばねとオイルダンパとに置き換えた。

---

[50] 松平精「東海道新幹線に関する研究開発の回顧」、『日本機械学会誌』第 75 巻、第 646 号、1972 年 10 月

……この形式にすると、車両の上下運動については車体 – 台車系が基本的な線形の 2 自由度系になるので、振動計算が簡単に正確にできる。そして軌道から正弦波の振動が与えられた場合の強制振動の理論計算によって、枕ばねと軸ばねのばね定数比及びダンパの減衰係数の最適値が容易に求められるので、台車のばね系の設計が合理的にできるようになった。戦後新たに設計製作された台車はすべてこの形式となり、その振動特性は旧形式台車に比して格段に改善されたのである。さらに上下振動のいっそうの改善を図るため、コイルばねに代わって空気ばねが開発され、新幹線用台車には独特の空気ばねが使用されたのである。

　車体の横振動に関しても、台車構造の横方向に存在するガタを極力なくすことに努力が払われた。特に台車枠に対する軸箱の支持方式に工夫がこらされ、慣用の摺動式軸箱支持方式の代わりに各種の方式が考案され試験された。新幹線用台車に対しては、蛇行動防止の必要から、一対の薄い板ばねで軸箱を前後に支持し、その両端をゴムブッシュで台車枠に結合する方式が採用された（図 9-8-2 参照）。

　車体の横振動の緩和には、従前からもっぱら揺枕吊りリンク装置が使われており（今でも多く使われているが）、このリンク装置と台車のばね装置の組み合わさった場合の車体の横振動の計算法も確立された。しかし、リンクのピンの部分に摩擦が存在することと、構造がやや複雑になることのため、新幹線用台車に対しては枕ばねに使った空気ばねの横弾性を利用することによって吊りリンクを廃止する方式が採用された。こうして新幹線電車用の台車では上下方向にも左右方向にも摩擦とガタが完全に追放され、その結果、車体 – 台車系の振動計算が容易に、かつ正確にできるようになり、従って台車のばね装置の設計を合理的に行うことができたのである」

## 1.6　第 6 回研究会

　第 6 回は、昭和 24 年 4 月に行われている。結果的に最終回となったこの会議で、司会者である北畠顕正動力車課長は冒頭次のように挨拶をしている。

　「……今年度は九原則[51]によって日本を復興のため建直さなければなりませんので、研究とか試作などは予算上の制約をうけ、非常に難しい年であ

---

[51] 昭和 23 年 12 月 19 日、GHQ（General Headquarters, 連合国軍最高司令官総司令部）が指令した経済安定九原則

ります。省としましても従来この研究会の成果を試作台車として色々試験をやって来ましたが、今年度は大きな試験は殆ど出来ないと危ぶまれております。各社においてもこれまで採算を度外視した研究を続けて頂いて将来の車両工業の飛躍のため大きな犠牲を忍んで頂きましたが、今年はそれも困難と思います。……」

「研究会などは、この様な苦しい時には一見迂遠な事の様に思われ勝ちでありますが、これは研究会の行き方が悪いので、こういう時こそ誰が見ても必要であり、また効果が上がっていると認められるように進まなければならないと思います。……」

時代背景を映す挨拶である。

第6回には松平グループから2つの興味深い報告がなされている。そのひとつが「模型台車の蛇行動実験」で、これは第3回研究会で発表した蛇行動解析理論を転走型模型装置で検証するものであり、実験結果から次のことが確かめられたと口頭で報告されている。

（ⅰ）　蛇行動は本質的に不安定である。
（ⅱ）　1輪軸の蛇行動の波長は $S = 2\pi\sqrt{ar/\lambda}$ で表される。(1.3.1 式参照)
（ⅲ）　車軸と台車間に復元力を入れると低い速度では安定し、限界速度が存在する。

また模型実験装置について、

「この種類の模型実験は非常に有効で飛行機の風洞試験に相当するもので、面白く又価値があるものです。目下2軸用のものも計画中です。更に進めば機関車のものも出来ます。」

と言っていることから、昭和24年初めには模型実験による蛇行動の研究が本格的に始まったことがわかる。

もうひとつは、後に車両性能研究室長を務めた松井哲[52]による「枕ばねに粘性減衰を入れた場合の車体の上下強制振動」[53]である。

松平の最初の解析は、枕ばねには摩擦がないと仮定したもので、次に国枝は一定の摩擦力がある場合、次いで荷重に比例するクーロン摩擦力がある場合を論じてきた。そして、これは速度に比例した抵抗を生じる場合の解析である。

---

[52]　松井哲：昭和20年運輸省、当時鉄道技術研究所主任研究員、後車両性能研究室長
[53]　松井哲「枕ばねに粘性減衰を入れた場合の車体の上下強制振動」、『高速台車振動研究会資料』No.143

こなかなかで松平は、

> 「摩擦を入れたものではビビリ振動は取れません。ビビリ振動を取るならオイルダンパーによらなければなりません。これが我々の結論です。」

と言っている。

すなわち、台枠のビビリ振動を車体に伝えないためには、摩擦のないコイルばねに、抵抗が速度（＝振動振幅×振動周波数）に比例するオイルダンパを抱かせることによって高い周波数を遮断する方法しかないとして、ビビリ振動対策を提言している。

第6回では、これらのほかにも前回から継続している多くのテーマについて議論が行われた。そして、最後に今後の検討課題の議論のなかで、

> 司会者（北畠動力車課長）：次回までに客車の走行試験をやりたいと思います。ただこの前のように大掛かりには出来そうにありませんから要点をつかんだ試験をやって資料をまとめて頂きたいと思います。
>
> 松平：蛇行動は重要な問題ですから、模型実験を根本的にやります。同時に実際のものの理論及び実験をやり、最後に防止法まで行きたいと思います。主電動機による振動及び支持法については、今まで計器がありませんでしたが、これが出来ましたので早速来週から始めます。
>
> 　　鉄道車両にオイルダンパーを使ってみたいと思います。理論的には有望ですから、MD-1（三菱重工の試作台車）にでも付けてスナバー（摩擦制振器）と比較して見たいと思います。車両に関する乗心地限度の標準を作りたいと思います。
>
> 疋田（三菱重工）：揺枕吊りは何故存在するのかの根拠、横揺に対する摩擦の最適値、エアーコンプレッサー防音ゴムの効果に対する実験並びに理論等について計画しています。
>
> 島：揺枕吊りが要るか要らないかの問題ですが、主としてヨーロッパのディーゼル・エレクトリックは揺枕の無いものが多く、ああいういき方もある様です。デンマークのディーゼルカーは相当早く走り乗心地が良いですから、どうしても無ければならないものではないと思います。
>
> 青木（日立）：オイルダンパー、空気ばね、防振ゴムを応用した台車についてやりたいと思います。吊りリンクを省いた構想について実験したいと思います。

などの意見が相次いで出ている。

この時点ではいまだ研究所から新幹線構想は出ていなかったが (6.1 節参照)、蛇行動防止研究の本格化、主電動機の支持法、揺れ枕吊り装置の要不要、オイルダンパ、空気ばねなど、高速車両の実現に重要な要素技術が論じられているのは興味深い。

最後に島が、

> 「……今回の研究会が益々盛んになって非常にうれしく思います。ただ今も話がありましたが、先年度の終わりから官業予算が押さえられてメーカーにも響くわけで、松平さんなども先年末から実験が思う様にできないと言っております。今年も自由には出来ないと思います。九原則は、ここで一締めて (原文ママ) 先の見える素地を作るのが目的ですから、私共苦しい所ですが、ここで伸びるために根本的な事から研究して、車両が輸出のホープであることを考え、又客車が外国に行ったときひけをとらないよう、耐え忍ぶ苦しさを打開して第一歩からしっかり勉強したいと思います。……」

と挨拶し、次回は 9 月頃行うということにして閉会している。

このように、成果が出始めた研究会は、時局を反映しつつも次回にむけて精力的に研究を進めるはずであったが、結果的にはこの第 6 回で終わることになる。九原則とは、昭和 23 年 12 月 19 日に GHQ (General Headquarters、連合国際司令部) が指令した経済安定九原則のことで、日本経済の自立と安定を目的にした経済政策である。

第 6 回研究会直前の昭和 24 年 3 月 7 日、九原則のアクションプランであるドッジ・ラインが出され、3 月 22 日にドッジから政府に対し昭和 24 年度予算案が内示されている。

これに伴い、5 月 4 日行政整理の閣議決定がなされ、30 日行政機関職員定員法が成立、6 月 24 日国鉄労働組合が行政整理反対の実力行使を決定、7 月 6 日下山事件、7 月 12 日国鉄が 6 万 3,000 人の人員縮減を労働組合に通告、7 月 15 日三鷹事件、8 月 17 日松川事件と世情は急変し、さらに年が変わった昭和 25 年 6 月 25 日朝鮮戦争勃発と続くことになる。

第 6 回が行われた昭和 24 年 4 月 20〜21 日は、いまだ嵐の前の静けさのなかだったのだろう。しかし、日が経つにつれて到底研究会を続けられるような情勢ではなくなっていったものと思われる。

こうして研究会の推移を追ってみると、改めてこの研究会が昭和 21 年に発足したことが昭和 39 年の新幹線開業と深い関係があることに気づかされる。

車両振動や蛇行動の基礎的な事柄は、第6回までで方向性が見えてきている。仮に研究会の開始が1年遅れていたならば9原則に阻まれ成果を出せないままに中断のやむなきに至ったのではないだろうか。新型の試作台車もできなかったし、その走行試験もできなかったであろう。その場合、昭和32年5月の鉄道技術研究所の記念講演会『東京－大阪間3時間への可能性』も実現せず、これを技術的拠り所とした新幹線計画も具体化しなかったと思われる。

かねがね問題意識をもち続けていた島が、戦後間を置かず高速台車振動研究会を立ち上げたことと新幹線が昭和39年に開業できたことは確かにつながっていると思うのである。

## 1.7 昭和24～32年

### 1.7.1 80系湘南型電車の誕生

高速台車振動研究会は昭和24年4月の第6回をもって終了したが、間もなくその成果を踏まえた新しい電車が誕生していくことになる。

まず、昭和25年3月にDT16型台車の80系湘南型電車が登場した。このDT16型台車（TR39A）は乗り心地改善のために台車枠を一体鋳鋼製として剛性を高める、軸ばね定数を見直し伸縮量を大きくする、揺れ枕吊りを長くするなどが行われたが、2次サスペンションの枕ばねにはまだ重ね板ばねが用いられており、研究会の成果を十分に取り込んだものではなかった。

その後昭和27年、2次サスペンションが重ね板ばねの代わりにオイルダンパとコイルばねを採用したDT17に進化した。

重ね板ばねがなくなったため振動系が計算に乗るようになり、軸ばね、枕ばね、オイルダンパの定数を最適値に設定した80系電車の乗り心地は大きく向上した。

当時の「交通技術」誌は、DT17台車の特徴を5点あげている[54]。

（ⅰ）　枕ばねには板ばねを廃止し、コイルばねとオイルダンパを用いた。100km/h近くの高速度では板ばねと大差ないが、中速度以下においては粘性減衰の効果が顕著で、殊に高周波振動は40～50％の減少を示すことが確認された。

（ⅱ）　防振ゴムを使用した。コイルばねといえども15～20Hz以上の高周波振動になると緩衝作用は十分ではなく、振動はコイルばねの素線を伝播

---

[54]　堀内茂「国電用DT17.TR48.TR48A形台車」、『交通技術』1952年12月号

して通過してしまうので、その防止策として防振ゴムを使用した。
（ⅲ）　軸ばねと枕ばねの剛性比を変更した。従来は枕ばねと軸ばねの強さはほぼ同じであったが、理論上最適とされるように枕ばねの強さを軸ばねのそれのほぼ半分に、つまり枕ばねが軸ばねより約2倍たわむようにした。
（ⅳ）　枕ばねが柔らくなるとローリングが大きくなるので、対策として枕ばねの配置間隔を広げた。
（ⅴ）　台車枠の一体鋳造化、圧延一体車輪の採用などによる台車の軽量化を図った。

長編成の湘南電車は、東京－沼津間を2時間半で走り、長距離電車が可能であることを示した。高速台車振動研究会は島の期待に応えたのである。

研究会が終わった後の松平の振動防止に関する論文は、第6回研究会に提出した資料を正式な論文として再整理したもので内容的には新味はないが、研究会終了後の3年余の間に鉄道車両用のオイルダンパが製作され、台車への採用が進んだ状況が記されている[55]。

図 1-7-1　80系湘南電車
（写真提供：宮坂達也氏）

「……この理論の概要は、既に約3年前高速台車振動研究会において発表したところであるが、その後この理論に基づいて鉄道車両用オイルダンパが萱場工業および東京機器において設計試作され、昭和26年7月国鉄で、また9月には京阪神急行電鉄で、電車の台車に装備されるに至った。その結果はいずれも予期の如く好成績を収めたのである。これによってこの種のオイルダンパは今後急速に実用化される気運にある。

　自動車の方ではこの種のオイルダンパ（通常ショック・アブソーバとも呼ばれている）は古くから実用化されている。しかしオイルダンパの減衰値をどの位に選ぶべきかについての理論的根拠はいまだにはっきり示されていないようである。本論文の理論は鉄道車両のみに限らず、自動車の場合にもそのまま適用されるものである。」

---

[55] 松平精、松井哲、藤田科平「まくらばねにオイルダンパを入れた場合のボギー車の上下強制振動」、『鉄道業務研究資料』第9巻第3号、昭和26年

ここで述べている昭和26年7月の国鉄の台車は、昭和27年80系電車に使用開始されたDT17型台車である。

DT17台車の80系電車は昭和29年3月、三島－沼津間下り線での高速試験で124.5km/hを記録しており[56]、これは昭和32年の鉄道技術研究所記念講演会以前の速度記録であった。

### 1.7.2 模型実験による1輪軸蛇行動理論の検証

一方、蛇行動に関する研究は転走式模型実験装置を使い理論検証が本格化している。研究会が終了した3年後、昭和27年の論文[57]は、第3回高速台車振動研究会に出した資料（1.3節参照）の内容を一輪軸の場合について、輪軸を図1-7-2に示すように台車に車輪方向と車軸方向に弾性結合したモデルで再構築し、模型実験によって理論を検証したものである。

使われた模型実験装置は、軌条輪直径500mm、軌間80mm、車輪直径40、60、80mmで、踏面勾配は1/20と1/10である（図1-7-3）。

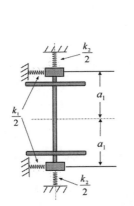
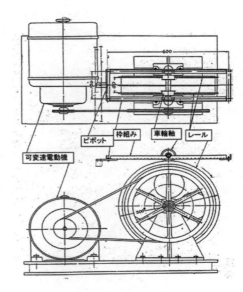

図1-7-2 車軸の台車への弾性結合　　図1-7-3 転走実験装置
（出典：文献57）　　　　　　　　　（出典：文献57）

---

[56] 昭和29年3月9日、三島－沼津間でクハ86＋モハ80＋モハ80＋モハ80＋クモユニの編成で124.5km/hを記録した。
[57] 松平精「車輪軸の蛇行動」、『鉄道業務研究資料』第9巻第19号、昭和27年10月

松平が第3回研究会で、23年早々に実験を始めると言っていたものであり、平成24年4月の第6回研究会で実験の様子を口頭報告しているので、本格的な実験は24年初から始まったと思われる。

実験装置を作り上げる過程についての記録はないが、1/10模型で信頼できるデータを得るためには精密機械級の製作精度を要するであろうから、可変速転走装置、輪軸保持機構、蛇行動を記録する仕組み等、松平グループはこの装置の製作を担当した試作工場の協力を得て何回も試行錯誤を繰り返したものと思われる。

松平はこの実験の目的を、

> 「実験の内容は2種類に分けられる。第1の実験は車輪軸の蛇行動が力学的に不安定な運動であることを明示すると共に、蛇行動波長の理論式を確かめることを主目的とする。第2の実験は、車輪軸の蛇行動に対する弾性復元力の影響を調べることを主目的とする。」

と述べている。

すなわち、1輪軸の蛇行動波長が（1.3.1）式のとおりになっているか、輪軸を台車に弾性結合した場合に蛇行動を理論どおりに一定速度まで抑制できるかを確認する目的である。

図1-7-4は蛇行動波長の理論値（直線）と実験値（プロット）の対比である。どの速度でも蛇行動が起きていること、蛇行動振動数が（1.3.1）式から計算した値とよく合っていることが実験で確かめられている。図は車輪直径60mmの結果であるが、40mm、80mmの場合も同様の結果を得ている。

また、図1-7-5は安定領域と不安定領域が存在する場合の振動の様子を示すものである。安定領域（図上）では最初に与えた振動が減衰していくが、不安定領域（図下）では何らかの撹乱によって起きた振動が成長していくことを示

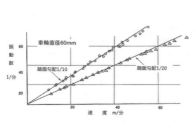

図 1-7-4 速度と蛇行動振動数
（出典：文献57）

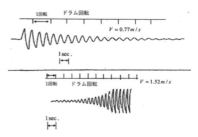

図 1-7-5 蛇行動の成長と減衰
（出典：文献57）

している。

　松平は、図1-7-2のように車輪軸を台車にばね結合した場合の蛇行動限界振動数 $\nu$ の近似式を、次式で表している[58]。

$$\nu^2 = \frac{\nu_y^2(1-r/a\lambda) + \nu_\phi^2 f_2 i_2^2 / f_1 a^2}{1 - r/a\lambda + f_2 i_2^2 / f_1 a^2} \quad (1.7.1)$$

ただし、$\nu_y^2 = k_y/m$ ， $\nu_\phi^2 = k_\phi/mi_2^2$ ， $k_y = k_2$ ， $k_\phi = k_1 a_1^2$ 、
　　　$m, a, r, i_2, \lambda, f_1, f_2$ は輪軸質量、軌間の1/2、車輪半径、
　　　輪軸の回転半径、踏面勾配、縦方向と横方向のクリープ係数

　図1-7-6は(1.7.1)式を使い、図1-7-2で $k_2 = 0$ とし $f_1 = f_2$ とした場合のヨーイング固有振動数（横軸）と蛇行動限界振動数（縦軸）の関係を示したものである[59]（ヨーイング固有振動数は $\sqrt{k_1}$ に比例するから横軸は $k_1$ の強さを表している）。

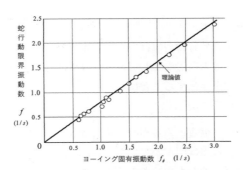

図 1-7-6　弾性支持による蛇行動限界振動数の変化（出典：文献58）

　波長は幾何学的蛇行動の波長なので、振動数に波長をかけたものが蛇行動限界速度（この場合は蛇行動が始まる速度）である。
　理論値と実験値がよく一致していることから、弾性復元力のある場合の理論式(1.7.1)が正しいことがわかる。
　松平は、実験結果と $f_1 = f_2$ とおいた計算値とがよく一致していることから、

「間接的ではあるが、縦のクリープ係数と横のクリープ係数とはほぼ等しいと考えて差し支えないという結果も導かれた。」

と記している。

---

[58]　松平精「車輪軸の蛇行動」、『鉄道業務研究資料』第9巻第19号、昭和27年10月、p.22
[59]　同上、p.26

図1-7-4に示した幾何学的蛇行動波長の検証だけでも、150回以上の実験が行われている。このような密度の高い実証試験は実車ではもちろん不可能だし、模型実験でも走行型では難しい。転走型模型実験装置の威力を示すものである。松平はこの論文の結びで、

「車輪軸の蛇行動について動力学的に詳細な理論解析を行い、車輪軸蛇行動の本質ならびに防止法の根本概念を明らかにすることができた。一方簡単な模型実験によってこの理論の妥当性を確かめた。

　なおこの理論は、蛇行動の基本概念を明らかにする目的に応じて、もっぱら微小変位の線形振動の問題に限定したが、更にクリープ力の非線形性、車輪フランジの衝突作用等を考慮して、大振幅の非線形性振動の問題にまで発展させることが必要であろう。」

と氏の研究が適用できる範囲を述べている。

### 1.7.3　貨車の蛇行動対策

以上のように車両の蛇行動現象は、高速台車振動研究会のなかで電車の乗り心地を悪化させる要因のひとつとして研究されてきたが、その成果は別に貨物列車の速度向上に力を発揮することになる[60]。

松平は貨車の蛇行動に関し[61]、

「現在我が国の2軸貨車の最高許容速度は65km/hとされている。この数値が決められた根拠は明らかではないが、おそらく主として車両の脱線事故に関連した経験的なものであろう。今まで多くの実験によって明らかにされているように、現用の2軸貨車は一般に速度が50〜60km/hを越すと急激に横動揺が増加する性質を持ち、ことに車輪踏み面の摩耗がひどいほどこの傾向は著しい。

　……この種の定常的横振動は蛇行動と呼ばれる一種の自励振動であって、軌道の良否には一義的には関係しない。

　……高速運転中の2軸貨車の脱線事故は、殆どすべての場合、この蛇行による車両の激しい横動揺が主因となり、それが軌道の局部的欠陥に乗じて引き起こされるものと考えられる。」

---

[60] 松平精「2軸鉄道車両のだ行動とその防止法（第1報理論、第2報模型実験、第3報実車への適用）」、『日本機械学会誌』19巻第87号、昭和28年
[61] 松平精、相沢泰治、向出義雄、横瀬景司「2軸貨車のばねつり装置改造による高速化」、『鉄道業務研究資料』第10巻第18号、1953年

と述べている。

　手法的には第3回研究会で発表した論文[62]を発展させたものであり、2つの輪軸を前後左右に弾性支持したモデルで解析しているが、複雑度が増し次第に解析的手法の限界に近づいてきている。

　松平は後年の回顧録で、

> 「車両の蛇行動の理論計算は、車体-台車系の横運動の方程式を立て、その特性方程式を作り、その根を求めて運動の安定性を調べる方法によって行われた。この場合の一つの困難は、関係する運動自由度が非常に多いということである。例えばボギー車の場合、車体は剛体であるとし、車軸は台車枠に前後左右に固着されているとする簡単な場合でも、車両全体の運動自由度は7であり、もし車軸が台車枠に弾性的に結合されているとすれば、その数は15になる。したがってコンピュータの助けなしでは正確な計算は実際上不可能であった。……
> 　……蛇行動に関する研究の初期のころ、2軸貨車の蛇行動防止に専念していた時期には、手計算に頼らざるを得なかったので、できるだけ簡略化した上で、それでもなお大変面倒な計算を行い、模型実験の助けを借りて研究を進めたのである。従って導かれた結果は多少不正確な点もあったが、少なくとも蛇行動の問題を理論的に取り組むという正統的な態度を培い、その後の発展の基礎を固めた点は評価されるであろう。」

と記している[63]。

---

[62] 松平精「二軸台車の蛇行動に関する基礎的理論的考察」、『高速台車振動研究会資料』No.63、昭和22年12月10日
[63] 松平精「東海道新幹線に関する研究開発の回顧」、『日本機械学会誌』第75巻、第646号、1972年10月

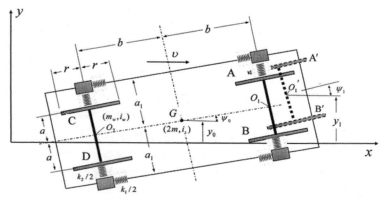

**図 1-7-7 2軸貨車の解析モデル**
(出典：文献 64)

図 1-7-7 は 2 軸貨車の蛇行動解析モデルである[64]。

$v, 2r, 2a, 2b, 2m, m_w, i, k$ は速度、車輪直径、軌間、軸距、車体質量、輪軸質量、垂直軸周りの回転半径、ばね定数、$O, G$ は輪軸中心、車体中心、添字 $_0$、添字 $_w$、添字 $_1$、添字 $_2$ はそれぞれ車体、輪軸、AB 輪軸、CD 輪軸に対する表記である。

解析は次の手順で行われている（章末補足 3 参照）。

(ア) 各車輪の車輪方向・車軸方向の速度、転がり速度などを記述する。

(イ) AB 輪軸、CD 輪軸について横方向のクリープ力 $F_{y1}$、$F_{y2}$ と $z$ 軸回りのモーメント $M_{z1}$、$M_{z2}$ を記述する。

(ウ) (イ) を使って前後輪軸と車体からなる振動系の運動方程式（力の釣合いとモーメントの釣合い）を立てる。

(エ) 蛇行動振動の時間部分を $e^{jvt}$ とおいて (ウ) の特性方程式を作り、実数部 = 0、虚数部 = 0 とおき表記を簡略化すると、最終的に次式が得られる。

$$aV^4 - bV^2 + c = 0、\quad eV^2 - f = 0 \tag{1.7.2}$$

ただし、$V = v/v_y L = S/S_1$（$S$ は蛇行動波長、$S_1$ は 1 輪軸蛇行動波長）$a \sim f$ は補足 3 に示すように車両定数 $2r, 2a, 2b, 2m, i, k$ と $N$ からなる量で、$N = v/v_y$、$v$ は蛇行動の円振動数、$v_y$ は車体の固有振動数 $= \sqrt{k_2/m}$ である。

(オ) (1.7.2) 式を満足する $V, N$ を求めれば、蛇行動限界速度 $v_c$ と蛇行動振動数 $v$ が次式で求められる。

---

[64] 松平精「2軸鉄道車両のだ行動とその防止法（第1報理論）」、『日本機械学会誌』19 巻第 87 号、昭和 28 年

$$v_c = VN\nu_y L \ , \ \nu = N\nu_y \tag{1.7.3}$$

しかし、補足 3 に示すように $a \sim f$ は高次の $N$ を複雑な形で含んでいるため、(1.7.2) 式は解析的に解くことはできない。

(カ) そこで (1.7.2) 式が表す 2 組の曲線

$$F(V^2, N^2) = 0 \ , \ G(V^2, N^2) = 0 \tag{1.7.4}$$

を $V^2 - N^2$ 図に描いて両曲線の交点を求める図式解法で $V, N$ を求める。

原理的にはこのようなことであるが、コンピュータのない時代であり、両曲線を描くための計算量は実に膨大なものであったと思われる。論文には解法の途中は記されていないが、多くの人手と時間を要したはずであり、上記の松平の回顧録に記されているのはこのあたりのことであろう。

松平は、実際上重要で特別な場合として、$k_1 = \infty$、すなわち車軸が台車に対して前後方向に固く取り付けられている場合について $k_2$（車軸方向のばね定数）を変化させたときの解を求め、その結果を図 1-7-8 に示している。

図は蛇行動が起き、収束する限界速度と輪軸の横支持剛性との関係は、安定領域、不安定領域が 2 つずつあることを示している。

1.3 節では輪軸の質量を無視し、方程式を簡略化して解いたところ、車体質量による第 1 次蛇行動の存在が確認された。この解析では輪軸質量も含めて数値計算によって解いたところ、輪軸質量による第 2 次蛇行動の存在が見えてきたということだろう。

図 1-7-8 によれば、例えば横支持剛性 $k_a$ の 2 軸貨車は、速度が $v_a$ に達すると蛇行動が起き始めて以降収まることはない。一方、横支持剛性 $k_b$ の貨車は速度 $v_{b1}$ の付近で蛇行動が起きるが、少し速度が上がれば再び安定領域に入り蛇行動は収まる。その後は速度が $v_{b2}$ になるまで蛇行動は起きないということになる。

$k_a$ の位置にあった当時の貨車の横支持剛性を $k_b$ に弱めた効果は昭和 27 年に行われた現車試験

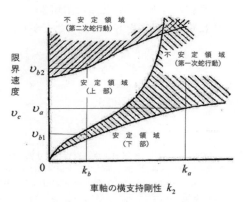

**図 1-7-8** 車軸の横支持剛性と蛇行動限界速度
（出典：文献 61）

で確認され[65]、その後貨車の速度向上が行われることとなる。

新幹線車両につながる蛇行動防止研究の観点では、上記2軸貨車の蛇行動解析は時期的にも内容的にも、次の段階であるボギー車両蛇行動解析の前段にあたっている。

図1-7-9は、この理論検証に使われた縮尺1/10転走式模型実験装置である[66]。その後この1/10模型装置はボギー車用に発展し、昭和31年以降はボギー車の蛇行動研究が始まった。

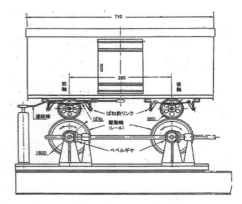

図1-7-9　2軸貨車1/10模型実験装置
（出典：文献66）

その結果、ボギー車は従来の型式の台車の場合は、速度100〜150km/h付近で車体が揺れる第1次蛇行動（車体蛇行動）を起こし、200km/h以上では台車が激しく振動する第2次蛇行動（台車蛇行動）を起こすことがことが明らかになった。松平は、回顧録で、

「この台車蛇行動はそれまで知られていなかったものであったので、その後の研究は特にこれの制圧に努力が注がれた。」

と述べている[67]。

図1-7-8は車軸が前後方向に固く結合されている場合の計算結果であるが、後年新幹線計画が具体化した昭和35年、車軸の前後方向の弾性結合が蛇行動防止に重要な役割をもっていることがわかってくることになる（第9章参照）。

---

[65] 昭和27年11月11〜18日、東海道貨物下り線辻堂－茅ヶ崎間（直線区間）、戸塚－大船間（曲線区間）で直線区間は85km/hまで、曲線区間は70km/hまでの試験が行われた。

[66] 松平精「2軸鉄道車両のだ行動とその防止法（第2報模型実験）」、『日本機械学会誌』19巻第87号、昭和28年

[67] 松平精「東海道新幹線に関する研究開発の回顧」、『日本機械学会誌』第75巻、第646号、1972年10月

## ■補足1■

例えば、A車輪については次のように記述されている。

　　車輪方向の速度 $= \upsilon - a\dot\psi$
　　車軸方向の速度 $= \dot y + b\dot\psi - \upsilon\psi$
　　接触点の半径 $= r + (y + b\psi)\lambda$ 　（$\lambda = \tan\alpha = $ 踏面勾配）
　　転がり速度 $= \{r + (y + b\psi)\lambda\}\omega = \{r + (y + b\psi)\lambda\}\upsilon/r$

車輪方向のクリープ力 $F_{A1}$ は、

$$F_{A1} = -\frac{f_1}{2} \cdot \frac{\upsilon - a\dot\psi - \{r + (y + b\psi)\lambda\}\upsilon/r}{\{r + (y + b\psi)\lambda\}\upsilon/r}$$
$$\approx \frac{f_1}{2\upsilon}\left\{a\dot\psi + \frac{\upsilon\lambda}{r}(y + b\psi)\right\} \tag{H1.1}$$

車軸方向のクリープ力 $F_{A2}$ は、

$$F_{A2} = -\frac{f_2}{2} \cdot \frac{\dot y + b\dot\psi - \upsilon\psi}{\{r + (y + b\psi)\lambda\}\upsilon/r}$$
$$\approx -\frac{f_2}{2\upsilon}(\dot y + b\dot\psi - \upsilon\psi) \tag{H1.2}$$

ただし、$f_1, f_2$ はそれぞれ縦及び横クリープ係数

同様にしてB、C、D車輪のクリープ力 $(F_{B1}, F_{B2}), (F_{C1}, F_{C2}), (F_{D1}, F_{D2})$ を求め、

$$\text{台車全体の}y\text{方向の力} = F_{A2} + F_{B2} + F_{C2} + F_{D2} \tag{H1.3}$$

と表し、また重心 $G$ 周りのモーメントを

$$= -(F_{A1} - F_{B1} + F_{C1} - F_{D1})a + (F_{A2} + F_{B2} - F_{C2} - F_{D2})b \tag{H1.4}$$

と求めている。

台車が極めてゆっくり走る場合は $m$ による慣性力は無視できるので、台車に働く力はクリープ力のみであるから台車に働く力とモーメントの釣合から、(H1.3)、(H1.4)式から

$$F_{A2} + F_{B2} + F_{C2} + F_{D2} = 0$$
$$-(F_{A1} - F_{B1} + F_{C1} - F_{D1})a + (F_{A2} + F_{B2} - F_{C2} - F_{D2})b = 0$$

とおくと $y$ に関する次の運動方程式が得られる。

$$\ddot y + \upsilon^2 \frac{\lambda}{ar} \cdot \frac{1}{1 + f_2 b^2 / f_1 a^2} y = 0 \tag{H1.5}$$

この微分方程式を解いて（途中省略）

$$y = y_0 \sin\left\{ \sqrt{\frac{\lambda}{ar(1 + f_2 b^2 / f_1 a^2)}} \cdot x + \beta \right\} \tag{H1.6}$$

（$y_0, \beta$ は初期条件で決まる定数）

を得ている。

## ■補足2■

例えばA車輪の車輪方向と車軸方向のクリープ力は

$$F_{A1} = -\frac{1}{2} f_1 \frac{v - a\dot{\psi}_0 - (r + y_1 \lambda) v / r}{(r + y_1 \lambda) v / r} \approx \frac{f_1}{2v}\left(\frac{v\lambda}{r} y_1 + a\dot{\psi}_0\right)$$

$$F_{A2} = -\frac{1}{2} f_2 \frac{\dot{y}_1 - v\psi_0}{(r + y_1 \lambda) v / r} \approx -\frac{f_2}{2v}(\dot{y}_1 - v\psi_0)$$

であり、AB輪軸に横方向にかかる力は慣性力、ばね力、クリープ力だからこれらの釣り合いは、

$$m_w \ddot{y}_1 + k(y_1 - y_0 - b\psi_0) = -\frac{f_2}{v}(\dot{y}_1 - v\psi_0) \tag{H2.1}$$

同様にCD輪軸の力の釣合いから

$$m_w \ddot{y}_2 + k(y_2 - y_0 + b\psi_0) = -\frac{f_2}{v}(\dot{y}_2 - v\psi_0) \tag{H2.2}$$

台枠に働く力の釣り合いから

$$m_0 \ddot{y}_0 + k\{2y_0 - (y_1 + y_2)\} = 0 \tag{H2.3}$$

台枠重心回りモーメントの釣合いから

$$(m_0 i_0^2 + 2 m_w i_w^2)\ddot{\psi}_0 + k\{2b^2 \psi_0 - b(y_1 - y_2)\} = -\frac{f_1}{v}\left\{\frac{v a \lambda}{r}(y_1 + y_2) + 2a^2 \psi_0\right\} \tag{H2.4}$$

を導き、輪重質量 $m_w$ と台枠の回転半径 $i_0$ を省略してこの連立方程式を解法可能なレベルに簡略化して蛇行動限界速度を求めている。

■補足3■

解析は次のように行われている。
① AB 輪軸、CD 輪軸について横方向のクリープ力 $F_{y1}$、$F_{y2}$ と $z$ 軸回りのモーメント $M_{z1}$、$M_{z2}$ を記述する。

AB 輪軸については ]

$$F_{y1} = -f_2(\dot{y}_1/\upsilon - \psi_1) \tag{H3.1}$$

$$M_{z1} = -f_1(a\dot{\psi}_1/\upsilon + \lambda y_1/r)a \tag{H3.2}$$

CD 輪軸については

$$F_{y2} = -f_2(\dot{y}_2/\upsilon - \psi_2) \tag{H3.3}$$

$$M_{z2} = -f_1(a\dot{\psi}_2/\upsilon + \lambda y_2/r)a \tag{H3.4}$$

② (H3.1) 〜 (H3.4) を使って前後輪軸と車体からなる振動系の運動方程式（力の釣合いとモーメントの釣合い）を立てる。

AB 輪軸については

$$m_w \ddot{y}_1 + k_2(y_1 - y_0 - b\psi_0) = -f_2(\dot{y}_1/\upsilon - \psi_1) \tag{H3.5}$$

$$m_w i_w^2 \ddot{\psi}_1 + k_1 a_1^2(\psi_1 - \psi_0) = -f_1(a^2 \dot{\psi}_1/\upsilon + a\lambda y_1/r) \tag{H3.6}$$

CD 輪軸については

$$m_w \ddot{y}_2 + k_2(y_2 - y_0 + b\psi_0) = -f_2(\dot{y}_2/\upsilon - \psi_2) \tag{H3.7}$$

$$m_w i_w^2 \ddot{\psi}_2 + k_1 a_1^2(\psi_2 - \psi_0) = -f_1(a^2 \dot{\psi}_2/\upsilon + a\lambda y_2/r) \tag{H3.8}$$

車体に対しては

$$2m\ddot{y}_0 - k_2(y_1 - y_0) - k_2(y_2 - y_0) = 0 \tag{H3.9}$$

$$\begin{aligned}2mi_z^2 \ddot{\psi}_0 - k_1 a_1^2(\psi_1 - \psi_0) - k_2 b(y_1 - y_0 - b\psi_0) \\ - k_1 a_1^2(\psi_2 - \psi_0) + k_2 b(y_2 - y_0 + b\psi_0) = 0\end{aligned} \tag{H3.10}$$

③ 定常振動である蛇行動振動の時間部分を $e^{j\nu t}$ とおいて (H3.5) 〜 (H3.10) 式の特性方程式を作り、実数部 = 0、虚数部 = 0 とおくと、最終的に

$$aV^4 - bV^2 + c = 0, \quad eV^2 - f = 0 \tag{H3.11}$$

の形に表される方程式を得る。

ここに $a \sim f$ は定数と $N$ からなる関数（註）であり、

$$V = \upsilon - \nu L, \quad L = S_1/2\pi \quad (S_1 \text{ は1軸蛇行動波長})$$

$$N = \nu/\nu_y, \quad \nu_y = \sqrt{k_2/m} \quad (\text{車体の横固有振動数})$$

である。

(註) $a \sim f$ はそれぞれ大変複雑で、例えば $a$ は次のようになっており、コンピュータが無い時代に行われた数値解法の大変さがうかがわれる。

$$a = ①③ + K^2 R^2 A$$

$$① = 1 + R\varsigma_0^2 N^2 + K^2 A \left\{ \begin{array}{c} (1 + R - \varsigma_0^2 N^2)(1 - \mu N^2)(R - \mu \varsigma_\omega^2 N^2) \\ - R^2(1 - \mu N^2) - (R\mu \varsigma_\omega^2 N^2) \end{array} \right\}$$

$$③ = (1 - N^2) - K^2 A \left\{ 1 - (1 - N^2)(1 - \mu N^2) \right\} (R - \mu \varsigma_\omega^2 N^2)$$

ただし、 $R = k_1 a_1^2 / k_2 b^2, \quad A = f_2 b^2 / f_1 a^2, \quad K = k_2 \sqrt{ar/\lambda} / f_2,$
$\varsigma_0 = i_z / b, \quad \varsigma_\omega = i_\omega / b, \quad \mu = m_\omega / m$

④ (H3.11) を図式解法で解き蛇行動限界速度を求めている。

## 第 2 章　車体の強度、軽量化、空気抵抗

　昭和 8（1933）年に大学を卒業し、海軍航空技術廠に勤務していた三木忠直中佐[1]も昭和 20 年 12 月から鉄道技術研究所に勤務することとなった。氏は飛行機設計の技術を活かし高速鉄道車両を実現することとなる。

　航空技術廠で陸上爆撃機「銀河」を設計した三木は後年、「鉄道ファン」誌に寄稿した回顧録[2]のまえがきで、

　　「……戦勢が不利となり、制空権が低下し、パイロットの練度も落ちてくると、前線でいわゆる特攻作戦が編み出され、その極みともいえる案が空技廠に持ちこまれた。

　　一式陸攻の胴体につり下げて、先頭に大形爆弾を整備した小形機に乗っていく、いわば人間爆弾の案であった。我々技術者の反対にもかかわらず正式に取り上げられ、試作命令が出された。試験飛行ですべての要求性能が満たされたので、「桜花」と命名された。

　　戦争は常に死と隣り合わせであるが、必死の機に乗り、散っていった多くの若桜を思うと、心の痛む日々であった。

　　……戦争の悲惨さが脳裏を離れず、私は戦後、戦争に関係する仕事にはつくまいと決心した。そして、鉄道技術研究所に入り、飛行機で培われた技術を鉄道車両の軽量化、高速化に役立てる研究を始めた。その研究の成果を実現することができたのが、この SE 車であった。」

と述べている（SE 車については 2.5 節参照）。

　世界有数の航空技術頭脳拠点であった海軍航空技術廠で飛行機を設計していた三木は、鉄道技術研究所に移籍してその研究環境の貧弱さに驚いたことであろう。氏は移籍当時のことについては書き残していないが、同じく航空技術廠から移籍した松平は回顧録[3]で、当時の鉄道技術研究所の国立

図 2-0-1　三木忠直
（写真提供：（公財）鉄道総合技術研究所）

---

[1] 三木忠直：昭和 8 年東京帝国大学工学部船舶工学科卒、同年海軍航空技術廠、昭和 20 年 12 月鉄道技術研究所に移籍、後客貨車研究室長
[2] 三木忠直「小田急 3000 形 SE 車設計の追憶」、『鉄道ファン』第 32 巻第 375 号、1992 年 7 月
[3] 松平精「戦後の鉄研 24 年間の思い出」、『十年のあゆみ - 創立 70 週年』、鉄道技術研究所、昭和 52 年

分室（現在の鉄道総合技術研究所）の様子を次のように書いている。

> 「当時おそらく世界有数の研究施設であったと思われる田浦の海軍航空技術廠に長年勤務していた私の頭の中のイメージでは、それ相応の設備があることを期待していたのに、なんと目の前にあるのは木造のみすぼらしいバラックの2〜3棟だけで、どう見ても研究所とは思えない。しかし、入り口とおぼしいあたりに立てられた小さな門柱には、確かに鉄道技術研究所と書いてあるので、間違いではない。……」

図 2-0-2　戦後の鉄道技術研究所浜松町本所（左）と国立分室（右）
　　　　　（写真提供：（公財）鉄道総合技術研究所）

　戦局に直結している航空技術廠の研究部門と鉄道技術研究所とでは国の要求度も違い、それに応じて研究施設、研究予算、研究者の切迫感・技術力にも差があったのだろう。
　鉄道技術研究所転入時の三木の新しい職場は客貨車研究室で、研究室の分掌は、

> 「車両用振動計の機能に関する研究、車両用バネおよび台車構造部分の振動に関する基礎研究、本線運転中における車両が軌道におよぼす影響の調査研究、軽量客車構造に関する研究、客貨車および電車内の通風調査研究」

であった。振動計が最初に挙がっているのが興味深い。
　鉄道技術研究所における三木の初期の頃の報告書に、大型トレーラーバスの車体強度試験に関するものがあり、そのなかで氏は、

> 「本車のように大きな車体が単なる上部構造としての籠に過ぎなく強度的には自己重量と荷物と立客の吊革下荷重を支えるのみで、本質的に何等役に立っていないのは資源の少ない我国用としては真に勿体ない訳である。

全荷重を車体で持たし得る応力外皮構造について研究の上、速やかに実現すべきものと考える。」

と述べており[4]、大型バスや鉄道車両に航空技術を適用しようとしていたことがわかる。

## 2.1　抵抗線歪みゲージによる応力測定の実現

### 2.1.1　抵抗線歪みゲージの実用化

車両の構造強さ、軽量化の研究が系統的に行われるようになったのは第二次世界大戦以後であるが、特筆すべきは車両各部の動的応力測定の必要性から抵抗線歪みゲージが実用化されたことである。これによって車両軽量化の推進も、また安全な車両の設計もデータに裏付けられ、自信をもってできるようになった。

図 2-1-1 は現在使われている歪みゲージの例である。母材に貼り付けるように非常に薄くできていて、母材が伸びれば歪みゲージの線も伸びて細くなり、電気抵抗が増えるのでゲージの電気抵抗を測れば母材の伸縮がわかり、母材にかかっている力がわかるという原理である。

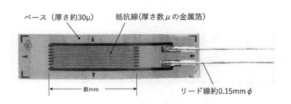

図 2-1-1　現在の歪みゲージの例

わが国の抵抗線歪みゲージのルーツは鉄道技術研究所の中村和雄[5]と当時の船舶試験所の石山一郎、小林韓二である、と中村の共同研究者であった中栄周三は述べている[6]。

---

[4]　三木忠直、小野修一「大型トレーラーバス試験報告」、『鉄道業務研究資料』第6巻第1号、昭和24年6月

[5]　中村和雄：昭和17年陸軍、元陸軍技術大尉、昭和21年5月中島飛行機から鉄道技術研究所へ移籍

[6]　中栄周三「ひずみゲージのルーツを探る」、『RRR』、鉄道総研、2009年1月

電気抵抗線歪みゲージは、第二次世界大戦末期頃からアメリカにおいて盛んに使用されていたが、日本にはわずかな情報しか入っていなかった。中村は少ない情報を頼りに試行錯誤を繰り返し、昭和24年に歪みゲージ作りに成功し板ばねの応力測定を行っている。また翌25年には、湘南電車の車体荷重試験に際し現場試験で有用に使用できることが確認されている[7]。

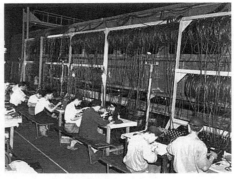

図 2-1-2　歪みゲージによる車体の応力測定
（写真提供：（公財）鉄道総合技術研究所）

これが近代的な車体荷重試験の最初であり、本格的な車体の軽量化はここから始まることになる。

三木は後年の論文で、

「試験の結果は次の車の設計の好個の参考資料となって25年頃から鋼体軽量化の実が上がってきたあとがはっきりうかがえる。」

と述べている[8]。

当時の歪みゲージは直径0.03mmほどの電気抵抗線を電気絶縁樹脂片中に封入したもので、中村は図2-1-3のようにして作ったようである[9]。

中栄は中村氏談として[9]、

「当時終戦の混乱が尾を引き、情報収集は極めて困難な環境でした。文献やら材料の入手に四苦八苦しながらも1948年にはどうやらベークライトシートのベークライトゲージが完成しました。1949年にはペーパーゲージが出来上がりました。当初自分達が使うひずみゲージは自作して

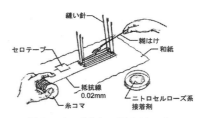

図 2-1-3　手作りの歪みゲージ
（出典：文献9）

---

[7] 三木忠直「構造強度から見た電車の動向」、『電気車の科学』第10巻第4号、1957年、p.8
[8] 同上 p.8
[9] 中栄周三「ひずみゲージのルーツを探る」、『RRR』、鉄道総研、2009年1月

いましたが、他研究室さらに所外からも使いたいと言う声が出始めました。」
と述べている。

歪みゲージによって走行中の輪重横圧、輪軸の応力、自動連結器に働く衝撃力、車両構体各部の応力、レールにかかる上下左右の力など、あるいは軌道各部の振動加速度などが実測ができるようになり、データの裏付けを得て多くの技術が新たな局面を開いていった。鉄道技術発展の中で中村の歪みゲージは大変大きな役割を果たしたのである。

中村と同じ研究室で車体強度計算を担当し、後に車両構造研究室長を務めた吉峯鼎[10]は、

「歪計の基本的性質の調査、製作方法の工夫から、それを現場実験に実用化して有用な結果を産み得る測定値が得られるまでに払われた中村和雄技師の努力は偉大なもので、筆者は氏の創意工夫と熱意に感服する者であり、又その恩恵に浴した一人でもある。」

と述べている[11]。

また、鉄道技術研究所 50 年史は「多くの研究者は中村氏の努力と熱意によって多大の利便を受けた。」と記している。

歪みゲージは、昭和 27 年頃には国内メーカーから販売され電子工学の発達と相まって急速に普及し、自動車・船舶・航空機・橋梁・建築その他あらゆる分野の構造、強度の研究に、また力・圧力・変形・加速度等の測定に使われることになる。

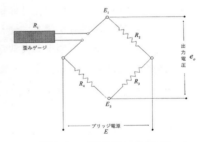

図 2-1-4　歪みゲージの結線

歪みゲージは一般に図 2-1-4 のようなブリッジ結線で使われる。

出力電圧 $e_o$ は $E_1 - E_2$ であり、

$$e_o = E_1 - E_2 = \frac{R_1}{R_1 + R_2}E - \frac{R_4}{R_3 + R_4}E = \frac{R_1 R_3 - R_2 R_4}{(R_1 + R_2)(R_3 + R_4)}E$$

となる。歪みゲージの抵抗 $R_1$ が $\Delta R$ 変化したとすると、

---

[10] 吉峯鼎：昭和 16 年鉄道省、当時鉄道技術研究所主任研究員、車体強度計算の吉峯法の開発者、後車両構造研究室長

[11] 吉峯鼎「鉄道車両車体側構強度計算法概論 (2)」、『交通技術』1956 年 11 月号、昭和 31 年、p.336

$$e_o = \frac{(R_1 + \Delta R)R_3 - R_2 R_4}{(R_1 + \Delta R + R_2)(R_3 + R_4)}E$$

となり、通常 $R_1 = R_2 = R_3 = R_4 = R$ として用いるので

$$e_o = \frac{R \cdot \Delta R}{(2R + \Delta R)2R}E$$

となる。

$\Delta R$ は $R$ に比べて非常に小さいので

$$e_o \approx \frac{1}{4} \cdot \frac{\Delta R}{R}E = \frac{1}{4}K_s \cdot \frac{\Delta L}{L}E = \frac{1}{4}K_s \cdot \varepsilon \cdot E$$

ただし、$K_s$ は歪みゲージの感度を表すゲージ率、$\varepsilon = \Delta L / L$ は伸縮率

となる。通常の場合のようにゲージ率を2、$E$ を2Vとすれば

$$e_o = \frac{1}{4} \cdot 2 \cdot \varepsilon \cdot 2 = \varepsilon$$

となる。すなわち、母材が1/10,000（＝100μst；100マイクロストレーン）伸びると1/10,000V（＝0.1mV）の出力が出る。

また、歪みゲージの抵抗変化は伸縮だけでなく温度変化によっても起きるので、それを補償する措置を講じて使われる。

このように歪みゲージの出力は非常に微弱なので、電気雑音が入り込まないように配線、結線に注意し、安定した増幅器を使わないと測定データの信頼性が落ちる。その意味で、歪みゲージの実用化は電子工学の進歩に支えられている。

### 2.1.2 輪重横圧の測定 [12]

歪み測定の研究は元来輪軸の動的問題を端緒として始められたが、車体の応力測定などの基本問題が目前にあったため輪軸に関する測定研究は中断を余儀なくされた。そのため、昭和29年4月になってようやく回転する輪軸の歪みが測れる第1次製品ができ、そしてその改良品が同年12月にできている。

回転部から固定部への信号の授受はスリップリングによって行われ、この部分が技術の鍵であった。

---

[12] 中村和雄、中村宏、小西正一「鉄道車輪用輪軸における動的問題（第1報）」、『鉄道業務研究資料』第13巻第11号、1956年

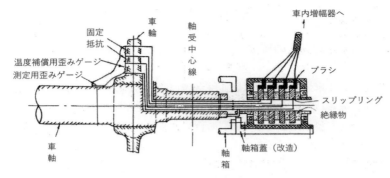

図 2-1-5　スリップリング（出典：文献 12）

　上述のように歪みゲージの出力は極めて微弱なので、信号授受で雑音が出ては使えない。リングとブラシの材質、ブラシの押さえ方、ブラシの固有振動数設定など多くのノーハウが詰まったスリップリングによって接触抵抗は $2.5 \times 10^{-6}$（2.5μst；マイクロストレーン）相当と測定値レベルに対して十分小さくなり、輪軸の歪みを精度よく測定できるようになった。

　図 2-1-5 はスリップリングの構造を示す。これを使って昭和 29（1954）年 7 月、トラ 6000 車両の車軸とスポーク車輪の応力測定が行われている（図 2-1-6）。

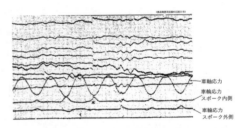

図 2-1-6　車軸、車輪の応力測定（昭和 29 年）
（出典：文献 12）

　中村は、

> 「結果は極めて良好で、波形は静的に考えられる理論値からよく説明され、またポイント等における衝撃的な歪の様子もよく記録されており、このスリップリングが十分な性能を有していることを物語っている。この測定の結果では、車輪にかかる横圧の最大値は 2.3ton（輪重の 0.4 倍）、車輪荷重の最大は静荷重の 1.4 倍であった。」

と世界で初めて測定された輪重横圧の結果を記している[13]。

---

13　中村和雄、中村宏、小西正一「鉄道車輪用輪軸における動的問題（第 1 報）」、『鉄道業務研究資料』第 13 巻第 11 号、1956 年

以後、この装置により走行安全性を担保するデータが得られることになる。

## 2.2 車体強度計算法の確立

立方体である車体の骨組みは底面（台枠）、側面（側構体）、前後（妻構体）、天井（屋根構体）から成り立っている（構体は力を担う骨組みをいう）。側構、妻構や屋根が木製で、これらを鉄製の台枠に載せて車体としていた時代には車体構造力学の必要はなかった。

しかし、その後これらが鋼製化されると、これらに荷重を負担させかつ軽量化を図るために構造力学的な研究が始まった[14]。

車体強度計算法は、車体の基本設計ができた段階で適用され、過度の応力集中がないか、車体剛性が適正かどうかなどを確認し設計精度を高める役割をもっている。

その主体は側構体の構造力学であり、昭和20年代には内外で多くの研究が発表されている。吉峯はMeyer[15]法に始まるこれら多くの研究を解析の仕方で分類し論評を加えているが[14]、大きく分けて3分類、細かく分けると18分類にもなっており、当時における側構体計算の難しさを物語っている。

側構体には上部長手方向に通しの桁があり（長桁）、上下方向には窓、ドアを挟んで柱が立ち下部台枠両側の通し梁（側梁）に結合される。また窓、ドアの上下にも短い梁、柱が入っている。車体として組み上がった状態で、所定の荷重が床面にかかれば、これらの部材はそれぞれ力を分担し変形して車体としてのたわみになる。

このたわみ、応力を計算するには部材の各結合点における力とモーメントの釣合を表す多元連立方程式を解かねばならないが、コンピュータのない時代にはこれは大仕事であり、しかも、解いた答えが正しいかどうかは歪みゲージによる応力測定ができるまでは確かめることができなかった。

吉峯による車体強度計算法（以下、吉峯法）は、歪みゲージが使えるようになった数年後の昭和28年には実質上出来上がっていたようで、その年に行われた気動車の静荷重試験データに対して計算値の比較が行われている[16]。

---

[14] 吉峯鼎「鉄道車両車体の構造強度論の展望」、『日本機械学会誌』第64巻第513号、昭和36年
[15] W.T.Meyer: Shearing Stress in Passenger Car Side Girders, Railway Mechanical Engineer, Vol.98, No.10, Oct. 1924
[16] 鉄研客貨車研究室、日本車輌東京支店「三等電気式ジーゼル動車車体荷重試験報告（型式キハ44000）」、『鉄道技術研究所中間報告4-76』、昭和28年10月

## 2.2 車体強度計算法の確立

　また、昭和 30 年には電車モハ 72500 の荷重試験データとの比較が行われているが、そのために実に超人的な量の計算が行われている。

　吉峯法は各部材に働く軸力、剪断力、曲げモーメントの釣合から弾性方程式と称される多元連立方程式を導きこれを解くものであるが、例えばモハ 72500 の場合は 30 元の連立方程式になり、その弾性方程式を立てること自体がまず大変な難作業であることがわかる（方程式の係数を決定するための計算量が膨大）。

　次に、これを解く作業になるが、吉峯は、

> 「以上の計算によって弾性方程式が決定したわけであるが、これは 30 元の線型連立方程式であってこれを解くことは非常な労力を要する。実用的には例えば Analog computer によって速やかに解を求めることが望ましいが、その設備がないので Marchants 型計算機と算盤を用いて、Gauss が最小自乗法に於ける正規方程式を解くために考案した古典的方法によって計算した。
> 　……この計算は極めて複雑であるから、途中に於ける誤算なきを期し難いので各段階毎に検算を行うが良い。」

と述べている[17]。

　コンピュータが当然の今から見ると、吉峯グループが行った計算量は真に驚くべきものであり、計算法確立にかける情熱に頭が下がる。

　計算値は全般的に測定値と合っていることから、昭和 20 年代後半には吉峯法が完成していることがわかる。

　その後、昭和 32 年に本邦輸入第一号の電子計算機である Bendix G15[18] が導入され、吉峯法は早速その恩恵を受けることになり、新幹線車両の設計に力を発揮することになる。

---

[17] 吉峯鼎「鉄道車両車体側構強度計算法（第 1 報）」、『鉄道技術研究所中間報告 6-158』、昭和 30 年 11 月、p.54
[18] Bendix G-15 計算機：アメリカ Bendix 社の真空管式計算機で輸入計算機の本邦第 1 号。昭和 37 年に後継機の G20（トランジスタ式）に交代した。

## 2.3 車両の軽量化

図 2-3-1 は軽量化が進む前の電車モハ 80（図 1-7-1 参照）の重量構成である[19]。図からわかるとおり、車体のみならず多くの要素の軽量化がなければ全体の軽量化は進まない。

三木の論文[20]によって新幹線以前の車両軽量化の状況を見てみよう。

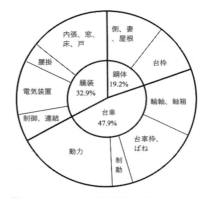

図 2-3-1　モハ 80 重量配分（全 47.5 トン）
（出典：文献 19）

### 2.3.1　車　　体

車体は台枠（アンダーフレーム、床下骨組み）、側構体（サイドフレーム、側面骨組み）、妻構体（前後面の骨組み）、屋根構体（屋根骨組み）の 6 面の骨組みを結合し、これに床、側板、屋根を張っている。

鋼製台枠の上に木製の側構、妻構や屋根が取り付けられていた時代には台枠にすべての強度をもたせていたが、木製部が鋼製化するとこれらにも荷重を持たせることができるようになってきた。

車体は外力として自重と荷重、ねじり、前後方向の圧縮、引張を受けるのでこれらによって破損しない強さを持たねばならないし、また破損しなくても変形が大きすぎると乗り心地の観点からは不合格である。つまり、強さと剛さの両面の確認が必要であるが、それを確認する試験法は歪みゲージの実用化によって昭和 28 年にできている[21]。

試験は、昭和 30 年に行われたナハ 10 形式軽量客車では次のように行われている[22]。

- ・垂直曲げ：床にデッドウエイトを一様に載せる（0 から 20 トンまで 44 段階）。
- ・ね じ り：一端を固定し他端をねじる（0 から 4.8 トンまで 4 段階）。
- ・水平圧縮：自連位置に水平圧縮力をかける。
  （20 トン積み状態）0 から 100 トンまで 4 段階

---

[19] 三木忠直「車両軽量化の動向」、『交通技術』第 8 巻第 9 号、昭和 28 年
[20] 同上；三木忠直「客電車構造強度の研究」、『日本機械学会誌』第 60 巻第 465 号、1957 年；三木忠直「構造強度から見た電車の動向」、『電気車の科学』第 10 巻第 4 号、昭和 32 年
[21] 「鉄道車両車体荷重試験法要領（第 2 版）」、『研究状況資料 4-66』、鉄道技術研究所、昭和 28 年 10 月
[22] 三木忠直「ナハ 10 形式軽量客車鋼体荷重試験」、『交通技術』第 10 巻第 1 号、1956 年

（空車状態）0から75トンまで3段階
- 振動試験：
（上下振動）中央部床下に吊った荷重を開放して自由振動を記録する。
（ねじり振動）ねじり荷重を開放して自由振動を記録する。
- 応力測定：歪みゲージにより約200か所で測定する。

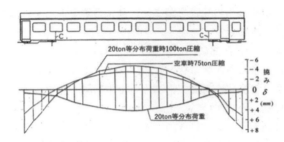

図 2-3-2　垂直荷重、水平圧縮によるたわみ測定（ナハ10）
（出典：文献22）

図2-3-2は、この車体は20トンの等分布荷重で中央部が約4mmたわみ、その状態で水平に100トンで圧縮すれば逆に約4mm持ち上がることを示しており、図2-3-3は車体中央に生じる圧縮・引張の応力分布を示している。

各種車体に対しこのような試験を行うことによって各部材の働き度、余裕度が明らかになり、昭和30年には上記軽量車体ナハ10が、昭和32年には小田急3000形SE車ができることになる。

ナハ10およびSE車では、床に波型鋼板（キーストン・プレート）を採用し、床全体で衝撃を分散負担することにして台枠中央部にあった中梁を省略し、台枠、側構体、屋根、妻構体が一体となって荷重を分担するセミ・モノコック構造（準張殻構造）が採用された。

三木が鉄道技術研究所にきて10年経ち、車体構造は新しい時代に入ったのである。

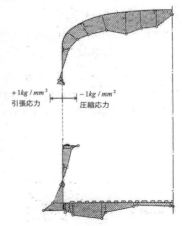

図 2-3-3　垂直荷重時の応力測定例
（20トン荷重）（出典：文献22）

### 2.3.2 車体以外

図2-3-1では鋼体（車体強度を担う鋼製の構体）以外の台車、艤装、動力関係は全体重量の80％を占めている。三木はこれらの軽量化について、次のようなメニューを挙げている。

(1) 台車

　台枠：軸距は台枠の強度と剛性に直接影響するのでできるだけ短くし、材料は溶接技術の発達を踏まえ、高張力鋼を採用すれば相当軽量化が期待できる。

　輪軸：車輪との嵌合部に高周波焼入れを行い車軸を中空にすれば、強度剛性を落とさず軽量化できる。また、車輪はリムとタイヤの一体化により軽量化が可能で、試作した中空軸一体車輪は現用のものより32％軽くなっている。

　ばね：板ばねからダンパ付きのコイルばねになれば重量は約1/2になる。

　揺枕：上下の揺れ枕をひとつにし、心皿部には前後左右の力をもたせ、重量は側受部にもたせれば枕梁の重量は大幅に減る。

(2) 艤装

重量的に大きいのは内張り、腰掛、水系統、便所等で、これらに軽合金や合成樹脂を活用すれば30％程度は減らせる。

(3) 動力関係

最近カルダン駆動方式の発展によって回転数を上げて馬力あたりの重さは1/2以下になってきている。他の電気装備品も重量軽減の研究が望まれる。

以上のような事柄を総合して世に問うたのが、次に述べる「東京－大阪間4時間半の構想」である。そして、この構想から小田急3000形SE車が実現していくことになる。また昭和30年には、従来の標準客車（スハ43形、自重33.5トン）から約30％軽量化され[23]、その後の旅客用車両のベースとなる前述のナハ10系軽量客車（自重23トン）が誕生している。

---

[23] 松田和夫「鉄道車両における車体軽量化設計の実際」、『日本機械学会誌』第85巻第764号、昭和57年7月

## 2.4 東京 – 大阪間 4 時間半の構想

図 2-4-1 は昭和 28 年 10 月 17 日の朝日新聞記事である。

三木は後年、この記事のいきさつと当時の国鉄本社の反応を、

図 2-4-1 三木の構想を伝える記事
(出典:『朝日新聞』昭和 28 年 10 月 17 日)

> 「大塚誠之氏[24] が所長として着任されてからは、研究者は鉄道技術の発展のために四六時中頭を働かせるべきである、とそれまであったタイムカードを廃し、今でいうフレックスタイムのようなシステムにして自由な研究を奨励し、その成果の発表も積極的にし、また部外からの委託研究も受けるようにした。その現れが前記の新聞報道である。
>
> 当時、東京 – 大阪間は特急つばめで 8 時間、最高速度 95km/h、浜松以西は電化工事中で(昭和 31 年 11 月完成)あったし、本来国鉄本社が考えるべき事柄だというので、相当な批判を受けた。」

と述べている[25]。

続いて、三木は「超特急列車(東京 – 大阪間 4 時間半)の一構想」[26] を「交通技術」誌に寄稿し、そのまえがきで、

> 「……東海道全線電化の暁には東京 – 大阪間 6 時間半の特急電車を走らせる話もあるが、果たして狭軌ではこの辺がもう限界なのだろうか。そこで筆者は数年来折にふれ去来した画期的な速度向上の希望的考察の構想を読者諸賢にご紹介したいと思う。勿論関係する分野は広く全般的な検討が必要ではあるが、必ずしも単なる構想のみの夢に終わるものではなく、その実現は大いに可能性のあるものと信ずる。」

と述べて次のように技術的な詳細を紹介している。

---

24　大塚誠之:昭和 2 年鉄道省、鉄道技術研究所第 15 代所長(昭和 24 年 9 月～32 年 1 月)
25　三木忠直「小田急 3000 形 SE 車設計の追憶」、『鉄道ファン』、1992 年 7 月、p.92
26　三木忠直「超特急列車(東京 – 大阪間 4 時間半)の一構想」、『交通技術』第 89 号、昭和 29 年 1 月

## (1) 流線型化

速度が上がれば所要パワーは急激に増えるので機関車頭部は完全に近い流線型とし、後尾車も渦流の少ない形にする。風洞試験[27]によれば、機関車の抵抗係数は旧型より50%減らせる。

客車窓の段をなくせば約10%、連結部の段をなくせば約35%、通風器をなくせば約10%抵抗係数を減らせる。

したがって、完全空調方式とし屋根の通風口は全廃する。また車の下部はできるだけ覆いをして流れの乱れを防ぐ。

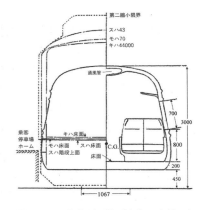

図2-4-2　車体断面積（出典：文献26）

断面積を図2-4-2のように小さくすれば約20%減じ得るから、重量軽減と相まって空気抵抗は現在の半分以下にできる。

## (2) 軽量化

車体は耐蝕性軽合金を用い、構造は曲げ及びねじれ剛性の高い応力外皮張殻構造にする。軽合金のヤング率は鋼の1/3になるが重量、寸法を適正に選べば十分高い固有振動数にできる（乗り心地は悪化しない）。

内張りは重量軽減と防音の観点から飛行機、自動車と同じ不燃性の布張りとする。

椅子は飛行機と同じように軽合金を採用すれば現用118kgが25kg程度になる。

便所洗面所はグラスファイバー樹脂、水槽は軽合金とすれば1/2以下の重量になる。

空調と照明に必要な発電機は機関車に置く。

台車は関節形式にして重量軽減をはかる。

車軸は中空軸、車輪はプレス板車輪とし、台枠は高張力鋼薄板溶接あるいは軽合金とする。

このようにして重量を概算すると車体3トン、台車3.7トン、艤装4.75トン（含む水、空調）で1両11.45トンとなり、輪重は32名定員乗車で6.8トンとなる。

---

[27] 「流線型車両模型の風洞試験成績について」、『業務研究資料』第12巻第2号、鉄道大臣官房研究所、昭和12年

(3) 重心低下

現用客車の重心高さ約 1,450mm（軌条面上）を、本車では約 1,080mm とし 350〜400mm くらい下げる。

(4) 制動装置強化

ディスクブレーキを採用する。

また、最高速からの非常制動時には機関車頭部付近、最後部車末端側面及び屋根面に車両限界の許す範囲で空気抵抗板を出せば極めて有効であろう。

(5) 機関車

電車では床下に電気装置があるため低床式にできない。したがって、空気抵抗、横風に対する安全性、重心低下の観点から機関車方式に分がある。

動力方式は電気かディーゼルかだが、東海道線全線電化の暁を考えれば電気がよい。

所要パワーは 1,000kw（1,350 馬力）あれば十分である。機関車前頭は完全流線型とし、断面も客車と同様にできるだけ低く、屋根は丸く重心は低くなるように機器を配置する。

諸元をまとめると次のようになる。

- 機関車は出力 1,000kw、長さ 15m、重量 50 トン程度、重心高さ 1,200mm 以下
- 客車は低床式軽合金製関節列車、外皮張殻構造、全車空調付き、全長 13.5 m、幅 2.8 m、高さ 3.0 m、重量 11.45 トン
- 機関車を除き 7 両編成
  定員 200 名：4 号車（食堂車＋客室）16 名、7 号車（展望車）24 名を除き各 32 名
- 最高速度 160km/h、
  制限速度：ポイント 100km/h、下り（10‰）150km/h
- 途中駅停車総時分 12 分で東京 - 大阪間 4 時間 45 分

図 2-4-3 は本構想と弾丸列車構想との比較、図 2-4-4 は本構想の列車編成である。

新幹線（昭和17年）との比較
（三木忠直「超特急列車（東京 - 大阪間4時間半）の一構想」より）

| 軌道関係 | | | 車両関係 | | | | 運転関係 | | |
|---|---|---|---|---|---|---|---|---|---|
| | 新幹線 | 本案 | | | 新幹線 | 本案 | | 新幹線 | 本案 |
| 軌間 m | 1435 | 1067 | 機関車 | 電圧 V | 直流3000 | 直流1500 | 最高速度 km/h | 150（将来200） | 160 |
| 曲線（最小）m | 一般2500 800 | 400 | | 出力 HP | 5000 | 1350 | 制限速度 km/h（分岐） | なるべく150 | 100 |
| 勾配（最急）‰ | 10 | 10 | | 長さ m | 25.8 | 15 | 制動距離（非常） | 900（150km/h） | 800（160km/h） |
| 軸重 ton | 28 | 18 | | 重量 ton | 196 | 50 | 列車長 m | 258（9両） | 115（7両） |
| 軌条 kg/m | 60 | 50 | | 軸重 ton | 24 | 12.5 | 重量 ton | 450+196 | 101+50 |
| カント（最大）mm | 160 | 115 | 客車 | 長さ m | 25 | 13.5 | | | |
| | | | | 重量（定員）ton | 50 | 13.6 | | | |
| | | | | 軸距 m | 18 | 13.5 | | | |
| | | | | 床高 m | 1.3 | 0.65 | | | |
| | | | | 軸重 ton | 12.5 | 6.8 | | | |

図 2-4-3　弾丸列車計画との比較（出典：文献26）

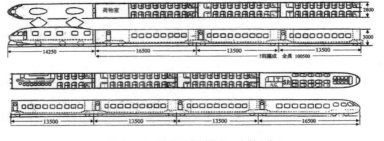

図 2-4-4　列車編成（出典：文献26）

(6) 今後の主な研究問題

　三木は今後の課題として、次の事柄を挙げている。
・軌道強化、長尺軌条、軌条の斜め継目、ポイントの強化
・高速台車、車両軽量化、流線形化
・ディスクブレーキ、空気抵抗板
・すれ違い時風圧、トンネル突入時風圧、駅通過時のホームに及ぼす風圧

　以上の計画を見ると、技術的には2.1〜2.3節で述べた研究成果及び第1章で述べた高速台車振動研究会の成果を織り込み、空気抵抗に関する事柄は昭和12年に行われた風洞試験の文献に基づいた内容になっている。
　三木は、

　　「勿論関係する分野は広く全般的な検討が必要ではあるが、必ずしも単な

る構想のみの夢に終わるものではなく、その実現は大いに可能性のあるものと信ずる。」

と言っているが、それはこれらを踏まえた構想であったからだろう。

氏はこの構想論文の最後で、

「……船と共に我国に残された平和的綜合工業の一つである鉄道を技術的に真に世界に誇るに足るものを一つでも走らせたいひたすらな念願から、敢えて拙文を草し、何らかの発展の糸口にしたいと考える次第である。」

と思いを述べている。

## 2.5 小田急3000形SE車の実現

さて、国鉄本社から相当な批判があったが、その後事態は思わぬ方向に発展していくことになる。

三木は回顧録のなかで、その後の展開を次のように述べている[28]。

「ところが、運輸省の方から画期的な構想に対して、研究補助金を出すから申請するようにとの通報があった。そこで、日本鉄道車両工業協会で研究を受託し、「超高速車両委員会」を発足させた。委員は鉄道技術研究所、国鉄工作局と車両メーカーの構成で約1年をかけた。当初、電気機関車牽引の列車についても検討したが、将来の電気機器や駆動装置の改良発展を期待し動力分散方式の電車列車としてまとめたのが、昭和29年9月のことであった。

……空気抵抗は速度の2乗に比例するので、高速になると走行抵抗に占める割合が非常に大きくなってくる。我が国では列車の空気抵抗を測定した例が殆どなかったので、研究補助金をこの研究にあてることになり、東大の航空研究所で模型の風洞試験をすることにした。

筆者が海軍のときから親しくしていただいた谷一郎教授にお願いに行くと、戦後禁止されていた航空の研究がようやく解除になったばかりで、それまで休止していた風洞がこの研究費で動かせるようになるので、快く引き受けて下さった。」

かくして、昭和29年から三木による本格的な風洞試験が始まることになる。

---

[28] 三木忠直「小田急3000形SE車設計の追憶」、『鉄道ファン』第32巻第375号、1992年7月、p.92

そして、その年の10月小田急から思わぬ話が舞い込むことになった。

「小田急では新宿 - 小田原間を特急で100分の運行をしていたが、国鉄東海道線のいわゆる湘南電車との対抗意識もあり、60分にしようとの目標で研究を進めていたところだったので、筆者の快速列車の新聞記事に注目していた。

……昭和29年10月、小田急の担当責任者であった山本利三郎氏が関係社員の方々と共に港区浜松町の鉄道技研を訪れた。

大塚所長のもとで筆者らと懇談の結果、特急として形状・性能など世界的水準を抜くものにしたいので、企画・設計全般について指導、援助をしてもらいたいとの要望に全面的に応じることに決定した。」

その後小田急、鉄研、車両メーカーの度重なる設計研究会を経て、昭和31年5月、8両編成SE車の仕様がほぼ三木の構想どおりの内容で決定した。

SE車に使われたセミモノコック構造車体、ディスクブレーキ、軽量座席、先頭車の排障器を兼ねた空力スカート、流線形の先頭形状など新幹線に引き継がれた技術は多い。

SE車は昭和32年7月営業運転に入った後、9月に国鉄東海道本線で行われた速度向上試験で143km/hと当時の狭軌最高速度を記録した[29]。東海道本線では昭和31年11月に完成した全線電化により、機関車牽引の特急「つばめ」「はと」（最高速度95km/h、東京 - 大阪間7時間30分）が走っていたが、引き続き電車特急による速度向上が計画されており[30]、この試験の目的も「東海道本線における高速度運転計画に必要な資料を得るため」であった。鉄道技術研究所は総がかりで輪重横圧、車体振動、走行抵抗、ブレーキ性能、車体・台車の応力、軌道、集電、空力など多方面の測定を行っている[31]。

さて、このSE車の実現で注目させられるのは、三木の構想を新聞に

図 2-5-1　小田急 SE 車
（写真提供：（公財）鉄道総合技術研究所）

---

[29] 昭和32年9月20〜26日、国鉄東海道本線大船 - 平塚間
[30] 昭和33年11月、電車特急「こだま」（最高速度110km/h、東京 - 大阪間6時間50分）が運転開始した。
[31] 「SE車による高速度試験報告」、『鉄道技術研究所速報』No.58-17、昭和33年1月

発表させた大塚所長の判断である。この新聞記事が運輸省の研究補助金につながり、その資金がSE車の形状決定に必要な風洞試験を可能にした。

運輸省の研究補助金はその後2年間続き、昭和33年に新幹線建設が決定されるまでの三木の研究活動を支えた[32]。大塚所長と運輸省は大変重要な役割を果たしたと言えるだろう。

三木構想の新聞発表も、後述する鉄道技術研究所の記念講演会開催も本社に反対意見があるなかでの研究所長の判断であり、ともに世論を味方にして局面を打開していったことは興味深い。

第6章で述べるように、新幹線構想を打ち出すことになる篠原武司所長が昭和32年1月に着任したときには、三木は運輸省の研究補助金によるSE車の開発を通じて、新幹線車両を想定できる多くの知見を積み重ねていたのである。

---

[32] 昭和30年度補助金「高速運転を目的とした、超軽量、高性能車の試作に関する研究」；31年度「連接、超軽量、高性能車両の部分基礎研究」、いずれも小田急から申請された。

# 第3章 軌　　道

## 3.1 ロングレールの実現

　レールの長さは製造工程上や輸送上の制約、保守作業性や継目遊間許容量の観点から自ずと規制され、日本では昭和8 (1933) 年に50kgレールと37kgレールは25m、30kgレールは20mに決められている。一方、レールをつなぐレール継目は線路保守上の最大弱点箇所であり、継目に関連する保守作業は全作業量の20〜40％にも及ぶと言われており、また継目は乗り心地を害し車両修繕費を増加させることから、継目のないロングレールは鉄道の長年の懸案であり、その実現に向かって多くの努力がなされてきた[1]。

　ロングレールの座屈強さの研究を行った沼田実[2]は、わが国で考えられるレール温度の範囲は＋60℃〜−30℃程度であるから、ロングレールを敷設するとすればレールはこの温度変化の下で発生する圧縮力、引張力に耐え得るものでなければならないとしてロングレールの条件に、

（ⅰ）　ロングレールの伸縮量（約±40mm）を、伸縮継目か緩衝レールで吸収でききること。

（ⅱ）　レールに発生する軸圧、引張力に対し、列車振動などの影響を受けても、レールが滑動したり軌道がふく進したりしないように十分なレール締結力と道床抵抗があること。

（ⅲ）　厳冬期にレールに生じる大きな引張力に対して、溶接箇所が破断しないこと。

（ⅳ）　夏季にレールに生じる大きな軸圧に対して、座屈しないだけの横方向抵抗力と剛性があること。

を挙げている[1]。

　日本におけるロングレールの研究は古く、鉄道省時代であった昭和9年の堀越一三による軌条座屈の研究[3]に始まり、昭和10年代前半の星野陽一[4]による

---

1　沼田実「ロング・レールの座屈強さ」、『鉄道技術研究報告』No.721、1970年、P.5
2　沼田実：昭和23年運輸省、当時鉄道技術研究所主任研究員、後九州大学教授
3　堀越一三「軌条ノ座屈ニツイテ」、『業務研究資料』第22巻第18号、鉄道大臣官房研究所、1934年
4　星野陽一：昭和6年鉄道大臣官房研究所、同24年鉄道技術研究所軌道研究室長

レール伸縮の研究[5]を経て、昭和30年代前半に沼田が行ったロングレールの座屈強さの研究によって基本は完成している。

以下に、新幹線の必須技術のひとつであるロングレールの研究経緯をたどってみよう。

### 3.1.1 昭和初期のレール座屈研究

レール座屈研究で先駆をなしたのは、ドイツのAmmannとGruenewaltであるとされている[6]。日本では、その5年後の昭和9（1934）年に鉄道大臣官房研究所（鉄道技術研究所の前身）の堀越が実物レールを座屈させる実験を行い、座屈現象の理論化を行っている。

堀越はその論文[7]で、

「長尺軌条が普通軌道に敷設される様になってから座屈に対する軌条の抵抗力如何の問題は急に重要性を増してきた。長尺軌条を敷設した軌道の継目遊間は軌条自由伸縮に対する値より遥かに小にする。従って軌条は夏季酷暑の候に軸圧力を受ける。此の軸圧力が大になると軌条は座屈の傾向を示すようになる。

……此の問題に関する研究を目的として大宮駅構内に試験軌道を築造し昭和7年11月3日より12月20日に亘り軌条に軸圧力を加えて座屈を生じせしむる実験を行った。実験に際しては軌道構造を色々に変え、種々の保線作業を施工する場合を考えこれ等が軌条座屈抵抗に如何なる影響を及ぼすかを調査した。（原文カタカナ）」

と記していることから、昭和初期からレールの長尺化が始まっていたことがわかる。

まくら木、道床は従来は列車荷重支持が主要な役割であったが、長尺レールに対しては座屈抑止という新たな役割を負うことになる。しかしその観点での軌道強度についてはわかっておらず、堀越はその特性を確認するため大宮駅構内に図3-1-1に示すような大掛かりな試験設備を仮設しレールを加温して座屈をさせている。

---

[5] 星野陽一「無継目軌条使用の可能性」、『業務研究資料』第26巻第4号、鉄道技術研究所、昭和13年；星野陽一「長大レールの温度伸縮」、『鉄道業務研究資料』第8巻第2号、鉄道技術研究所、昭和26年

[6] Ammann & Gruenewalt; Versuche uber die Wirkung von Langskraften im Gleis (1)～(4)、Organ、1929 Heft 24

[7] 堀越一三「軌条ノ座屈ニツイテ」、『業務研究資料』第22巻第18号、鉄道大臣官房研究所、1934年

試験設備は次のようなものであった。
・48mの試験軌道の両端を175トン、140トンのコンクリートブロックで固定し、ブロック内側に80トンの水平加圧機2機を設置してレールを加圧できる様にする。レール軸圧は加圧機で測定する。

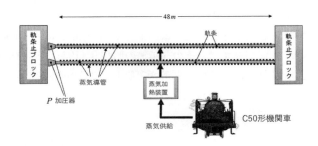

図3-1-1　大宮駅構内に仮設された試験設備（出典：文献7）

・試験軌道に隣接してC50機関車を配置し、機関車の蒸気をレール腹部に沿わせたパイプに通してレールを加温する（過熱装置で蒸気温度を上げ、レールを100℃以上に加温する）。
・試験軌道は直線にも曲線（半径R300、R500）にも対応可能。
・レール温度は16か所で測定する。

　この実験設備からも、人工的にレール軸力を高めることは容易でないことがわかる。

(1) 座屈試験

　蒸気で加温する試験は直線とR300の曲線に対して行われ、堀越は以下のような結果を得ている。
（ⅰ）直線試験では、10℃のレールを91℃に上げたところ、水平に最大2.5mm、上下に最大2mm移動したが座屈はしなかった。
（ⅱ）R300の曲線では、4.5℃のレールを1時間40分加温し軸圧力が55.1トンになったときに座屈が発生した（座屈長は約12m、最大張出量は19cm）。

　蒸気による方法は夏季の実態に近くて望ましい。しかし機関車や過熱装置が必要であり、加温に時間もかかることから堀越は多くの実験を加圧機を使って行い次のような結果を得ている。
（ⅲ）継目部分は継目板がしっかり締結されていれば他の部分と変わらないが、締結状態が良くないとその箇所から座屈が誘発される場合が多い。

(iv) 座屈の形は決まっており、図 3-1-2 のようにⅠ型、Ⅱ型、Ⅲ型の3種類に分類できる。

最も多いのはⅠ型であり、次いでⅡ型が多い。曲線ではほとんどⅠ型である。

(ⅴ) 座屈長を $S$、張出量を $f$ とすればⅠ型の張出曲線は、

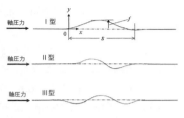

図 3-1-2　座屈波形（出典：文献7）

$$y = f \sin^2 \frac{\pi x}{s} = \frac{f}{2}\left(1 - \cos\frac{2\pi x}{s}\right)$$

と近似表示できる。

堀越は、軌道の座屈は雑多な形にはならず、このように限られた形になることを踏まえ理論解析を行っている。

(2) 座屈に関係する定数の測定

・まくら木を引抜いてまくら木の横方向抵抗が、道床肩幅の多寡、まくら木露出の程度、道床種別、まくら木材質（鉄、木）とどんな関係があるかを調べている。

・加圧機でレールに軸圧を加え、レール方向のまくら木抵抗が道床種別、レール締結の程度、継目ボルトの緊締度によってどう変わるかを調べている。

(3) 座屈理論

軸圧によってレールに貯まったエネルギーは、座屈によって一部解放され、軌道は上記のように一定の形に変形し、軸力は座屈前の $P_0$ から座屈後は $P$ になり道床横抵抗と釣り合い平衡する。堀越は、座屈過程で軸力がする仕事量と道床に吸収されるエネルギーおよびレールの曲げによる歪みエネルギーの関係から座屈直前の軸力、座屈の長さ、張出量の関係を導き、これを基に多くの計算図表を作成している。

例えば図 3-1-3 は

・R500m　・50kg レール
・道床横抵抗 2.04kg/cm
・道床縦抵抗 3kg/cm

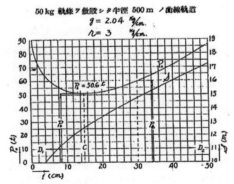

図 3-1-3　座屈時の軸圧、座屈長、張出量を読み取る計算図表（出典：文献7）

の軌道において、I型の座屈が発生する場合の座屈長さと張出量を算出する図である。

この図からは座屈が起きる最低軸圧は50.6トンで、そのときの座屈長は12.55m、張出量は15cmとなる。

仮に50.6トンで座屈せず60トンで座屈する場合は、「座屈長14.75m、張出量30cm」と「座屈長10.4m、張出量5.3cm」の2通りの座屈があるが、後者は不安定なので通常は前者が起きることなどが示されている。

沼田は後述するように堀越の研究を発展させ、模型と実物軌道実験によって理論の妥当性を検証し、ロングレールの本格的な普及への道を拓くことになる。

### 3.1.2　ロングレール伸縮量の計算[8]

(1) 理論解析

レールは温度変化によって伸縮するが、まくら木に締結されているレールはまくら木の抵抗により自由に伸縮できない。まくら木の抵抗が充分大きければレールは両端の一定の長さだけ伸縮し中央部分の伸縮はまくら木抵抗に抑え込まれるから、結局レールがいくら長くても伸縮するのは両端部分だけである。これがロングレールの根拠となる伸縮理論である。

軌道の振動特性を研究し後に軌道研究室長を務めた佐藤裕[9]の著書「軌道力学」[10]は、ロングレールの伸縮を次のように説明している。

長さ$L$のレールの温度が敷設時から$t°c$変化すると、レールに発生する伸縮長$\Delta L$は、レールの熱線膨張係数を$\alpha$とすれば

$$\Delta L = \alpha t L \tag{3.1.1}$$

である。

一方、レールを固定して伸縮させないようにした場合、レール内部に発生する軸力$P$は、レール断面積を$F$、レール鋼のヤング率を$E$とすれば

$$P = EF\alpha t \tag{3.1.2}$$

となる。

今レール継目抵抗を$R$とすれば、軸圧が$R$に達するまではレール長は継目

---

[8] 星野陽一「無継目軌条使用の可能性」、『業務研究資料』第26巻第4号、昭和13年
　 星野陽一「長大レールの温度伸縮」、『鉄道業務研究資料』第8巻第2号、昭和26年
[9] 佐藤裕：昭和18年海軍、昭和21年5月鉄道技術研究所に移籍、後軌道研究室長
[10] 佐藤裕『軌道力学』、鉄道現業社、昭和39年、p.90

抵抗に抑え込まれて変わらないが、$R$ を超えると伸縮が始まる。その温度変化を $t_0$ とすれば（3.1.2）式により $R = EF\alpha t_0$ である。

図 3-1-4 のように、レール端を横軸 $x$ の 0 とし、$x_0$ までが伸縮する区間、$x_0$ からレール中心方向は伸縮しない不動区間とすれば、$x_0$ での軸力は継目抵抗＋道床抵抗×伸縮区間長であるから、$R + r \cdot x_0$ である（$r$ は縦道床抵抗／単位長）。

$x = x_0$ のところでは不動区間の軸力 $EF\alpha t$ と釣り合っているから、

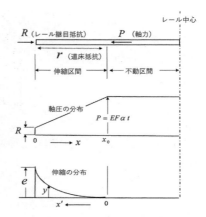

**図 3-1-4** レール軸圧と伸縮の関係
（出典：文献 10）

$$EF\alpha t = R + rx_0 = EF\alpha t_0 + rx_0$$

となり、これより伸縮区間の長さ $x_0$ は、

$$x_0 = EF\alpha(t - t_0)/r \tag{3.1.3}$$

となる。

図 3-1-5 は 50T レールの場合の道床抵抗、温度変化、伸縮区間長の関係を示している。

図からレール方向の道床抵抗が 8kg/cm の場合、温度変化が 37℃ あっても伸縮区間長は 75m 程度であることがわかる。

次に、伸縮区間内でレールがどれくらい伸縮するかを見てみる。

図 3-1-4 の下の図ように不動区間の端を横軸 $x'$ の 0 とし、$x'$ 点における伸縮を $y$、$x'$ 点における軸力を $p(x')$ とすれば、$x'$ と $x' + dx'$ 間における伸び $dy$ は、温度変化による自由伸びと軸力 $p(x')$ による圧縮との差であるから、(3.1.1)(3.1.2) の関係から

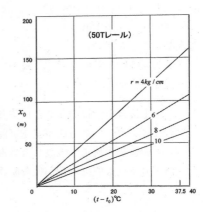

**図 3-1-5** 温度変化と伸縮区間長
（出典：文献 10）

$$dy = \left(\alpha t - \frac{p(x')}{EF}\right)dx' = \left(\frac{P}{EF} - \frac{P-rx'}{EF}\right)dx' = \frac{rx'}{EF}dx'$$

となり、$x'$ までの伸縮量は

$$y = \int_0^{x'} \frac{rx'}{EF}dx' = \frac{rx'^2}{2EF} \tag{3.1.4}$$

となる。

したがって、レール端に現れる伸縮量 $e$ は $x'$ に $x_0$ を入れ、(3.1.3) の関係を使うと

$$e = \frac{rx_0^2}{2EF} = \frac{EF\alpha^2(t-t_0)^2}{2r} \tag{3.1.5}$$

となる。

つまり、伸縮量 $e$ はレールの断面積に比例し、道床抵抗に逆比例し、$(t-t_0)^2$ すなわち敷設時からの温度変化 $t$ から継目抵抗に相当する温度変化 $t_0$ を差し引いたものの自乗に比例する。

図 3-1-6 は道床抵抗、温度変化、伸縮量の関係を示している。

図から、50T レールの場合、温度変化 37℃ に対し伸縮量は約 30mm（片側 15mm）に過ぎないことがわかる。

星野は昭和 13 年の論文[11]の序言で、

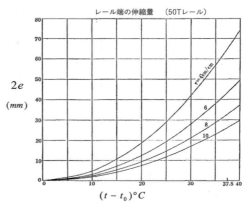

図 3-1-6　温度変化と伸縮量（両端分）（出典：文献 10）

> 「近来接目を溶接することにより甚だ長大なる軌条を敷設することが試みられている。この方法が実施可能なりや否やを決定すべき先決問題は、斯くの如き長大軌条を敷設した軌道において温度変化によって発生する軌条軸圧力及び遊間拡大量が軌条座屈及び遊間拡大の許容限度内に納まるや否やにある。」

---

[11] 星野陽一「無継目軌条使用の可能性」、『業務研究資料』Vol.26 No.4、鉄道大臣官房研究所、1938 年

と述べ、次のような計算結果を得ている。
- （ⅰ）　無継目軌条は温度変化に際し、軌条端より最大 80～100m 以遠の内方は全然伸縮移動を行わない。
- （ⅱ）　現在のわが国の一般軌道構造においては、レール温度上昇 23～24℃、レール温度低下 23～31℃以下ならば無継目軌条は設置可能である。
- （ⅲ）　ただし、溶接部は 50kg レールでは張力 70 トン、圧力 51 トンに耐えねばならい。37kg レール、30kg レールではそれぞれ張力 51 トン、41 トンに、圧力 38 トン、30 トンに耐えねばならない。

として、ロングレール端付近の継目ボルトに必要な緊締力を求めている。

(2) 検証実験

星野の理論を検証するため、昭和 14 年 11 月から新鶴見操車場に試験軌道が敷設され、機関車走行のもとで 2 年間にわたりレール各部の移動量が測定された[12]。

理論上は安全のはずではあるが、営業線における初めてのロングレールであるため、確実を期して軌道にはレール張出しを抑える措置を講じ、溶接箇所には継目板をかけて安全を担保している。

試験は次のように行われている。
- ・試験期間　昭和 14 年 11 月～16 年 11 月
- ・試験箇所　新鶴見操車場
- ・試験軌道　210m（10m の 37kg レールを 21 本溶接）、砕石道床、まくら木間隔 66cm
- ・運転状況　単機機関車 60 回／日、一方向運転、速度 35～40km/h
- ・測　　定　レールの移動量を 20 か所で 1 日 2 回測定、レール軸圧をレール中央部と端部で測定[13]

星野は試験結果をまとめた論文[14]で、

> 「試験軌道程度に増強された（砕石道床、肩幅 400mm 以上、まくら木間隔 660mm、タイプレート及びアンチクリーパー付き）直線軌道ならば無限長レールは十分可能であると考えてよいであろう。但しレール敷設温度は 25～30℃と云うように非常に制限されたものとする必要がある。また道床かき出し、レール切断、継目開放等には相当の制限が付されることを

---

[12]　星野陽一「長大レールの温度伸縮」、『鉄道業務研究資料』第 8 巻第 2 号、昭和 26 年
[13]　測定対象レールに沿って置いた無拘束レールの伸縮を測り、軸圧に換算する。1mm の伸びは軸圧 10 トンに相当する。
[14]　星野陽一「長大レールの温度伸縮」、『鉄道業務研究資料』第 8 巻第 2 号、昭和 26 年

覚悟しなければならない。」

と述べ、続いて

　「長大レール敷設の可能性を決定する二つの基本条件であるレール伸縮と張出しのうち、後者については我国の軌道の張出し強度は米国等に比して相当低いおそれがあるから、これら外国における実例を簡単に参考することは危険である。しかして我が国における実験としては昭和7年大宮におけるものがあるのみで、これだけでは充分的確な判断をなすにはなお不十分と考えられるから、更に多くの大規模な実験資料が必要であると思われる。現在の状況ではこのレール張出しの許容値の判断いかんによって長大レール敷設の条件にも大きな相違を生ずる。」

と述べ、ロングレールの実用化には座屈についてさらなる研究が必要であるとしている。

### 3.1.3　ロングレール座屈強さの解明

　ロングレールの本格的な使用は、昭和28年に小郡駅構内に敷設された505mが最初とされており、続いて29年に西条‐八本松間に510mが敷設されている[15]。

　ロングレールの座屈に関する研究は、上述の堀越による研究以降中断されていたが、昭和28年に沼田によって再開された[16]。実物軌道を使って諸条件を変えレールを加温し座屈させる実験の大変さは、堀越が行った大宮での例を見ても明らかである。

　沼田は模型を使うことでこの問題を解決して自らの理論の正しさを検証し、ロングレール実用化への道を拓いていった。

　使われたのは約1/10の縮尺模型である。実物でもミリ単位で管理される軌道を模型で忠実に再現することは困難であるし、まくら木、道床を含む軌道は一見して模型実験になじまないように見える。しかし、氏は座屈現象の理論解析のなかで、元来軌道における座屈発生は座屈前における軌道狂いやレールに内在する初期歪みなどに左右される統計的現象であることを明らかにし、これを踏まえて、模型実験上の上記問題も多数回の実験結果を統計分析することで解決した。

---

[15]　宮本昌幸、小野田滋『新幹線の技術開発の系譜に関する研究』、平成20年3月、p.14
[16]　『五十年史』、鉄道技術研究所、昭和32年、p.187

沼田の研究により、ロングレールは新しい段階へ進むこととなった。

そして、昭和31年に行われた実設備による大規模な座屈試験によって理論の妥当性が確認され、曲線を含むロングレールの基本理論は完成し、以降その敷設延長は伸びていくことになる。

(1) ロングレール座屈の理論解析[17]

堀越は大宮駅での実設備実験から座屈波形を3つに分類したが（図3-1-2）、沼田は模型実験の結果座屈波形を4つに分類している（図3-1-7）。

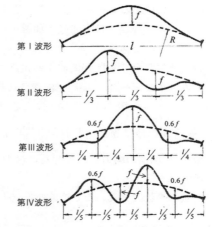

図3-1-7　曲線上の座屈波形（出典：文献17）

氏は、座屈は曲線半径Rの曲線上（図3-1-7の点線上）で起きるものとして、第Ⅰ波形の座屈に対して次のような手順で解析している。

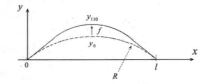

図3-1-8　座屈波形の座標軸

(ⅰ) 座屈波形の方程式を立てる。

図3-1-8のように座標軸をとると、座屈前の軌道（半径R）の方程式 $y_0$ は

$$y_0 = \frac{(l-x)x}{2R} \tag{3.1.6}$$

表され、これを基準にした座屈波形 $y_{11}$ を

$$y_{11} = \frac{f}{2}\left(1 - \cos\frac{2\pi x}{l}\right) \tag{3.1.7}$$

とおけば座屈波形 $y_{110}$ は

$$y_{110} = y_{11} + y_0 = \frac{f}{2}\left(1 - \cos\frac{2\pi x}{l}\right) + \frac{(l-x)x}{2R} \tag{3.1.8}$$

と表される。

---

[17] 沼田実「ロング・レールの座屈強さ」、『鉄道技術研究報告』No.721、1970年8月

(ⅱ) 座屈によるレール伸び$\lambda$を記述する。

レールの伸び$\lambda$は座屈後の曲線$y_{110}$の長さから座屈前の曲線$y_0$の長さを引いたものである。

(ⅲ) 座屈部分で軸圧が開放する歪みエネルギー$A_a$、座屈によるレール曲げ剛性エネルギー$A_b$、座屈で消費される道床エネルギー$A_g$を記述する。

(ⅳ) レールの微小な伸び$d\lambda$による$A_a$の変化分が、同じく$d\lambda$による$A_b$、$A_g$の変化分に等しいとおき（$\frac{\partial A_a}{\partial \lambda}\cdot d\lambda = \frac{\partial A_b}{\partial \lambda}\cdot d\lambda + \frac{\partial A_g}{\partial \lambda}\cdot d\lambda$；仮想仕事の原理）、座屈前の軸力$P_t$、座屈後の軸力$P$、座屈長$l$、張出量$f$の関係を導き出す。

過程の数式は長いので結果のみ記せば、直線軌道（$R = \infty$）の場合について、

$$P_t = P - \frac{\sqrt{2}\pi \cdot r}{\sqrt{\frac{P}{EJ}}} + \sqrt{\frac{2\pi^2 r^2}{\frac{P}{EJ}} + \frac{16\sqrt{2}\pi g^2 rE^2 JA\sqrt{EJ}}{P^3\sqrt{P}}} \qquad (3.1.9)$$

$$l = 2\sqrt{2}\pi\sqrt{\frac{EJ}{P}} \qquad (3.1.10)$$

$$f = \frac{16EJg}{P^2} \qquad (3.1.11)$$

ただし、$r$：縦方向道床抵抗力（まくら木と直角方向、片側レール単位長当たり）
　　　　$g$：横方向道床抵抗力（まくら木方向、片側レール単位長当たり）
　　　　$E$：レール鋼の弾性係数　　$A$：レール断面積
　　　　$J$：レール垂直軸周りの断面2次モーメント

を得ている（章末補足4参照）。

$P_t, P, l, f$ 以外は軌道の定数であるので、(3.1.9) ～ (3.1.11) 式は座屈後の平衡軸力$P$を媒介変数として座屈強さ$P_t$、座屈長$l$、張出量$f$の相互関係を表しており、これらから図3-1-9、図3-1-10のような計算図表が得られることになる。

図3-1-9は50kgレールの直線軌道が第Ⅰ波形で座屈する場合の軸力$P_t$と張出し量$f$、座屈長$l$の関係を道床横抵抗$g$（kg/cm）に対して読み取る図、また図3-1-10は第Ⅲ波形で座屈する場合の図である。

沼田は図3-1-7の第Ⅰから第Ⅳのどの座屈波形にも適用できる曲線軌道用の一般式を求めており、(3.1.9) ～ (3.1.11) 式はこの一般式を基に、直線軌道が第Ⅰ波形で座屈する場合に特化して簡単化したものである。

氏は一般式によって、曲線半径別、レール曲げ剛性別、軌框（ききょう）剛

性別に座屈強さを読み取る図表を多数作成し実用に供している。

軌道座屈の特異性について氏は、

「……座屈強さ $P_t$ が座屈量 $f$ に関して最小値を持つことは、レールの軸力がたとえ $P_t$ の最小値に達しても、必ずしも座屈を起こすものではなく軌框剛性 $EJ$、道床横抵抗 $g$ や縦抵抗 $r$ 以外の因子によって軸力はいくらでも上昇し得ることを示すものである。

これは一般の Euler 座屈[18] などとその機構を大いに異にするもので、軌道の座屈としての特異性ともいうべきものである。」

と述べている[19]。

通常の柱などの座屈は一定の軸力に達すると必ず座屈するが、沼田の研究に

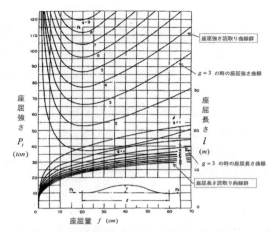

図 3-1-9　道床横抵抗と座屈強さ、座屈長読取図（50kg レール、第Ⅰ波形）（出典：文献 17）

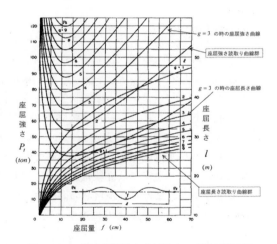

図 3-1-10　道床横抵抗と座屈強さ、座屈長読取図（50kg レール、第Ⅲ波形）（出典：文献 17）

よって軌道の座屈は別のメカニズムであることが明らかにされたのである。

図 3-1-11 はロングレールの座屈を説明する図である。上の図の縦軸はエネルギー（$A_g$ と $A_a - A_b$）を表し、横軸はレールの伸び $\lambda$ を表している。下の図

---

[18] Leonhard Euler（18 世紀の数学者）の座屈理論では、柱の座屈強さは柱の曲げ剛性と長さによって一義的に決まる。
[19] 沼田実「軌道の座屈強さについて」、『鉄道線路』第 5 巻第 12 号、1957 年、p.4

の縦軸はそれらを$\lambda$で微分したもの、すなわち$\lambda$に対する変化率を表している。グラフに数字が入っているのは、次に述べる模型実験の定数を例にとっているからである。

上の図は軌道の伸び$\lambda$が増大するにつれて$A_g$と$A_a - A_b$も増えていく様子を示し、下の図は伸びが$\lambda = \lambda_1$になったとき両者の勾配が同じになっていることを示している（$\partial A_a/\partial\lambda - \partial A_b/\partial\lambda = \partial A_g/\partial\lambda$）。この時に座屈が始まるが、$\lambda_1 < \lambda < \lambda_0$の範囲では座屈を阻止する力より促す力が大きいから座屈は進み続け$\lambda = \lambda_0$になって安定する。

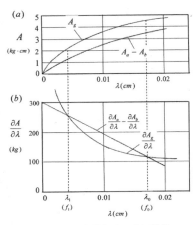

図 3-1-11　直線軌道の座屈機構
（出典：文献 17）

この関係を沼田は、

「……レールの変位（従って伸び$\lambda$）が次第に増大して$\partial A_a/\partial\lambda - \partial A_b/\partial\lambda = \partial A_g/\partial\lambda$になったとき軌道は座屈し、再び両者が等しくなったところで（$\lambda = \lambda_0$）平衡状態になる。従って軌道の平衡状態が破れて座屈を起すためにはレールは変位$f_1$（伸び$\lambda_1$）を必要とする。
　……少しでも道床抵抗力があれば、何らかの原因で変位$f_1$が与えられない限りレールは軸力をいくら上昇しても（直線軌道の場合）座屈は起こらない。しかし現実には直線軌道といえども僅かでも除き得ない軌道狂いが存在するし、またレール自身の固有歪、偏心があるので、これが軸力の増大と共に発達し遂には$f_1$に達する[20]。」

と述べている。

すなわち、ロングレールは軸力がその最低座屈強さに達しても、外力とか元歪みによる湾曲などによってレールに変位$f_1$が生じない限り座屈は生じないということである[21]。

このことを踏まえ氏は、ロングレール軌道を設計するにあたっては常に最低座屈強さを目途に軌道の各種定数を決める必要があるとし、これに見込むべき

---

[20] 沼田実「軌道の座屈強さについて」、『鉄道線路』第5巻第12号、（社）日本鉄道施設協会、1957年、p.4
[21] 沼田実「ロング・レールの座屈強さ」、『鉄道技術研究報告』No.721、1970年、pp.97/98

安全率の因子として、道床抵抗力の不均一性、列車通過が軌道に与える影響、曲線における曲線半径の不均一性など 10 項目を挙げ、最後にそれらの事柄も含めて、

> 「一般構造物における安全率の如く、その数値を画然と定めがたいのは、実際に生じる座屈強さが軌道各部の諸元や外的条件を要因とする統計量たらざるを得ないからで、せんじ詰めればロングレール軌道の保守いかんが実質上の安全率をいかようにでも高め得るものであることを銘記する必要があると思う[22]。」

と述べ、日頃の保守の重要さを強調している。

(2) 模型実験による理論検証

模型実験を考えるにあたり、座屈を支配する要因の相似率を同じにし、実験結果を実物現象に換算できれば最も効率的である。しかし、道床抵抗やレールとまくら木の締結力などを一定の相似率に揃えることは不可能に近い。

そこで沼田氏は、理論式がすでに求まっていることを踏まえ、模型実験において支配要因が相互作用を生じない範囲でこれらを変え、理論式の適合性を確認する方法をとっている。

図 3-1-12 は模型レール、図 3-1-13 は模型軌道座屈試験台である。

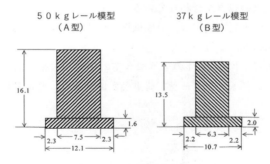

図 3-1-12　模型レール（単位 mm）
（出典：文献 17）

レールは 1 本としてその曲げ剛性で軌框の剛性を表すようにし、まくら木は 1/10 の寸法にしてまくら木間隔を変えることにより道床抵抗を変えている。また、道床には乾燥した川砂をふるって用いている。

---

[22] 沼田実「ロング・レールの座屈強さ」、『鉄道技術研究報告』No.721、1970 年、p.101

レール長さは、第Ⅳ波形の座屈長が生じ得るに足る長さとして7.5mとし、レールの加温は通電方式を採用している。

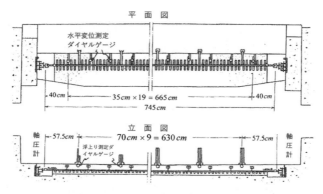

図3-1-13　模型軌道座屈試験台（出典：文献17）

軌道狂いが座屈に大きな影響を与えることが理論解析によってわかっているので、模型軌道の敷設は極めて慎重に行われている。まずレールを滑車で空中に吊り、元歪みがないことを確かめたうえでまくら木に取り付ける。組み立てた軌框を10mmの砂厚の実験台上に降ろし、レールに平行にピンと張ったピアノ線を基準にして水平方向±0.1mm、垂直方向±0.2mm以下の狂いになるように精密機械級の調整が行われている。

本実験に先立つ予備実験では、道床抵抗力の測定および理論解析では扱えなかった座屈要因の確認が行われた。

道床横抵抗力は、図3-1-14のように5本のまくら木を一括してスプリングバランサで引き、ダイヤルゲージで荷重と変位を読み、測定精度を確保している。

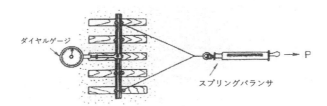

図3-1-14　道床横抵抗の測定（出典：文献17）

軌道狂い、まくら木の浮きなどは定量化しがたいため理論解析で扱えないが、

これらが座屈強さに与える影響も試験されている。

実軌道ではこのような条件変更は簡単にはできるものではない。それを可能にするのが模型実験であり、沼田は模型実験によってロングレールの研究を大きく前進させたのである。

実験は各種条件を変え直線軌道について240回、曲線軌道について160回行われている。氏は多数の実験結果を統計的に処理し理論と突き合わせた結果、

図 3-1-15 模型実験の様子
（出典：『鉄道技術研究所五十年史』）

> 「座屈に際して作用する道床抵抗力の真値が的確に定量化し得ない以上、座屈値の大小について数 kg を論じることは無意味に近いが、種々角度を変えては評価を行った結果から類推して、本論文で提唱した理論値は、ほぼ妥当なものということができよう。」

と述べている[23]。

模型実験といえども、毎回の軌道の敷設には上記のように周到な準備と細心の作業が必要であり、模型実験が順調にできるようになるまでには多くの試行錯誤が必要であったと思われる。

そして予備試験、本試験合わせて470回の試験には、関係者は実に長期間にわたって根を詰めた作業をしたものと思われる。ロングレールの普及にかける沼田グループの情熱に敬意を表したい。

(3) 実設備による座屈試験

昭和31年6月から32年9月末にかけて、上述理論の検証を目的として大阪吹田操車場で実軌道における座屈試験が行われた。沼田らは論文[24]の緒言で、

> 「これまで我々の手で行われた理論的検討もしくは模型実験によると、座屈強さの上では曲線半径600m程度までは特別の補強なしに連続溶接が可能であると一応考えられるが、それを裏付けるべき実際軌道の座屈実験は

---

[23] 沼田実「ロング・レールの座屈強さ」、『鉄道技術研究報告』No.721、1970年、p.85
[24] 立花文勝、田中正彦、鈴木英昭、沼田実「曲線軌道座屈実験」、『鉄道技術研究資料』第14巻第7号、1957年

極めて大規模な施設を要するなどの理由から、世界的に見ても遺憾ながら十分とはいい難い。この問題にかんがみ、大鉄局（大阪鉄道管理局）施設部において吹田操車場に試験軌道を特設した大規模な実物実験を計画した。去る31年6月以来、各種の基礎実験と共に8回に及ぶ座屈実験を実施し、9月27日をもって座屈に関連する実験を一応完了した。」

と述べている。

図3-1-16は軌道長320m、曲線半径600mの試験軌道の見取り図である。中央60mを座屈区間とし、両端の60mにはD52機関車1機、D51機関車2機をそれぞれ定置し、さらにふく進防止杭を各240本打ち軌道を固定する。また座屈区間両側の区間には座屈を防止するための杭を各52本、76本を打つ。

レール加温は堀越にならい、レール両腹部にパイプを沿わせ蒸気機関車の暖房用蒸気を通している。

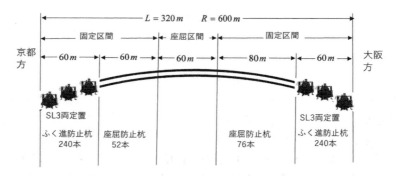

図3-1-16　座屈試験軌道見取り図（出典：文献24）

試験の前日にマルチプルタイタンパーで座屈区間を3回つき固め、軌道狂いを除き道床を所定寸法に整備し、試験当日朝に座屈区間のレールを切断し、レール締結クリップを緩めて残留応力を開放したのち再溶接し、その時のレール温度をもって実験開始温度としている。全体を通じてこの種の試験がいかに大変かがよくわかる。

図3-1-17は座屈した軌道の写真、図3-1-18は実験値と理論値の対比を示したものである。

図3-1-17　座屈した軌道（出典：文献24）

実験値が理論曲線にどのように適合するかの検定を行い、適合性が非常に高いことを確認している[25]。

この実設備試験によって沼田理論が検証されたので、曲線半径ごとの座屈強さを見積もることができるようになり、以降日本のロングレール延長が増加していくこととなる[26]。

この試験は昭和 31 年 8 月に始まっており 32 年初めには結果も出ていたと思われるので、山葉ホールの記念講演会はロングレールの採用を前提に行われている。

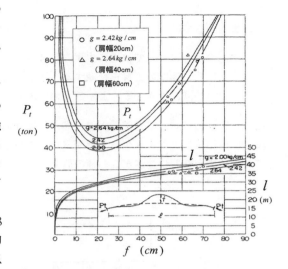

図 3-1-18　実験値、理論値の対比（文献 24）

## 3.2　軌道力学の進歩

軌道は、列車走行によって生じる劣化を保守によって回復しながら維持する構造物である。バラスト軌道はレール、レール締結装置、まくら木、道床から構成されているが、目的に合う軌道を設計するには列車走行によって軌道各部がどんな力を受けるのか、その結果どの部分がどう反応するのか、そしてどれくらいダメージを受けるのかなどを知る必要がある。このように軌道の動力学的特性を対象とする、いわゆる軌道力学の研究は昭和 20 年代後半に始まっている[27]。

主にこの分野の研究を担当した佐藤裕[28]の論文によって、昭和 32 年の記念講演会までの研究経緯をたどってみることにする。

佐藤は昭和 27 年の論文[29]で列車速度が軌道各部にどんな影響を与えている

---

[25] 立花文勝、田中正彦、鈴木英昭、沼田実「曲線軌道座屈実験」、『鉄道技術研究資料』第 14 巻第 7 号、1957 年、p.15
[26] 西宮裕騎「ロングレール」、『RRR』Vol.72、No.12、鉄道総研、2015 年 12 月
[27] 『鉄道技術研究所五十年史』、(財) 研友社、昭和 32 年、p.186
[28] 佐藤裕：昭和 18 年海軍、海軍技術大尉、昭和 21 年 5 月鉄道技術研究所へ移籍、後軌道研究室長
[29] 佐藤裕「軌道強さに及ぼす列車速度の影響」、『鉄道業務研究資料』第 9 巻第 18 号、昭和 27 年

かを調べている。

氏はまえがきで、

> 「車両の走行によって軌道に生ずる各種変形が速度にいかに関係するかを明らかにし、速度の影響を軽減する方法を考え、列車の速度向上と軌道保守労力の節減に役立てようとするものである。」

と述べ、実軌道に対して各部の変位、応力、振動加速度を測っているが、その手段は中村和雄による歪みゲージを使った応力測定装置やインク式オシログラフであり、測定機器の進歩がこの種の研究を可能にしていたことがわかる。

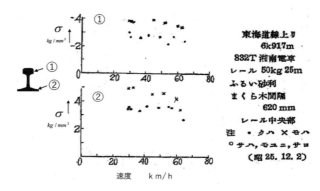

図 3-2-1　レール応力の測定（出典：文献 29）

図 3-2-1 はレール上部と底部の応力測定データである。測定は昭和 25 年 12 月 2 日とあるので恐らくわが国で初めてのデータではないかと思われる。

横軸が速度、縦軸が応力であるが、佐藤は速度が上がっても応力値があまり変わっていないことに注目している。レール継目部でも測定しているが、やはり速度依存性がないデータを得ており、氏は、

> 「予想に反して応力が速度と共に増大していない。……現行の軌道応力計算法で示されている、レール応力は車両速度 1km/h について 1% の割で増大する、ということと実測とははなはだ開きがある。」

と言っている。歪みゲージの出現によって初めてわかったことである。

一方、道床に起きる振動加速度については図 3-2-2 のデータを得ている。

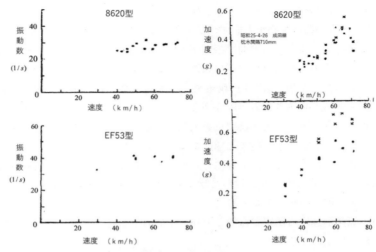

**図 3-2-2** 道床振動加速度の振動数（左）と大きさ（右）
(出典：文献 29)

図左は道床加速度の振動数、右は加速度の大きさである。

図から、振動数には速度依存性はないようだが、大きさは速度に連れて大きくなっていることがわかる。

このことについて佐藤は、

> 「車両から伝えられた振動であれば速度に比例するはずなのに実際はそうではないから、この振動は軌道自身の自己振動が誘起されたものである。しかしレールにはこれに相当する振動は見出されないから、この振動はまくら木から下の振動が主体をなすとみるべきである。」

と述べ、測定結果からわかったこととして次を挙げている。

（ⅰ）列車によるレールの沈下量は速度とともに増大することはない。
（ⅱ）レールの曲げ応力も速度にあまり関係がない。
（ⅲ）道床振動加速度は、列車速度に関係なく 30～40c/s（cycle/second：現在では国際単位系の Hz）が主であって、まくら木から下の部分の固有振動数と思われる。
（ⅳ）道床加速度の大きさは車両速度に比例して増大する。

そして、これらを理論的に考察してわかったこととして次を挙げている。
（ⅴ）レールを連続弾性支承上の梁として考えると、列車速度が時速 100km

くらいでは静的な変位がそのまま荷重とともに移動するに過ぎない。
（ⅵ）まくら木の曲げ振動を考慮すれば実測結果を説明できる。
（ⅶ）道床振動にまくら木の曲げ振動が大きく影響するとすれば、レール位置がまくら木の振動節点の位置に来たとき振動は最小になる。この見地からまくら木長さを現在より約10cm短くすれば、特に継目部では振動が著しく減少すると推測される（図3-2-3）。
（ⅷ）従来、弱小軌道に大型機関車を入線させるときの許容速度は軌道応力計算法によっていたが、道床加速度を尺度にすべきである。
（ⅸ）輸送量の増大、速度向上等に対して行われる重レール化等の軌道構造改善もレール応力が速度に従って増えるということが基本になっているから、根本的な再検討を要する。

応力や振動加速度の測定が可能となり、軌道力学が新しい段階に入った当時の状況がうかがわれる。

佐藤は上記（ⅰ）のレール沈下量が速度依存性をもたないことについて、レール上を点荷重が走行する場合のレールの変形を解析した結果、この変形が伝わる速度は1,000km/h程度と列車速度より格段に速いため、レール変形に速度効果が出てくるのは500km/h程度から上だと論理づけている。

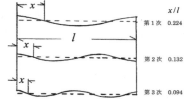

図3-2-3　まくら木の振動モード
（出典：文献29）

佐藤は引き続きレールに生ずる応力、道床の機能と破壊機構、軌道の動力学的強さ、軌道構造と振動特性など軌道の基本的な性質の解明を行っている[30]。

氏はそのなかで、

「近年測定技術は長足の発達を遂げ、従来理論的取扱いの困難であった問題も測定によって割合容易に解決することが可能となり、応力解析法（Stress Analysis）という独自の方法論を持つ一分科が生まれた。また理論解析に関しても電気計算器の発達は従来の計算手数の膨大ゆえに手を束ねた問題に対しても極めて短時間に解を示し得るようになりつつある。」

と戦後の研究環境の変化を記している。昭和20年代後半はまだ真空管の時代ではあったが、歪みゲージによる応力測定、高速ペンオシロ、電磁オシロなど

---

[30] 佐藤裕「軌道の動力学的強さ」、「軌道構造と振動との関係についての理論的考察」、『鉄道業務研究資料』第12巻第10号、昭和31年

が使えるようになりつつあった。

ここで言っている電気計算器はもちろんコンピュータのことではなく、電卓の前身にあたるものである。なお、鉄道技術研究所に本邦輸入第1号のコンピュータ、Bendix G-15（真空管式）、が導入されたのは昭和32年であった[31]。

氏はまた、

> 「強く要請されることは如何なる軌道構造が動力学的に最も有利であるかを示すことである。そのためには軌道の現在の形からの飛躍も考えねばならないが、その前にまず現形でレール種別の違い、ゴムパッドを敷いたとき、道床厚の大小、路盤の硬軟さらに車両ばね下重量の大小などによっていかなる相違が生ずるかを知ることが必要である。
> 　軌道に生ずる振動は相当複雑であって、これの実測資料から上記要因の効果を分離することははなはだ困難であると思われた。そこで定性的な傾向だけでも理論計算によって求め、その主な効果を実験によって検討する方針をとった。
> 　動力学的優劣の判定基準として車軸をある高さから落下させたときに各部に生ずる振動の変位あるいは加速度を以てする方法を理論的にも実験的にもとることにした。これが車両走行の動的影響を最も単純な形で比較するものであると考えたからである。」

と述べている[32]。

前述のように、レールの波動伝播速度は1,000km/h以上と列車に比べ非常に高いため、佐藤氏は軌道の振動特性解析には速度効果を入れていない。

解析モデルについてはいくつか検討した結果、最終的に図3-2-4のモデルを使っている。

しかし、このようなモデルによる解析は非常に複雑な数式を扱う

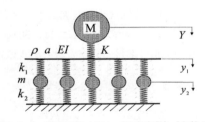

図 3-2-4　軌道振動モデル（分布定数）（文献33）
$K$：車輪とレール間の接面ばね定数
$\rho a$：レール単位長さの質量
$k_1$：まくら木の圧縮ばね定数
$m$：道床・まくら木の質量
$k_2$：道床・路盤の圧縮ばね定数

---

[31] 秋田雄志、長谷川豊『コムトラックはこうして生まれた』、（社）日本鉄道電気技術協会、2011年、p.11
[32] 佐藤裕「軌道構造と振動との関係についての理論的考察」、『鉄道業務研究資料』第13巻第8号、1956年4月、p.22

ことになることから、

　「軌道の衝撃による応答はこの模型についてもはなはだ複雑である。そこで近似的な解法を求めるために次のような変換を考えた。即ち図 3-2-4 のモデルを図 3-2-5 の形に対応させようというのである。」

と述べ[33]、分布定数モデルから集中定数モデルへ変換し計算の簡易化を図っている。

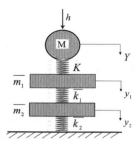

図 3-2-5　集中定数軌道モデル（出典：文献 33）
$\overline{m_1}$：レール等価質量
$\overline{m_2}$：道床・まくら木の等価質量
$\overline{k_1}$：まくら木の圧縮等価ばね定数
$\overline{k_2}$：道床・路盤の圧縮等価ばね定数

変換の手順は次によっている。

（ⅰ）図 3-2-4 の分布定数モデルについて $M$ の上から $Pe^{i\omega t}$ の力が作用したときの微分方程式を導く。

（ⅱ）これを解いてレールと道床の変位 $y_1, y_2$ を求める。

（ⅲ）$y_1, y_2$ からレールとレール支持体の運動エネルギーを計算し、集中定数モデルの等価質量 $\overline{m_1}, \overline{m_2}$ を求める。

また、等価ばね定数 $\overline{k_1}, \overline{k_2}$ については原点での梁のたわみ量から求め、車輪とレール間の接触ばね定数 $K$ については 1000t/cm としている。

ちなみに、定数の例としては、50kg レール、まくら木間隔 66cm、道床厚 25cm の軌道における分布定数モデルの定数

$$\rho ag = 0.50 kg/cm,\ k_1 = 790 kg/cm^2,\ mg = 9.0 kg/cm,\ k_2 = 760 kg/cm^2$$

に対し、集中定数モデルの定数は

$$\overline{m_1}g = 59.1 kg,\ \overline{k_1} = 120 t/cm,\ \overline{m_2}g = 1060 kg,\ \overline{k_2} = 120 t/cm$$

のごとしである[34]。

佐藤は図 3-2-5 のモデルで、軌道の各部分を変えたときの振動特性を計算している。

---

[33] 佐藤裕「軌道構造と振動との関係についての理論的考察」、『鉄道業務研究資料』第 13 巻第 8 号、1956 年 4 月、p.18

[34] 同上、p.22

図3-2-6は支持体質量（道床とまくら木）を変えた場合の、また図3-2-7はまくら木ばね定数を変えた場合の車軸、レール、道床の振動変位（図左）と加速度（図右）の変化を示している。

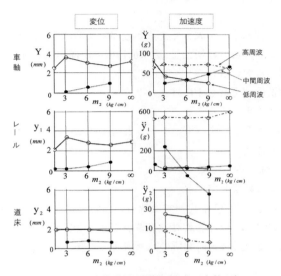

図3-2-6　支持質量の影響（出典：文献33）

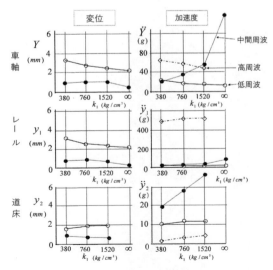

図3-2-7　まくら木ばね定数の影響（出典：文献33）

氏はこれらの計算結果から、
（ⅰ） レールを重くすると車軸、レール、道床の変位はやや減少するが、車軸加速度の高周波分は増え、レール加速度の高周波分は減る。
（ⅱ） まくら木、道床の質量を変えても変位はあまり変わらないが、道床加速度は変わる。
（ⅲ） まくら木ばね定数を大きくすると各部の変位はやや減少するが、車軸加速度の中間周波成分は増大し、道床加速度の中間周波成分は相当増大する。
等の結果を得ている。
　そして、軌道破壊を減らすには
（ⅴ） 道床を厚く重くすること。
（ⅵ） ゴムパッドなどによって、レールと道床間に位置するまくら木ばねを柔らかくすること。
（ⅶ） 道床に砕石を用いること。
が効果的であると結論している。

　以上のように、昭和30年代初頭は軌道の動力学特性の解明が進み、間もなく始まる新幹線軌道の合理的設計の基礎ができた段階であった。
　第6章で述べる鉄道技術研究所の記念講演会では、星野は上記を踏まえて講演している。

■補足 4■

波形 I の座屈が起きる場合の解析は次のように行われている。
（i） 座屈波形の方程式を立てる。

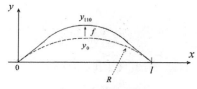

**図 H4.1** 波形の座標軸

図 H4.1 のように座標軸をとると座屈前の軌道（半径 R）の方程式 $y_0$ は

$$y_0 = \frac{(l-x)x}{2R} \tag{H4.1}$$

で表され、これを基準にした座屈波形 $y_{11}$ を

$$y_{11} = \frac{f}{2}(1 - \cos\frac{2\pi x}{l}) \tag{H4.2}$$

と置けば座屈波形の方程式 $y_{110}$ は

$$y_{110} = y_{11} + y_0 = \frac{f}{2}(1 - \cos\frac{2\pi x}{l}) + \frac{(l-x)x}{2R} \tag{H4.3}$$

と表される。

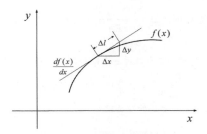

**図 H4.2** 曲線の微小部分の長さ

（ii） 座屈によるレール伸び $\lambda$ を記述する．
　一方曲線の微小部分の長さ $\Delta l$ は（図 H4.2）

$$\Delta l = \sqrt{\Delta x^2 + \Delta y^2} = \sqrt{\Delta x^2 + (\frac{df(x)}{dx}\Delta x)^2} = \Delta x\sqrt{1 + (\frac{df(x)}{dx})^2}$$

であるから曲線 $y_{110}$ の長さと曲線 $y_0$ の長さは

$$\int_0^l \sqrt{1+(\frac{dy_{110}}{dx})^2}\,dx \ 、\ \int_0^l \sqrt{1+(\frac{dy_0}{dx})^2}\,dx$$

である。したがって

$$\lambda = \int_0^l \sqrt{1+(\frac{dy_{110}}{dx})^2}\,dx - \int_0^l \sqrt{1+(\frac{dy_0}{dx})^2}\,dx \approx \int_0^l \left(1+\frac{1}{2}(\frac{dy_{110}}{dx})^2\right)dx - \int_0^l \left(1+\frac{1}{2}(\frac{dy_0}{dx})^2\right)dx$$

と書ける。この式に（H4.1）、（H4.3）を入れて計算すれば

$$\lambda = \frac{\pi^2 f^2}{4l} + \frac{fl}{2R} \tag{H4.4}$$

を得る。

　（H4.4）式は座屈波形を（H4.3）式とした場合のレールの伸び $\lambda$、座屈長さ $l$、張出し量 $f$ の関係を表している。

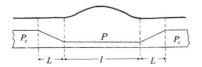

**図 H4-3**　座屈部分の軸力変化（出典：文献 17）

　一方図 H4.3 のように、座屈前の軸力 $P_t$ が座屈後は $P$ に下がったとすれば、それによって伸びたレール長 $\Delta l$ は、$\Delta l = \dfrac{(P_t - P)l}{EA}$ である。（$E$ はレールの弾性係数、$A$ は断面積）

　座屈区間前後の軸力は図のように長さ $L$ にわたって $P_t$ から $P$ に下がるとすれば $L$ に生じる伸び $\Delta L$ は $\Delta L = \dfrac{(P_t - P)}{2EA} L$ となり、座屈区間の前後併せて $2\Delta L$ である。
したがって、座屈によるレールの伸び $\lambda$ は

$$\begin{aligned}\lambda &= \Delta l + 2\Delta L \\ &= \frac{P_t - P}{EA}l + \frac{P_t - P}{EA}L = \frac{(P_t - P)(l + L)}{EA}\end{aligned} \tag{H4.5}$$

である。
　（H4.4）、（H4.5）式から

$$P = P_t - \frac{EA}{l+L}\lambda \tag{H4.6}$$

の関係にある。

(ⅲ) 座屈で変化するエネルギーを記述する

軸力が $P_t$ から $P$ に低下する間に座屈部分で解放される歪みエネルギー $A_a$ は、軸力変化による伸びは $\lambda$ だから

$$A_a = \frac{P_t + P}{2}\lambda = \left\{P_t - \frac{EA}{2(l+L)}\lambda\right\}\lambda \tag{H4.7}$$

次にレールの曲げによる歪みエネルギー $A_b$ は、曲がったのは $l$ の範囲だから $J$ をレールの垂直軸周りの断面2次モーメントとすれば、

$$A_b = \frac{EJ}{2}\int_0^l (\frac{d^2 y_{110}}{dx^2})^2 dx = \frac{EJ}{2}(\frac{2f^2\pi^4}{l^3} + \frac{l}{R^2}) \tag{H4.8}$$

となる。

一方 (H4.4) 式は $f$、$l$、$\lambda$ の関係を表しているから、$f$ について解き正号をとれば

$$f = \sqrt{\frac{l^4}{R^2\pi^4} + \frac{4l\lambda}{\pi^2}} - \frac{l^2}{R\pi^2} \tag{H4.9}$$

(H4.9) を (H4.8) に代入すると

$$A_b = \frac{\pi^4 EJ}{l^3}(\frac{l^4}{R^2\pi^4} + \frac{4l\lambda}{\pi^2} - \frac{2l^2}{R\pi^2}\sqrt{\frac{l^4}{R^2\pi^4} + \frac{4l\lambda}{\pi^2}} + \frac{l^4}{R^2\pi^4}) + \frac{EJl}{2R^2} \tag{H4.10}$$

を得る。

次に横道床抵抗 $g$ によって費やされるエネルギー $A_g$ は、動いたのは $l$ の範囲だから

$$A_g = \int_0^l g \cdot y_{11} dx = 0.5 gfl \tag{H4.11}$$

である。

(ⅳ) エネルギーバランスから座屈強さを導く

レールの微小な伸びによるそれぞれのエネルギー変化は、上で求めた $A_a$、$A_b$、$A_g$ の $\lambda$ による変化率（$\lambda$ で偏微分したもの）の $d\lambda$ 倍だから

$$\frac{\partial A_a}{\partial \lambda} \cdot d\lambda = \left\{P_t - \frac{EA}{l+L}\lambda\right\} d\lambda = P \cdot d\lambda \tag{H4.12}$$

$$\frac{\partial A_b}{\partial \lambda} \cdot d\lambda = \left(\frac{4\pi^2 EJ}{l^2} - \frac{4EJ}{R\sqrt{\frac{l^4}{R^2\pi^4} + \frac{4l\lambda}{\pi^2}}}\right) \cdot d\lambda \tag{H4.13}$$

$$\frac{\partial A_g}{\partial \lambda} \cdot d\lambda = \frac{gl^2}{\pi^2 \sqrt{\dfrac{l^4}{R^2\pi^4} + \dfrac{4l\lambda}{\pi^2}}} \cdot d\lambda \tag{H4.14}$$

となる。

　仮想仕事の原理より、微小伸び $d\lambda$ による $A_a$ の変化は $A_b$ の変化と $A_g$ の変化の和に等しいから

$$\frac{\partial A_a}{\partial \lambda} \cdot d\lambda = \frac{\partial A_b}{\partial \lambda} \cdot d\lambda + \frac{\partial A_g}{\partial \lambda} \cdot d\lambda \tag{H4.15}$$

である。

　以上の方程式（H4.4）～（H4.15）から座屈前の軸力 $P_t$、座屈後の軸力 $P$、座屈長 $l$、張出量 $f$ の関係を導き出す。

　途中は長い数式展開なので、直線軌道（$R = \infty$）の場合について結果のみ記せば、

$$P_t = P - \frac{\sqrt{2}\pi r}{\sqrt{\dfrac{P}{EJ}}} + \sqrt{\dfrac{2\pi^2 r^2}{\dfrac{P}{EJ}} + \dfrac{16\sqrt{2}\pi g^2 r E^2 J A\sqrt{EJ}}{P^3\sqrt{P}}} \tag{H4.16}$$

$$l = 2\sqrt{2}\pi\sqrt{\frac{EJ}{P}} \tag{H4.17}$$

$$f = \frac{16EJg}{P^2} \tag{H4.18}$$

を得る（$r$ は片側レール単位長あたりのレール方向道床抵抗）。

# 第4章　信号保安

　鉄道運転の安全を支えるフェールセーフな軌道回路は、明治5（1872）年にアメリカ人のウイリアム・ロビンソンによって発明されたとされている。

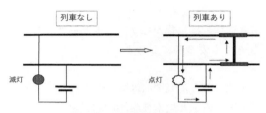

図4-0-1　開電路式軌道回路

　ロビンソンが最初に考案した軌道回路は図4-0-1の開電路式で、列車検知を知らせる電灯は常時は滅灯しており、列車が軌道回路に入ると点灯する仕組みであった。

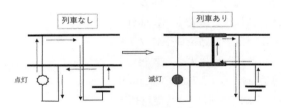

図4-0-2　閉電路式軌道回路

　しかし、この方式では装置が壊れたり、レールに信号電流を流す導線が切れたり、あるいはレールが破断したりすれば、仮に列車ありのときでも受電側に信号電流が来なくなって滅灯状態になり危険である。この欠陥を改善したのが図4-0-2の閉電路式で、常時は点灯していて列車が軌道回路に入ると滅灯する仕組みなので、仮に装置が故障した場合でも列車ありと同じように滅灯し安全である。
　もともと電気工作物ではない軌道を電気回路として使いフェールセーフな仕組みを発明したロビンソンのおかげで、鉄道は大きな発展を遂げることになった。

その後、鉄道が電化されると、レールには動力用の直流大電流が流れるため、直流軌道回路は使えなくなり、商用周波の交流軌道回路が使われてきた。日本に交流軌道回路が導入されたのは大正2年である[1]。

そしてコストパフォーマンスの高い商用周波の交流電化が始まり、軌道回路にはAF（Audio Frequency、可聴周波）軌道回路が開発され、さらに近年は通信技術の発達を採り入れたデジタル軌道回路が開発され高度な列車制御を可能としている。

安全を旨とする鉄道信号は、昔からフェールセーフの考え方で組み立てられてきた。故障が起きても安全側になるようにシステムを構成する考え方である[2]。

また、鉄道信号装置に使う電気部品は従来から、トランス、リアクトル（いずれも鉄と銅）、抵抗器（碍子と炭素被膜、金属皮膜）といった安定したものと、駆動電力がなければ安全側に動作する継電器が用いられてきた。大きな駅の多数の進路を切り替える連動装置は高度な論理処理をする装置であるが、これにも非常に多くの継電器が使われていた。

このように極めて慎重な鉄道信号技術分野において、電子回路を構成要素に持つAF軌道回路の登場は、従来の考え方を一新するものであった。増幅器のようにエネルギー作用のある電子回路は、壊れたとき安全側に壊れるとは限らないからである。電子回路をいかにフェールセーフに鉄道信号に組み込むかは大きな課題であった。

以下に、東海道新幹線のATC（Automatic Train Control、自動列車制御装置）の基礎技術となったAF軌道回路（昭和34年まではキロサイクル軌道回路と言われていた）と車内警報装置の開発経緯をたどってみよう。

新幹線のATCを実現し後に信号研究室長を務めることになる陸軍技術少佐河辺一[3]も松平や三木らと同じく、終戦に伴い昭和20年12月鉄道技術研究所に転籍した。

図4-0-3　河辺一
（写真提供：（公財）鉄道総合技術研究所）

---

[1] 寺田夏樹「軌道回路」、『RRR』Vol.71、No.5、鉄道総研、2014年
[2] 奥村幾正、佐々木敏明『フェイルセーフ考』、OHM、2013年9月
[3] 河辺一：昭和16年陸軍、元陸軍技術少佐、昭和20年12月鉄道技術研究所に移籍、後信号研究室長

# 第 4 章　信号保安

　河辺が松平らと違うのは、間もなく公職追放になったことである[4]。公職追放は昭和27年4月の講和条約発効で消滅するが、河辺はそれ以前の昭和26年12月に再雇用されている[5]（講和条約は昭和26年9月に署名された）。公職追放になったとき鉄道を去ろうと思ったようだが、当時の上司により論文を書けば研究所から委託研究費が出るような配慮がされたようで[6]、身分は職員ではなかったが研究室に席があり、研究所主催の研究発表会で発表したり[7]、専門誌に23年から26年まで交流軌道回路計算法について毎年寄稿していることから、この間も精力的に研究を続けていたことがわかる[8]。

　また、「信号保安」誌の昭和23年6月号には同年4月に行われた鉄道技術研究所の研究発表会について、

> 「……河辺氏のご講演「交流軌道回路の一簡易計算法」は第一日目の最初に為されたもので、少しむつかしいのと時間が少なくて聴衆をして完全に諒解せしめ得なかった嫌いはあったが、終戦後初めて接した名講演であった。……」

とあり、公職追放期間中も部内的には雇用上の身分を除いて何ら区別がなかった様子がうかがわれる。

　鉄道技術研究所に来た河辺は当時の第3部電気回路研究室[9]に所属した。主な研究対象は50Hz交流軌道回路であったようで、昭和23年には上記のように研究発表会で講演したり、専門誌への寄稿を始めている。

　軌道回路は、回路の絶縁が極めて低いこと、気象条件や道床の状態で絶縁が大きく変わること、そして列車による軌条短絡で機能動作を行わせるというように通常の電気回路とは大きく異なる。

　つまり、一般に電気回路を構成する電線は屋内や地表・地中では絶縁電線が使われ、送電線は空気で絶縁されているなど漏電しないようになっているが、軌道回路は相当な漏電を前提としているうえに、その程度が天候に大きく左右されるのである。

　このような電気回路を使って列車運行の安全を担保できているのは特別な技

---

[4] 昭和21年1月4日付の連合国最高司令官覚書に基づき行われた
[5] 沢井実「技術者の軍民転換と鉄道技術研究所」、『大阪大学経済学』Vol.59、No.1、2009年6月
[6] 『大阪読売新聞』記事、2000年10月1日
[7] 運輸省鉄道技術研究所研究発表講演会「交流軌道回路の一簡易計算法」昭和23年4月19日、運輸省8階講堂
[8] 「信号保安」、第3巻第2号、第4巻第6号、第5巻第8号、第6巻第3号、（社）信号保安協会
[9] 昭和24年12月、軌道回路研究室に組織変更

術の組立があるからであるが、通信技術者であった河辺はまずこのような特異性をもつ軌道回路の電気特性を明らかにすべく取組みを始めている。

## 4.1 軌道回路計算法の簡易化

軌道回路は一種の電気信号伝送路であり、軌道回路上の電圧、電流は回路の電気定数を含む電信方程式（分布定数回路中の電流・電圧の分布、導体中の電磁場の伝播などを記述する方程式。電信方程式については他著を参照されたい）で記述される。しかし、これは双曲線関数を含むので、コンピュータのない当時では甚だ煩雑な手計算を余儀なくされていた。

電気定数（軌道回路定数）はレールインピーダンスと両レール間の漏洩アドミッタンスからなり、レールインピーダンスはレール抵抗とレールインダクタンスから、漏洩アドミッタンスは漏洩コンダクタンスと分布容量からなる。

コンダクタンスは抵抗の逆数で、電流の流れやすさを表し単位はひ（モー、mho）である。

これらは図4-1-1のようなイメージで線路に連続的に分布しているので、直接測ることができない。そこで直接測れる送電端、受電端の電圧、電流（位相を含め）から伝送方程式の解を使ってこれらを割り出す方法がとられる。

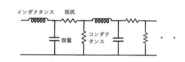

図4-1-1　線路に分布している電気定数

具体的には次のよう行われている。

電信方程式の解によれば、軌道回路の送電端の電圧、電流 $V_O, I_O$ と距離 $l$ 離れた受電端の電圧、電流 $V_l, I_l$ は次の関係にある。

$$V_O = V_l \cosh\gamma\, l + I_l z_k \sinh\gamma\, l$$

$$I_O = \frac{V_l}{z_k}\sinh\gamma\, l + I_l \cosh\gamma\, l$$

ここで

$$Z_k = \sqrt{\frac{R+j\omega L}{G+j\omega C}} \quad , \quad \gamma = \sqrt{(R+j\omega L)(G+j\omega C)}$$

であり、$Z_k$ は特性インピーダンス、$\gamma$ は伝送定数と呼ばれる。

$\omega$ は角速度で、周波数を $f$ とすれば $\omega = 2\pi f$ の関係にある。$R, L, G, C$ は求

めようとする抵抗、インダクタンス、コンダクタンス、容量である。

まず、受電端を開放すると受電電流はゼロ、すなわち $I_l = 0$ なのでその時の送電端から見たインピーダンス $Z_O$ は、送電端電圧、電流を $V_O, I_O$ とすると

$$Z_O = \frac{V_O}{I_O} = \frac{Z_k \cosh \gamma\, l}{\sinh \gamma\, l} = \frac{Z_k}{\tanh \gamma\, l}$$

である。

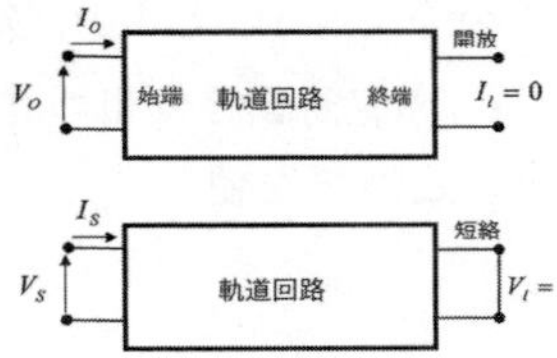

次に、受電端をショートすると $V_l = 0$ となるので、その時の送電端電圧、電流を $V_S, I_S$ とすればインピーダンス $Z_S$ は

$$Z_S = \frac{V_S}{I_S} = \frac{Z_k \sinh \gamma\, l}{\cosh \gamma\, l} = Z_k \tanh \gamma\, l$$

となる。

図 4-1-2 軌道回路受電端の短絡、開放

$Z_O Z_S = Z_k^2$ であるから $Z_k = \sqrt{Z_O Z_S}$、$Z_S / Z_O = \tanh^2 \gamma\, l$、$\gamma = \dfrac{1}{l} \text{arctan} h \sqrt{Z_S / Z_O}$ となり、これらから $R, L, G, C$ を求めることになる。

しかし、$Z_S, Z_O$ は複素数であり、双曲線関数を含むので甚だ煩雑な計算になってしまうのである。

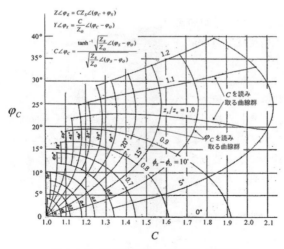

図 4-1-3 計算図表の例（出典：文献 10）

そこで河辺は、精緻な計算図表を多数作成し煩雑な計算を簡易化することにより[10]、軌道回路研究の能率を飛躍的に向上させたのである。

図4-1-3はその一例で、短絡インピーダンス$Z_S$、開放インピーダンス$Z_O$から校正係数Cを使って、レールインピーダンスZと漏洩アドミッタンスYを求める図表である。

横軸はCの絶対値、縦軸は位相で、ひとつの曲線群は$Z_S/Z_O$の絶対値に対するもので、もうひとつの曲線群は$Z_S/Z_O$の位相に対するものである。

$Z_S/Z_O$の絶対値と位相を計算し、図表にあてはめ両曲線の交点からCを読み取り、このCを使って

$$Z = C \cdot Z_S$$
$$Y = C / Z_O$$

でZ、Yが求められるようになっている。Z、Yがわかれば$Z = R + j\omega L$、$Y = G + j\omega C$であるからR,L,G,Cが求まる。

この手法の効果は極めて大きく、軌道回路研究の能率向上に大きく貢献した。前記研究発表会で河辺が発表したのがこの件である。

## 4.2　疑似軌道回路装置の完成

すでに述べたように、軌道回路の特性は軌道の構造はもちろん、天候の変化を著しく受けるため、実地の測定値はその軌道のその区間のその時の状態の測定値でしかない。そこで、こうした種々雑多な軌道回路についてあらゆる状態を想定して試験ができる装置があれば、その効果は真に大きいことになる。

それを実現した装置が疑似軌道回路であり、昭和25年河辺の設

図4-2-1　模擬軌道回路装置
（写真提供：(公財) 鉄道総合技術研究所）

---

[10] 河辺一『軌道回路計算法』、(社) 信号保安協会、昭和33年9月、

河辺一「交流軌道回路定数算出法」、『信号保安』6巻3号、(社) 信号保安協会、昭和26年

計によって完成している。200mごとに軌道回路定数を自由に設定でき、全長3kmの軌道回路を構成できる装置で、これにより途中のレールボンドが悪い場合、隧道や橋梁があって軌道回路特性が部分的に変わる場合、レール絶縁の不良やレール折損で隣接軌道回路との間に相互影響が生じる場合、分岐を含む場合等の軌道回路特性が試験できるようになった。

この装置は直流から商用周波までを対象としたものであったが、1kHz程度なら十分使えたので間もなく始まったAF軌道回路の研究にも役立つことになったのである[11]。

擬似軌道回路装置は1種のアナログコンピュータである。

## 4.3 キロサイクル軌道回路（可聴周波と電子回路への挑戦）

河辺がキロサイクル軌道回路に注目し始めたのは昭和26年頃であろうか。昭和28年には信越本線で最初のキロサイクル軌道回路を使った車内信号試験が行われており、この時の受信器には早くもトランジスタが使われている[12]。

アメリカベル研究所のバーディーンとブラッテンが点接触トランジスタを発明したのが昭和22（1947）年12月、ショックレーが接合型トランジスタを発明したのが昭和23（1948）年1月であり、3人は昭和31（1956）年にノーベル物理学賞を受賞した。彼らの発明を起点とする電子装置は飛躍的な発展を遂げ、現代の高度な技術社会（もちろん新幹線を含め）を生み出した。

さて、日本でトランジスタが販売され始めたのが昭和29年2月ごろであり[13]、初めてのトランジスタラジオがソニーから売り出されたのが昭和30年であるから、河辺が早くからトランジスタに注目し、開発中のメーカー側技術者と連携していたことがわかる。河辺とともにキロサイクル軌道回路の開発にあたり後に信号研究室長を務めた板倉栄治[14]も「メーカーの推奨だったようだ」と言っている[15]。

また、大同信号の大地修造[16]は、

---

[11] 佐々木敏明編『鉄道の信号はこうして生まれた』、（社）日本鉄道電気技術協会、平成21年、p.16
[12] 『鉄道信号発達史』、（社）信号保安協会、1980年、p.282
[13] 『キロサイクル軌道回路の基礎に関する調査研究報告書』、（社）信号保安協会、昭和30年3月、p.54
[14] 板倉栄治：昭和30年国鉄、当時鉄道技術研究所主任研究員、後信号研究室長、研究管理室長
[15] 佐々木敏明編『鉄道信号の技術はこうして生まれた』、（社）日本鉄道電気技術協会、平成21年、p14
[16] 大地修造：鉄道信号機器メーカー大同信号（株）

> 「米国のショックレー氏の文献を見て初めてトランジスタの驚くべき性能を知り、26年ごろから資料を取り寄せて色々研究し、これを信号技術に利用するとこういうことになるという論文をまとめて……[17]」

と言っており、彼らが

> 「トランジスタの性質は誠に驚くべきものであって、形状の小型、小電力、耐震、長寿命の点でこれに較ぶべきはなく、ことに直流低電圧で動作することは信号保安設備に最も適している[18]」

と考え、トランジスタを使ってレールを搬送波伝送路として使えば、列車制御に革新を起せるはずだと考え熱い議論をしていた様子がうかがえる。

後述するように、河辺が鉄研に来る以前の昭和19年に、すでにレールを使って通信をする研究が廣川恩二等によってなされており、このなかで軌条伝送路に対して詳細な解析と定数測定が行われている[19]。

河辺は廣川の論文を参考にしてキロサイクル軌道回路の自主研究を始め、昭和28年には研究所の研究テーマとなっている。28年度は研究所内のテーマだったが、29年度からは交流電化プロジェクトが立ち上がり、国鉄本社が予算を立て（社）信号保安協会において河辺を含む学識経験者による委員会を構成し研究を進めるようになったので研究は急ピッチで進むこととなった。

以下に（社）信号保安協会の調査研究報告書[20]によって研究過程を追ってみることにする。

### 4.3.1　昭和29年度（軌道回路として成り立つか否かの基礎試験）

(1)　キロサイクル領域における軌道回路定数の算出

まず、キロサイクル領域において4.1節で述べた軌道回路定数、すなわちレール抵抗R、レールインダクタンスL、レール間の漏洩コンダクタンスG、レール間キャパシタンスCを求めなければならない。車両であれば車体質量や台車軸ばね、枕ばねの定数などを求めることに相当する。

---

[17]　座談会「信号技術の革新をめざす」、『信号保安』第13巻第11号、（社）信号保安協会、1958年11月、p.26
[18]　『キロサイクル軌道回路の基礎に関する調査報告書』、（社）信号保安協会、1955年3月、p.6
[19]　廣川恩二、鵜飼晋、高橋健策「両軌条回路の可聴周波に於ける電気的特性の研究」、『鉄道業務研究資料』第3巻第1号、昭和19年
[20]　『キロサイクル交流軌道回路の基礎に関する調査報告書』、1955年3月；『キロサイクル交流軌道回路調査研究報告書』、1956年3月；『キロサイクル軌道回路調査研究報告書』、1957年1月、（社）信号保安協会

このうち漏洩コンダクタンスは気象条件によって大きく変化する。またレール抵抗は気温と周波数に依存する。抵抗が周波数によって変わるのは、周波数が高くなると導体の表面に電流が集まり実質的な導体断面積が減るからである（表皮効果）。

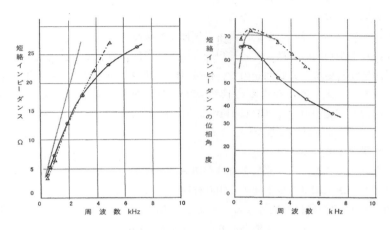

図4-3-1　短絡インピーダンス測定例
（左：絶対値、右：位相）（出典：文献18）

昭和30年1月に東北線久喜と中央線市ヶ谷で1km、0.75kmの軌道回路において受電端を短絡、開放して送電端の電圧、電流を測り短絡インピーダンスと開放インピーダンスを求め、軌道回路定数を算出している。図4-3-1は短絡インピーダンスの大きさと位相である。また図4-3-2はレール抵抗の測定例である。

200Hzから7kHzまでの範囲で測

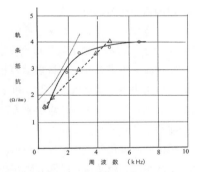

図4-3-2　レール抵抗測定例（出典：文献18）

定しており、実線は久喜での、破線は市ヶ谷でのデータ、点線は廣川氏のデータである。

(2)　ノイズの大きさ、軌道回路の伝送損失特性から必要な送電出力を算定する。

上記箇所においてキロサイクル領域のノイズ電圧を測り、実現可能な電子回路との関係で実際に軌道回路が成り立つかどうかの検討が行われた。

まず、受電端の信号電圧 $E_2$ をノイズより充分大きいレベルに設定する。$E_2$ が決まれば受電端インピーダンスとの関係で受電電力が決まり、次に軌道回路定数から伝送路に生じる伝送損失を計算しこれを割り戻せば、送電端で必要な電力、電圧が決まる。漏洩コンダクタンスが大きいと伝送損失が大きくなるので送電端にはより大きな電力が必要になるが、使用できる増幅器で対応できれば軌道回路は成立することになる。

検討の結果、ノイズの多い直流電車区間を対象にする場合は、
・漏洩が少ない所では、区間長 2km の時は 7kHz に対しても送電端電力は増幅器が対応できる範囲なので、1〜7kHz の間のどの周波数でも大体実現できる。しかし 3km になると 1kHz では可能だが、7kHz だと実現できない。
・漏洩が大きい所では区間長 1km ならば 1〜7kHz で可能だが、2km になると 1kHz でも対応できない。

との結果を得ている[21]。

一方、ノイズ電圧の周波数を避けた領域にキロサイクル波の周波数を設定すれば必要な送電端電力は上記の 1/100 程度で済むことになり、漏洩が大きくても 2km の軌道回路は可能になる。しかしこの場合は、キロサイクル波の周波数と受電端でキロサイクル波を取り出すフィルタ回路の共振周波数が変動しないようにしなければならず、結局 1kHz 付近が適当のように考えられるとしている。

(3) 車内信号への応用

この時点で、トランジスタを使い、真空管式に比し格段に小電力の車上受信装置ができている（地上装置は真空管式）。直流軌道回路に 1,430Hz のキロサイクル電流を重畳させ、進行現示のときは毎分 300 回の断続、注意現示には無変調、停止現示には無電流として車上受信器で受信し増幅してから選別論理を通して三位式信号を車内に現示する試験である。車内に停止信号が現示されると警報器が音を発し、確認スイッチを操作すれば音を停止する。

試験は直流電化の上越線で行われ、キロサイクル波を重畳した試験区間もキロサイクル波を載せない区間も動作が正常であったことが確認されている[22]。

### 4.3.2 昭和 30 年度

キロサイクル軌道回路の減衰特性、短絡感度、妨害波を除去する濾波器など

---

[21] 『キロサイクル交流軌道回路の基礎に関する調査研究報告書』、(社) 信号保安協会、1955 年 3 月、pp.45/46
[22] 同上、p.57

について検討を深めている。そして報告書は保安度について、

> 「……今までの結果はこの方式の将来に対して非常に明るい見通しを与えるものである。なにぶんキロサイクル軌道回路の研究は最近になって具体化したものであるから、なお研究を要する多くの問題が残されている[23]。」

と記しており、昭和31年初ではまだ保安度について十分な確信を得ていないことがわかる。

残されている問題点として、軌道回路の不平衡問題、妨害波の解析、インピーダンスボンド、トランジスタ自体とトランジスタ回路のあり方などを挙げている。

このうちトランジスタ自体とそれを使った回路については、

> 「送受信器にトランジスタを用いる場合には、トランジスタが今なお試作研究の過程にあるものであるから多くの問題が出る。特に大電力用のもの、安定度の大きいもの、価格の安いもの、高温に耐えるもの等、本方式の要求に適合したトランジスタを試作研究する必要がある。
> ……トランジスタを用いる場合には、トランジスタ自体の問題の外にトランジスタの回路が問題になる。」

とあり、信号の重要部分にトランジスタ回路を持ち込むには安定性、フェールセーフの観点から十分な検討が必要との認識である。

そして報告書は、

> 「以上の個々の問題を研究したうえで、最後に問題になるのがこれらの綜合特性である。特に軌道回路を構成した上での温度や湿度の変動に対する安定度について充分に調査研究し、更に機器の個々の寿命が軌道回路の保守に及ぼす影響等について調査研究しなればならない。」

と結んでいる[24]。

エレクトロニクス機器は通常は室内や車内などで使われている。これを温度変化、湿度変化の激しい線路わきで長期にわたり使えるかどうかは未経験の事柄であった。特にトランジスタには温度が上がると素子の破壊に至る熱暴走現象があるため、耐環境性に不安があったのであろう。

---

[23] 『キロサイクル軌道回路調査研究報告書』、(社)信号保安協会、1956年3月、p.115
[24] 同上、p.118

### 4.3.3 昭和31年度

**(1) 交流区間用キロサイクル軌道回路の試作**

交流電化区間に用いるキロサイクル軌道回路について減衰特性、妨害電圧特性等について詳細な検討を行い、妨害波対策としてAM変調式（振幅変調式）、パルス変調式について機器の試作試験を行っている。いずれも良好な結果を得ているが、特にAM変調方式については北陸線で実用化し得る段階に至り、具体的な機器仕様を決めている。

（ⅰ）AM変調方式

妨害高調波は特別の場合を除いて電源周波数の奇数次のみからなるから、信号搬送波の周波数は妨害電圧の偶数次の高調波のひとつに一致させることが望ましい[25]。そこで仙山線の試験では搬送波に700Hz（50Hzの第14次）と900Hz（第18次）を用いて好結果を得ており、北陸線に対しては720Hz（60Hzの第12次）と960Hz（第16次）を選定し、変調波は20Hzとしている。

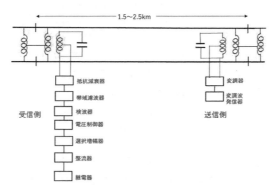

図4-3-3　実現したキロサイクル軌道回路の機器構成
（出典：文献25）

軌道回路構成は図4-3-3のようにしており、搬送波が720Hzの場合、AM変調によって軌道回路には700Hz（下側帯波）、720Hz（搬送波）、740Hz（上側帯波）が流れる。受電端でこれらを検波して変調波の20Hzを取り出して整流し継電器を動作させる仕組みである。

送受信器が故障したときのことについては、

「機器の故障によって危険側の誤動作をすることは絶対に避けなければな

---

[25] 『キロサイクル軌道回路調査研究報告書』、（社）信号保安協会、1957年1月、p.47

## 4.3 キロサイクル軌道回路（可聴周波と電子回路への挑戦）

らない。

　送信器側の故障は安全側であるので問題ないが受信器側が問題になる。しかし、受信器は電圧制御器と 20c/s の選択増幅器が完全ならば、その他の故障は安全側である。

　電圧制御器が故障しても出力電圧は真空管の飽和によって自然に制限されるから、選択増幅器の故障だけが問題になる。そこで回路の設計に当たっては次の諸点に注意した。

　第一に回路部品の故障によって 20c/s の発振を起さないこと、第二に部品の故障によって選択性を失うときは同時に利得が減少するようにすること、第三に部品の故障によって利得が増大しないようにする。」

とフェールセーフ設計の考え方を記している[26]。

　これに関連して、河辺とともにキロサイクル軌道回路の開発にあたった板倉は、

　「フェールセーフは鉄則ですからね。この部品が故障しても安全が保たれるかと言う試行錯誤を漏れなくやるわけです。電子回路は部品数が多いだけに作業が大変でしたが、やってみると多重故障の場合が問題でした。そこで1個でも部品が故障したら必ず軌道リレーが落下するように回路を構成し直しました。故障モードが明らかにされていない電子部品については、メーカーに問い合わせましたが、積極的に協力してくれました。」

と当時の様子を述べている[27]。

　（ⅱ）パルス変調方式

　フランス国鉄が実用化したパルス変調方式のキロサイクル軌道回路（1,000Hz のキロサイクル波を 13ms 送信、37ms 停止を繰り返すパルス変調方式）がフランスの鉄道雑誌に掲載され（昭和30年9月）、河辺はそれを参考にして1秒間に15パルスの送受信器を試作し試験をしている[28]。

　フランスが現地試験を始めたのが昭和28（1953）年11月であるので、日本の調査団はこれを見たのであろう（p.118 参照）。

---

[26] 『キロサイクル軌道回路調査研究報告書』、(社)信号保安協会、1957年1月、p.53
[27] 佐々木敏明編『鉄道信号の技術はこうして生まれた』、(社)日本鉄道電気技術協会、平成21年、P15
[28] 『キロサイクル軌道回路調査研究報告書』、(社)信号保安協会、1957年1月、p.72、p.64

(2) 車内警報装置への応用 [29]

　昭和29年度に続き、直流電化区間の商用周波軌道回路にキロサイクル波を重畳させた車内警報装置の研究を進めている。

　重畳するキロサイクル波は1,300Hzで、AM変調方式の場合は変調波を20Hz、35Hzとし、パルス変調の場合は毎秒11パルスと48パルスとして車内に進行、注意、停止の3現示を表示し、所要の警報を発する機能である。車上装置には真空管式とトランジスタ式が試作され、湘南電車とEH10型機関車に取り付け、昭和32年2月から3月にかけて平塚-茅ヶ崎間、浜松-高塚間においてに受信感度、耐雑音性、隣接軌道回路への影響などについて確認試験が行われ良好な結果を得ている。

　トランジスタについては耐振性、消費電力、装置の小型化などで車上機器としては非常に利点が多いが、温度特性に不安があるので実用には時期尚早であるとして見送られている。

　河辺はこの車内警報装置について

　　「故障時にも継電器が誤って扛上 (註) することのないよう充分の検討を加えた。」

と、電子回路のフェールセーフ設計に触れている。そして

　　「これはもともと交流電化区間用のキロサイクル軌道回路から発展させたものであるから、原理的には交流区間へも用いることができるはずであり、この点についても目下研究中である。また将来は車内信号から自動列車制御まで発展させる予定で、その研究にも既に着手した。」

と言っている [30]。

　結局キロサイクル軌道回路を使った車内警報装置はAM変調方式が実用化され、3年後の昭和35年3月東京-姫路間で使用開始となっている。

　　（註）　扛上（こうじょう）は継電器のコイルに電流が流れ、発生した電磁力によって接点のある板ばねが上がり回路が構成されること。扛上の反対は落下。

---

[29] 須山米次郎「A型車内警報装置について」、『信号保安』第12巻6号、（社）信号保安協会、昭和32年6月
　　河辺一「直流電化区間に用いるキロサイクル車内警報」、『信号保安』第13巻第1号、（社）信号保安協会、昭和33年1月

[30] 河辺一「直流区間に用いるキロサイクル車内警報」、『信号保安』第13巻第1号、（社）信号保安協会、昭和33年1月、p.19

### 4.3 キロサイクル軌道回路（可聴周波と電子回路への挑戦）

以上のような経過を経て最初にキロサイクル軌道回路が実現したのは、北陸本線田村－敦賀間の交流電化開業（昭和32年10月開業）の2か月前、昭和32年8月であった[31]。

その後、昭和33年8月に行われた座談会で河辺がキロサイクル軌道回路の開発経緯を振り返っている[32]。

そのなかで氏は、

> 「……あの2本の軌条に思い切って高い可聴周波の電流を流して軌道回路を構成してみたらどうなるだろうか、もちろん周波数を高くすれば回路の減衰は多くなるが真空管またはトランジスタを使えば増幅は自由である。」

と研究を始めた動機を述べている。

高い周波数を軌道回路に流すことができれば、その周波数にいくつもの信号を乗せることができ、従来の軌道回路の機能を抜本的に変えることができるはずだと考えたのである。

前述したように、戦争で通信線が使えなくなった場合に備えレールを通信回線に使えないかとの発想から、高周波を軌条に流した場合の回路特性を測定したデータがあり[33]、河辺はそれを参考にして研究を始めている。

そして昭和28年には、他の研究室から測定機器を借りて非電化区間、電化区間の代表的なところを選び、軌道回路定数やレール間にかかる妨害電圧を測定し、1kHzで送電端の軌条間に2V程度の送電電圧を与えることができるならば、軌道回路の長さを3kmくらいまで延長できるという結果を得ている。

そのころはまだ交流電化は考えられていなかったようだが、昭和29～30年頃から交流電化の問題が起こり、その場合、動力に使う商用周波数の電流がレールに流れるので従来の交流軌道回路が使えなくなる。しかし、当時は河辺グループの研究は未完成なので、本社の方針は交流電化に対しては直流または83.3$H_Z$軌道回路を使う方針であり、河辺らは研究費も十分に貰えなかったようである。

氏はその様子を

> 「……29年末フランスから来た雑誌で、交流電化区間にキロサイクルの軌道回路を使って良い成績を挙げていることを知り、大いに刺激もされ、フランスに遅れをとってはならぬと気は焦るのですが、何しろ予算がない

---

[31] 『鉄道信号発達史』、（社）信号保安協会、1980年、p.285
[32] 座談会「信号技術の革新をめざす」、『信号保安』第13巻第11号、（社）信号保安協会、1958年11月、p.25
[33] 廣川愿二、鵜飼晋、高橋健策「両軌条回路の可聴周波に於ける電気的特性の研究」、『鉄道業務研究資料』第3巻第1号、昭和19年

のでまとまった仕事は何もできない。
　……その頃ちょうど渡仏した交流電化の技術調査団が帰国して、フランスでキロサイクル軌道回路を実際に見てきたものだから、我々の研究を信頼してくれ大いにやれと言うことになり、予算も交流コードに引き継がれ30年後半にはキロサイクル軌道回路の研究として大いに盛り返し、非電化区間、直流電化区間の外に交流電化区間を加えて、特に交流電化区間における妨害電圧を如何に防ぐかの問題に研究を集中した。」

と記している[34]。
　研究が進み、第1回のトランジスタを使った試作品の試験が昭和30年12月に仙山線で行われたが、妨害電圧を防ぎきれず試験は失敗している。
　そして、氏はその後の経過を

「その年度内（3月）に第2回の試作品を試作したが、これは何とか良く動作した。次の交流電化予定は北陸線で31年度中には試作品を完成しなければならない。せめて4～5年先のことならトランジスタも使えるが、今すぐでは自信がないので北陸線には真空管を使うことに踏み切って、送信および受信装置の設計に取りかかった。
　……回路も安全第一の方法で、大同の外に京三、日信[35]にも試作品をつくってもらい、これらの試作品を32年2月の北陸線に持ってきて、虎姫・高月間で試験したのです。」

と述べている。
　これらから、キロサイクル軌道回路の研究は、例えば交流電化区間に使うなどの特定のニーズを受けて始まったのではなく、低電圧で動作するトランジスタを使い、レールを単なる列車検知でなく多様な情報を車上に送る情報伝送路にしようと考えて始めたことがわかる。
　また板倉は、

「……環境の悪い地上において、列車検知という重要な部位に用いる電子回路をフェールセーフに設計する努力は一つの挑戦であったと言えよう。発展期にあったトランジスタの使用をためらって既に実績があった真空管を用い、それすらも送信管と通信用高信頼管に限定して特性の良いものを

---

[34]　座談会「信号技術の革新をめざす」、『信号保安』第13巻第11号、（社）信号保安協会、1958年11月、p.25
[35]　大同信号、京三製作所、日本信号は信号機器メーカー

一品ずつ厳選して慎重を期した。

　……信号波が無い時に妨害によって軌道リレーが誤動作することを防ぐための対策として、フェールセーフの観点から周到に検討された。例えば、20Hzによって振幅変調した信号を送信してその包絡線の20Hzを選択すること、たとえレール破断などの異常時に大きな妨害電圧が加わっても選択増幅器を通過しないように、検波回路の後に振幅制限回路を設けたこと、不規則な雑音によって軌道リレーが動作しないように若干の緩動性を付したことなど、多くの安全性技術が盛り込まれた。」

と記している[36]。

鉄道信号技術者で後に国鉄電気局長、常務理事を務めた坪内享嗣[37]も、

「キロサイクル軌道回路の実用化は信号にとって一つの革命と言っても過言ではないと思う。」

とキロサイクル軌道回路の意義を述べている[38]。

以上キロサイクル軌道回路の開発経緯をたどってみると、北陸線交流電化でのキロサイクル軌道回路の実用、キロサイクル軌道回路を使った車内警報装置の開発を経て、昭和31年度末には河辺が目標とした自動列車制御の一歩手前まで来ていたことがわかる。そして第6章で述べるように、昭和32年初めに鉄道技術研究所に篠原武司所長が着任し新幹線構想が浮かび上がることになる。

---

[36] 『鉄道信号発達史』、(社) 信号保安協会、1980年、pp.282/283
[37] 坪内享嗣：昭和26年国鉄、当時国鉄電気局信号課、後電気局長、常務理事
[38] 坪内享嗣「交流電化区間用キロサイクル軌道回路」、『信号保安』第12巻7号、(社) 信号保安協会、1957年7月

# 第5章　集　　電

　昭和30 (1955) 年3月28日、フランス国鉄の電気機関車は客車3両を牽引し時速326kmを記録し、翌29日には331kmの記録を達成した。
「Rail 300: The World High Speed Train Race」[1] は、

　　「……昼過ぎ (28日) CC7107機関車 (6軸) は300km/hの壁を突破する劇的な速度でイシュー駅を走り抜けた。パンタグラフすり板は溶解して赤熱した金属片となって飛び散り、線路沿いの松の木が燃えるというような走行であった。しかしその日はフランス国鉄は達成した速度を公表しなかった。
　　次の日はBB機関車 (4軸の) の出番であった。一層劇的な走行で、機関車はつむじ風のように走り去り、そしてまたもやパンタグラフすり板は紫色のアークを発して飛び散った。
　　……走行後フランス国鉄はBB、CCの両機関車ともに驚異的な331km/hを達成したと発表した。」

と当日のすさまじい走行ぶりを伝え、そして

　　「……ようやく1981年になってBB機関車の驚くべき記録は大惨事と紙一重であったことが公表された。走行中に危険な蛇行動が発生し、レールに非常に大きな横方向の力が働いたため、レールは蛇のように曲がり、どの列車も脱線してしまうほどの大きな通り狂いができていたのであった。(著者訳)」

と、この走行が脱線の一歩手前だったことを伝えている。
　また、新幹線パンタグラフのすり板の開発を担当し、後に電車線

図 5-0-1　疾走する試験列車
　　　（写真提供：SNCF）

---

[1] Murray Hughes「Rail 300: The World High Speed Train Race」pp11/12, David & Charles, Newton Abbot, 1988

研究室長を務めた岩瀬勝[2]は著書の中でこの記録走行の集電について、

> 「記録によると電気機関車の2個のパンタのうち、前パンタは下げ、後のパンタのみを上昇してスタートし、途中でアーク放電の為にパンタが（試験担当者が予期した通りに）赤熱変形して破壊する寸前に前パンタを上げ後パンタを降下して更に加速を続けた。331km/h 達成時には前パンタも破壊してしまった。なにしろ直流 1500V、4500amp 程度の集電で 25％程度の離線アーク発生であったから無理もなかった。」

図 5-0-2　走行後の軌道狂い
（写真提供：「La Vie du Rail」）

と記している[3]。

　これらの記述は、列車高速化の技術的な壁が車両の蛇行動と集電であったこと、そして危険な蛇行動は 3 軸ボギー台車の CC 型機関車では発生せず、2 軸ボギー台車の BB 型機関車で発生したことを伝えている。

　台車蛇行動の研究経緯についてはすでに述べたので、以下にもうひとつの障壁であった集電系の研究経過をたどることにする。

　集電系についてはパンタグラフが語られることが時どきあるが、架線とパンタグラフは相互に密接な関係にあるので片方のみ語ることは集電性能の観点ではあまり意味がない。レール振動の伝播速度は列車速度より相当高いため軌道と車両は独立性が高く、例えば台車の車軸間隔（軸距）や車両長あるいは連結車両数が変わっても走行自体には問題はない（軸距は蛇行動に影響するがそれは軌道との関係からではなく蛇行動メカニズム自体の問題である）。

　しかし、架線振動の伝播速度はレール振動のそれより相当低いことから、集電系ではパンタグラフと架線の相互影響度が大きくなり、パンタグラフ間隔やパンタグラフ数が集電の質に影響する。速度が上がると単独パンタグラフであっても、支持点などで反射してくる架線振動の影響を受けるようになる。

　このような集電系の本質的な問題は電車が低速のうちは問題にならないが、高速になると急に顕在化し離線（パンタグラフがトロリ線から離れること）が

---

[2] 岩瀬勝：昭和 20 年運輸省、当時鉄道技術研究所主任研究員、新幹線のパンタグラフすり板の開発を担当。後電車線研究室長、日本工業大学教授
[3] 岩瀬勝『集電技術ア・ラ・カルト』、（財）研友社、平成 10 年、p.114

増えてきて激しいスパークを発し、時にはパンタグラフすり板の溶断に至る。フランスの上記速度記録時の様子はこのことを端的に物語っている。

## 5.1 集電研究委員会の発足

集電系の研究が本格的に始まったのは、昭和27年に（社）鉄道電化協会に集電研究委員会ができてからと見てよいだろう。この委員会の活動をまとめた報告書の緒言には、

> 「近時交通機関はますますその速度向上が要望され、かつ輸送力の増強が必要となっている。加うるに鉄道電化は急速に拡張されている。」

と鉄道電化が急速に進んでいた当時の状況に触れ、続いて架線・パンタグラフ系が内包している種々の問題を挙げてから、

> 「これらの現象は電化設備の拡充に先立って解明されなければならない事柄であって、もしこの問題をこのままに放置しておくときは集電の問題のために速度向上が制限せられるおそれがないとは言い難い。鉄道電化協会長小宮次郎氏はこれ等の問題が近い将来必ずや大きく浮かび上がってくることを察知して組織的研究の必要を提唱し関係当局及び斯界の賛同を得て昭和27年9月委員会の設定を見た次第である。
> 　……委員会の運営については最も基本的な事柄を調べるための測定器を開発することを目標とした。即ち第1専門委員会では架線とパンタグラフの運動を正確に測定できる振動計について、第2専門委員会では架線とパンタグラフ間のスパーク及び電気特性を測定できる装置について研究を進めることとなった。」

と記されている[4]。

2つの専門委員会で審議された測定機器は試作され、現車試験で性能を確認した後、昭和29年4月にできた第3専門委員会でさらに改良研究が行われている。

測定機器の開発に続いて、昭和29年度は集電系の力学的研究を行う第4専門委員会、集電容量の研究を行う第5専門委員会が発足している。

---

[4] 『電車線集電の研究 (1)』、（社）鉄道電化協会、1955年3月、pp.1/2

## 5.1 集電研究委員会の発足

第4専門委員会の報告書は冒頭で、

「東海道本線における最高速度の引き上げが計画されるに及んで集電の問題が大きく浮かび上がってきた。従来も架線方式の改良に際しては強風、風圧による偏位、保守等必要な試験が行われてきた。しかし集電（異常なく電力を取り入れられるかどうか）に関しては必ずしも充分考慮されていたとはいえない。」

と述べている。すなわち設備維持の観点での考慮は払われてきたが、いわゆる集電の質、集電性能の観点ではあまり考えられてこなかったということである。報告書は続いて、

「近年行われた数次の所謂高速度化試験においては或る列車速度を超えるとパンタグラフとトロリ線との接触状態は急激に悪くなることが認められたのである。
　……全委員の協力によって内外の文献を蒐集することとした。集まったものは数量としては多くない。これらの中パンタグラフの運動については比較的解析的なものが多く見られたが、架線の運動については試験的なものが多く、一般的にはあまり進められていないようである。」

と記しており[5]、架線振動についての研究は世界的にもほとんど進んでいなかったことがわかる。

この記述は昭和30年3月のものであるから、フランス国鉄が速度記録を出した試験でも、高速になると集電が困難になることはわかっていたがどうすればいいかはわかっていなかったのであろう。事実集電委員会に提出された当該試験に関する資料[6]にも、電力供給面での設備強化は記されているが、架線系についての改修は記されていない（この場合必要なのは架線の張力向上）。

各委員会の委員長は、本委員会は服部定一（運輸省運輸技術研究所）、第1と第4専門委員会は広川愿二（国鉄鉄道技術研究所）、第2と第5専門委員会は宗宮知行（慶應義塾大学）、第3専門委員会は東善男（鉄道技術研究所）が当たり、委員には産学界から錚々たる学識経験者が名を連ねている。各委員会の共通幹事には後に電車線研究室長を務めヘビーコンパウンド架線[7]の実現を

---

[5] 『電車線集電の研究 (1)』、（社）日本鉄道電化協会、昭和30年3月、p.45
[6] 「フランス国鉄331km/h運転」、集電委員会資料
[7] 東海道新幹線の架線は合成コンパウンド架線で開業したが、昭和47年に山陽新幹線岡山開業時点でヘビーコンパウンド架線に変更された（第10章参照）。

牽引した有本弘（鉄道技術研究所）が当たり、第2・第5委員会の幹事には後に新幹線パンタグラフすり板の開発を担当した岩瀬勝（鉄道技術研究所）が当たっている。

また、高速集電系の基礎理論となった論文[8]を発表した藤井澄二[9]が第4専門委員会の委員に入っている。

島秀雄が主導した高速台車振動研究会が車両の振動防止に多くの成果を上げたと同じように、集電技術は小宮次郎が立ち上げた集電研究委員会によって前進することとなったのである。

## 5.2　測定装置の開発

集電系研究の特徴は、高電圧がかかっているため測定が難しいことである。

既存の測定機器で使えるものはほとんどなく、集電研究委員会も測定器を作ることから始めている。

各委員からのアイディアを絞り込み、試作に至ったものは昭和28年3月と12月に新宿－中野間で試験列車を走らせ機能を確認している[10]。

図5-2-1左は開発された架線の変位測定センサーである[11]。

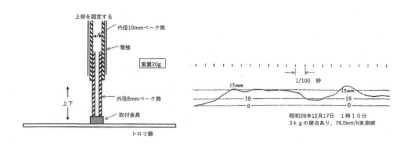

**図 5-2-1**　トロリ線変位センサーと測定結果
（出典：文献5）

ベークライト内筒が上下すれば、外筒に貼った電極間の電気容量が変化する。

---

[8]　藤井澄二『架線パンタグラフ系の限界速度の考察』、「集電第4専門委員会資料」No.47、昭和30年9月；巻末資料2参照

[9]　藤井澄二：当時東京大学助教授、後教授、工学部長、日本機械学会会長、日本ロボット学会会長、富山県立大学学長

[10]　有本弘『こだまからひかりへ』、大阪電業（株）、昭和51年、p.15

[11]　斎藤健一委員（東京工業大学）の考案による。

この容量変化を上下変位量として読み取るものであり、全体が約20グラムと軽量なので架線の運動に影響しない（従前のものは約1kgあり、トロリ線の自由な運動を測定するには重すぎた）。図右はこれを使って測定された架線の上下振動データの例である。

　離線は測定用パンタグラフから10mA程度を集電し、その断続を離着線としている（この程度の電流なら離線してもアークを引かない）。

　パンタグラフの振動測定のために、まず加速度センサーが試作されている[12]。図5-2-2左に示す構造で、重錘と外箱間の変位が加速度として計測される仕組みである。同図右の箇所で測定され図5-2-3のような結果を得ている。

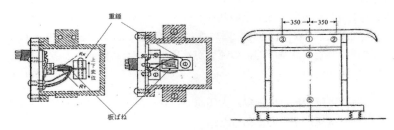

図5-2-2　加速度センサーの製作とパンタグラフへの取付け
（出典：文献5）

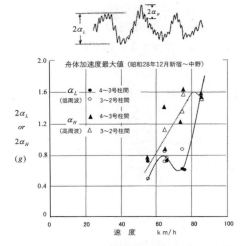

図5-2-3　パンタグラフ加速度データ（出典：文献5）

---

[12] 戸原春彦委員（鉄道技術研究所）の考案による。

加速度センサーを開発した戸原春彦は初めて測定された舟体加速度の波形について、40〜50Hzの高周波成分（図の$\alpha_H$）は集電舟の曲げ振動によるもので、低周波成分（図の$\alpha_L$）は集電舟の一体運動によるものであると判断している[13]。

この他にトロリ線とパンタグラフすり板間の接触力測定器も4種類試作されているが、信頼できる状態には達していない。

上述のように、試作した測定器の試験は終電が終わってから中野〜新宿間で試験列車を走らせて行われている。測定器の開発のためだけに試験列車を仕立てるのは余程のことであるが、翌年（昭和29）3月に予定されていた試験（三島－沼津間）のためには測定器の完成がぜひとも必要な状況だったのであろう。上記のようにとりあえず集電系の基本データ（離線、架線上下振動、パンタグラフ振動加速度）が取得できる段階に達し、関係者は安堵したことと思われる。

集電関係の測定は高電圧部位の運動が対象であるため困難がつきまとう。有本は当時の測定作業の様子を、

> 「当時は電気測定では絶縁が大問題であり、活線測定（測定器と人間は加圧された状態）が中心であった。」

と記している[14]。

パンタグラフから1,500Vがかかった耐圧性の測定ケーブルを車内に引き込み、測定器と人間は絶縁碍子上の測定床に乗り、場合によっては絶縁防護具を着用しての測定作業だったと思われる。想像するだけでも危険な環境で、今では到底許されないことである(註)。

>（註）　直流電化区間でも活線測定は危険であるのに、後述する新幹線の鴨宮試験線では特別高圧[15]の25,000Vに対して活線測定が行われていたというから驚きである[16]。
> その後、架線の振動測定は架線に取り付けた標的の動きを地上から光学的に測定する方法に変わり、パンタグラフ部位の種々の測定は昭和43年頃からは無線テレメータによる方法に変わっていった。

---

[13] 『電車線集電の研究（1）』、（社）日本鉄道電化協会、昭和30年3月、p.21
[14] 有本弘『こだまからひかりへ』、大阪電業（株）、昭和51年、p.15
[15] 低圧：600V以下、高圧：600V超〜7,000V以下、特別高圧：7,000V超
[16] 下前哲夫、眞鍋克士、網干光雄『新幹線の連続アークはどのようにして解消されたか』、（社）日本鉄道電化協会、2008年、p.12

## 5.3 三島－沼津間 120km/h 速度向上試験

集電研究委員会の資料[17]は、

> 「直線部の最高制限速度は、旅客列車に対しては現在 95km/h でこれは約 30 年前大正 13 年に制定されたものである。今次戦後の車両ならびに線路の復旧、整備に鑑み、少なくとも一流線路に於いては 95km/h 以上の速度を出し得るものと考えられる。
> ……もし直線部で最高 120km/h まで出し、曲線部および分岐器の制限速度を相当に向上することができれば東京～大阪間を 5 時間半～6 時間に短縮することになり、同一車両で 1 日 1 往復の運転が可能となる。このような画期的なサービス改善を実現することは独り鉄道関係者だけでなく、社会的にも切実な要望であって是非とも解決しなければならない問題である。」

と記している。

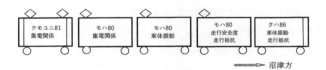

図 5-3-1　試験列車編成（出典：文献 19）

東海道線の電化工事が着々と進むなか[18]、同線の最高運転速度の引き上げを念頭に、湘南形電車と電気機関車 EF53 を使って 120km/h までの速度に対する車両、軌道、集電系について次のような要領でデータを収集することとなった。

（ⅰ）　試験期日　昭和 29 年 3 月 8～15 日
（ⅱ）　場　　所　東海道下り本線　三島－沼津間
（ⅲ）　試験編成　図 5-3-1 及び EL55 牽引の試験編成
（ⅳ）　速　　度　直線区間：40～120km/h

---

17　『高速列車の集電状態に関する試験報告』、「集電第 4 専門委員会資料」、（社）鉄道電化協会、昭和 29 年 11 月
18　東海道線の電化は大正 14 年に東京・国府津が完成、昭和 12 年時点では東京・沼津、京都・神戸が完成していた。その後は中断していたが戦後 24 年から工事再開となり、昭和 29 年時点では稲沢・京都を残すのみとなっていた。昭和 31 年 11 月 19 日、全線電化完成。

曲線区間：40～80km/h
(ⅴ) 集 電 系　シンプルカテナリ架線（吊架線1本、トロリ線1本）
　　　　　　　＋PS13型パンタグラフ

有本は著書のなかで、

> 「集電に関する研究はまだ始まったばかりで、速度向上によって何が起こるかがよく分かっていなかった」

と当時の状況を述べている[19]。

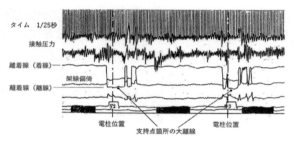

図 5-3-2　径間周期の大離線（出典：文献17）

図5-3-2は120km/h時の離線測定記録である。

支持点ごとに径間の1/4（約12m）に及ぶ大離線が発生している。したがって、電車は大きなアークを発しながら走り、パンタグラフすり板は相当の溶損を受けたものと思われる。試験であっても今ではこのような走行は許されないだろう。

図5-3-3は速度に対する架線の最大押上量である。同じ速度でも場所によって随分違っているが、報告書ではその理由についての分析は行われていない。

図5-3-4はパンタグラフ舟体の加速度である。加速度波形には、舟体の固有振動数である45～50Hzと舟体の剛体振動である低周波振動が重畳している（図5-2-3参照）。

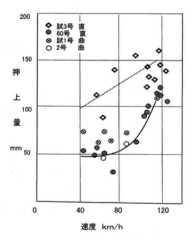

図 5-3-3　速度－架線押上がり量
（出典：文献17）

---

[19]　有本弘『こだまからひかりへ』、大阪電業（株）、昭和51年、p.16

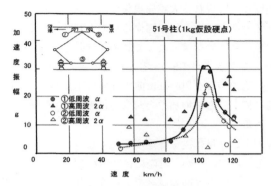

図 5-3-4　速度−パンタグラフ舟体振動加速度
（出典：文献 17）

加速度センサーの開発者である戸原は、

「低周波振動の加速度は110km/h付近で最大となりそれ以上では減少傾向を示していることは興味があるがその原因は明らかではない。これに対して高周波成分の加速度は大体において速度とともに漸増の傾向を示している。また低周波加速度については約1g（gは重力加速度）を境として、それ以上では離線している模様である。」

と述べている[20]。

車両振動に関しては松平の理論解析が進んでいたので走行試験データに対して的確な解釈がされているが、集電系は有本が言っているように「研究はまだ始まったばかりで、速度向上によって何が起こるかがよく分かっていなかった」のである。

報告書は試験結果を、

（ⅰ）　高速列車の集電状態は今回の試験条件では低速列車の場合の延長ではなく、ある臨界速度を超えると急に悪化し、その速度は90km/hであった（図 5-3-5）。

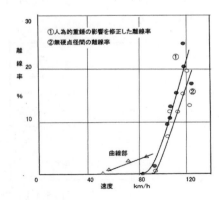

図 5-3-5　速度−離線率（出典：文献 17）

---

[20] 『電車線集電の研究 (1)』、(社) 日本鉄道電化協会、昭和 30 年、p.21

（ⅱ）臨界速度以上で現れる大離線現象は、パンタグラフが電車線支持点間の波に追随できないことに原因するものと判断される。
　　　この現象は今回の試験によって初めて確認された事柄である。
（ⅲ）供試パンタグラフはPS-13型で特性の良くないものであるから、特性の良い他の型式を用いれば臨界速度は上がるものと考えられる。また暫定的に押上圧力を増加させれば他に弊害はあるが集電特性はよくなるはずである。
（ⅳ）電車線押上がり量は従来は速度が高くなってもあまり増加しないだろうと考えられていたが、実際には速度のほぼ2乗に比例して増大するようである。これも今回の試験で広い速度範囲にわたり測定して初めて得られた事柄である（図5-3-3）。

と記している。

集電系に関する測定は昭和23年にも行われているが[21]、新たに開発された測定器による今回のデータは高速集電系開発の出発点となるものであった。

以上のように貴重な知見を得て、次は架線方式によってどう違うのかの試験が行われることとなった。

## 5.4　架線方式比較試験

集電系に離線が始まる臨界速度があること及び架線押上がり量が速度に連れて増大することがわかったことを踏まえ、東海道線の架線改良の方針を決めるため昭和30年8月から31年2月にかけて4種類の架線の特性を見定める試験が行われている。

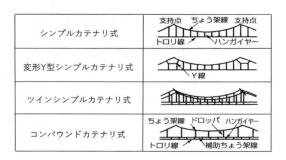

図5-4-1　架線方式4種

---

[21] 乙部實『三島沼津間に於ける架空電車線方式試験の成績概報』、「交通技術」第27号、1948年10月

(ア) 架線:4種類(図5-4-1)
 ・シンプル架線(吊架線、トロリ線各1本)
 ・変形Y型架線(シンプル架線の支持点付近のみ吊架線が2本)
 ・ツインシンプル架線(シンプル架線を2組並べたもの)
 ・コンパウンド架線(吊架線、補助吊架線、トロリ線各1本)
(イ) パンタグラフ:クモユニ81に搭載のPS-13(2台)
(ウ) 車両 クモユニ81 1両、速度 60、90、120km/h

有本は前出の著書で、

「シンプルは共振点に近づいて離線が急増し、また押上量も増え、100km/h以上では使用困難であり、変Y(変形Y型架線)はこれより15〜20km/h上昇が可能である。コンパウンドとツインは120km/hにおいても大きな支障はなく、ことにツインシンプルは全く異常が現れていない。」

と述べている(図5-4-2)。

しかし、この時点ではなぜこうなるのかの論理的な説明はされていない。

東海道線の架線は昔に電化した区間、戦後一寸刻みに電化した区間、ヤード式からメートル式に改良した50m径間区間、張力強化した60m径間区間と入り乱れていたが、この試験結果を踏まえて改良方針が決められ昭和33年11月の電車特急「こだま」へとつながっていく。

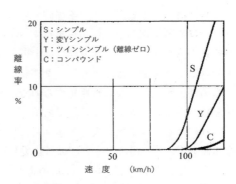

図5-4-2 架線方式と離線率(出典:文献19)

「こだま」の当初の計画は最高速度120km/hで東京-大阪間6時間30分を目指していた。しかし、上記のような試験結果からそれには多額の設備改修費を要することとなったため(電車線路改修3.3億円、軌道強化4.7億円)、目標速度を110km/hに下げて経費を縮小し(電車線路改修1.9億円、軌道強化1億円)、東京-大阪間6時間50分の計画となった[22]。

小宮次郎の危惧は当たり、集電系が速度向上のネックのひとつになってしまったのである。

---

[22] 吉村寛『ビジネス特急運転と地上設備』、「電気鉄道」第12巻第9号、(社)鉄道電化協会、昭和33年9月

## 5.5 新しい集電理論

シンプル架線では 100km/h を超えると大離線が発生することがわかったため、第4専門委員会ではその原因を突き止め対策を講じる取組みが始められた。

速度向上試験の結果は再掲すると、

(ⅰ) 臨界速度以上で現れる大離線現象は、パンタグラフが電車線支持点間の波に追随できないことに原因するものと判断される。

(ⅱ) 供試パンタグラフは PS-13 型で特性の良くないものであるから[23]、特性の良い他の型式を用いれば臨界速度は上がるものと考えられる。また暫定的に押上圧力を増加させれば他に弊害はあるが集電特性はよくなるはずである。

であった。

これは離線発生原因に対する当時の考え方を表している。すなわち、パンタグラフは架線を押し上げながら走行するが、架線は支持点と支持点中間では上がる量が違うから、パンタグラフは上下しながら走行することになる。速度が上がれば上下運動も速くなりパンタグラフの慣性力も大きくなる。押上げ力よりも慣性力が大きくなれば離線するので、パンタグラフの押上げ力を強くすれば離線しがたくなるという論理である。

これに対し、後に東京大学工学部長、日本機械学会会長などを務めることになる藤井澄二[24]（当時第4専門委員会委員）は架線とパンタグラフをひとつの振動系として捉え、図5.5-1（C）のように大幅に簡素化したモデルによってその基本的な振動特性を明らかにしようとした。すなわち、(B) のように架

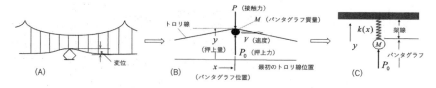

図 5-5-1　架線パンタグラフ系のモデル化

---

[23] PS13 型は、トロリ線に接触する部分に換算した等価質量が 35kg と大きく動きにくい。ちなみに、新幹線開業時の PS200 型パンタグラフの等価質量は 12.7kg であった。

[24] 藤井澄二：当時東京大学助教授。後教授、工学部長、日本機械学会会長、日本ロボット学会会長、富山県立大学学長

線を質量のない張力のかかった弦とし、パンタグラフを質量 $M$ と押上げ力 $P_0$ で表し、(C) のように架線は場所によって強さが変化するばね $k(x)$ としたのである。

有本は著書のなかでこの理論解析[25]について、

「昭和30年9月、第4専門委員会において藤井澄二委員は基本的な解法を発表された。これは集電現象の理論解析のはしりとも言うべきもので、現在（昭和51年）までにわが国はもとより、諸外国の文献にも最も多く引用されている手法である。省略が大きくて定量解析、即ち設計数値として使うような利用はできないが、定性的に全貌を眺めるには真に分かりやすいものである。」

と述べている。

解析の手順は、

(i) 1径間内の架線ばね定数の変化の形を正弦波とし、これを

$$k(x) = K\left(1 - \varepsilon \cos\frac{2\pi}{S}x\right)$$
$$f(x) = 1/k(x) \tag{5.5.1}$$

ただし、$K$：ばね定数の平均値
$\varepsilon$：ばね定数の不等率
$S$：径間長

とする。

(ii) 架線とパンタグラフを一体化し系の運動方程式をたてる。

架線の押上がり量 $y$ と接触力 $P$、$f(x)$ の関係は、

$$y = P \cdot f(x) \tag{5.5.2}$$

一方、パンタグラフには質量 $M$ があるので、その慣性力、トロリ線間の接触力 $P$、押上げ力 $P_0$ の関係は

$$M\frac{d^2y}{dt^2} = P_0 - P$$

であり、これを列車速度 $V$ を使って表すと、$x = Vt$ であるから

---

[25] 藤井澄二『架線パンタグラフ系の限界速度の考察』、「集電第4専門委員会資料」No.47、昭和30年9月、巻末資料2参照

$$MV^2 \frac{d^2y}{dx^2} = P_0 - P 、 すなわち P = P_0 - MV^2 \frac{d^2y}{dx^2} \tag{5.5.3}$$

(5.5.3) を (5.5.2) に入れると

$$y = \left(P_0 - MV^2 \frac{d^2y}{dx^2}\right) f(x) 、 すなわち MV^2 \frac{d^2y}{dx^2} + \frac{y}{f(x)} = P_0$$

(5.5.1) を使って書き直すと

$$MV^2 \frac{d^2y}{dx^2} + K\left(1 - \varepsilon \cos \frac{2\pi}{S} x\right) y = P_0 \tag{5.5.4}$$

を得る。

（iii） (5.5.4) 式を解いて $y$（パンタグラフの上下動軌跡）を求める。
である。

(5.5.4)式の解法については資料中の「架線パンタグラフ系の限界速度の考察」を見ていただくとして、結果のみを記せば、架線・パンタグラフ系には次で表される共振速度 $V_c$ と離線開始速度 $V_r$ が存在することが明らかになった。

$$V_c = \sqrt{1 - \frac{1}{2}\varepsilon^2} \cdot \frac{S}{2\pi} \sqrt{\frac{K}{M}} 、 V_r = \sqrt{\frac{1 - \varepsilon^2/2}{1 + \varepsilon}} \cdot \frac{S}{2\pi} \sqrt{\frac{K}{M}} \tag{5.5.5}$$

藤井は別に、パンタグラフにダンパを付けたときの効果を明らかにしている。従来の考え方では、パンタグラフの追随性を下げるダンパの装備は論外であったが、架線とパンタグラフを一体の振動系と見る立場からは、共振を抑制するために系にダンピングをもたせようとする考え方は当然である。

ダンピングがある場合は上記 (5.5.4) 式は、ダンピング定数を $\mu$ とすれば、

$$MV^2 \frac{d^2y}{dx^2} + \mu V \frac{dy}{dx} + K\left(1 - \varepsilon \cos \frac{2\pi}{S} x\right) y = P_0 \tag{5.5.6}$$

となる。

以上の解析結果は以下のことを示している。
① $V_c$、$V_r$ を高めるには次が有効である。
　（ⅰ） 架線の平均ばね定数 $K$ を大きくする。
　（ⅱ） ばね定数の不等率 $\varepsilon$ を小さくする。
　（ⅲ） パンタグラフ質量 $M$ を小さくする。

② パンタグラフに適切なダンピングを付加すれば共振を抑制し離線防止に有効である。

　藤井の理論は、架線とパンタグラフを一体の振動系として動力学的に見る時代へと変えたものであり、高速集電への扉を開いた理論であった。

　時期的には山葉ホールでの記念講演会の1年半前である。以降、この理論を指針として高速集電系が実現していくことになる。

# 第2編　鉄道技術研究所50周年記念講演会

# 第 6 章　鉄道技術研究所 50 周年記念講演会

## 6.1　記念講演会まで

　昭和 32 年は鉄道技術研究所の創立 50 周年であり、5 月 15 日に運輸大臣、十河信二国鉄総裁、茅誠司日本学術会議議長はじめ多数の来賓の出席を得て記念式典が催された[1]。

　続いて 2 週間後の 5 月 30 日に、新幹線実現に大きな役割を果たすことになった講演会が銀座山葉ホールで開催された。

　松平は回顧録で[2]、

　　「昭和 32 年 4 月、鉄道技術研究所は創立 50 周年を迎えた。その記念行事の一つとして、同年 5 月 30 日に銀座の山葉ホールにおいて「東京―大阪間 3 時間への可能性」と題する講演会を催した。この企画は当時の研究所長篠原武司氏[3]（現鉄道建設公団総裁）の発案によるものであって、日本の大動脈である東海道線が、当時すでにその輸送力で行き詰まりの状態になっていたのを抜本的に解決するために、従来の形式にとらわれない超高速鉄道を建設しようという同氏の構想に沿って、その技術上の可能性を広く世に知らせようとしたものである。」

と述べている。

　後に日本土木学会会長、日本鉄道建設公団総裁を務めることになる篠原武司が鉄道技術研究所の所長に着任したのは昭和 32 年 1 月 8 日である。50 歳であった。西部総支配人兼門司鉄道管理局長からの異動であり、研究所勤務は初めてである。

　氏は著書のなかで、

　　「……僕は鉄道技術研究所がどこに

**図 6-1-1**　篠原武司所長
（写真提供：（公財）鉄道総合技術研究所）

---

[1] 篠原武司、高口英茂『新幹線発案者の独り言』、パンリサーチ出版局、平成 4 年、p.90
[2] 松平精『東海道新幹線に関する研究開発の回顧』、「日本機械学会誌」、第 75 巻第 646 号、昭和 47 年
[3] 篠原武司：昭和 5 年鉄道省、昭和 32 年国鉄西武総支配人兼門司鉄道管理局長から鉄道技術研究所長に就任、同 41 年日本土木学会会長、45 年日本鉄道建設公団総裁

あるかも知らなかった。住所を頼りに行ってみて驚いた。その施設はというと、まことにお粗末で雑然としており、研究室は狭く、暗くて陰うつで、勤めをやめようかと真剣に考えたほどだった。」

と述べている[4]。

どこにあるかも知らなかったと書いているが、浜松町にあることぐらいは知っていたはずなので、行ったことがなかったということだろう。

西部総支配人兼門司鉄道管理局長と研究所長は仕事も環境も大きく異なる。自動車、飛行機が発達していなかった当時においては、国鉄の貨物輸送と旅客輸送は地域経済に決定的に大きな影響力を持っており、西部総支配人は部外的には地域の主要人物のひとりであり、部内的には日々の輸送を担う6万人の職員を統率する立場にあった。

一方、本社付属機関である研究所は当時職員数760名弱の静かな職場である[5]。組織で仕事をする鉄道管理局とは違い、研究所は基本的には研究者が個人で仕事をする世界である。管理局では多くの部下を率いる部長クラスも研究所に異動になれば一研究者であり、組織での仕事に慣れた人にはその違いは大きい。

巨大組織の頂点にいた篠原が研究所にきて、「……勤めを辞めようかと真剣に考えた……」と思ったのも無理はない。

しかし篠原は、新任の所長として研究所の業務全般を掌握するため、総務、経理部門はもとより各研究室長から業務報告を受けるなかで、終戦後軍から転籍してきた技術者を中心に研究者たちが蓄積してきた研究成果を知り、高速鉄道実現の可能性を実感するとともに彼らの非常に高いポテンシャルを知ることになる。

篠原は前掲の著書で、

「三木忠直君は戦時中海軍の急降下爆撃機・渡洋爆撃機として活躍した「銀河」の主任設計技師だった人物だし、松平精君は零式戦闘機の生みの親、堀越二郎氏のもとでフラッターの風洞試験を手がけ、機体の振動防止や空中分解防止に業績を上げた人物だった。彼らは航空機技術者だったが、戦後日本は航空機の製造ができず、力をふるえないままに鉄道技術研究所で

---

[4] 篠原武司、高口英茂『新幹線発案者の独り言』、パンリサーチ出版局、平成4年、p.82
[5] 鉄道技術研究所の職員数は昭和19年度385名、20年度は軍からの移籍者や官房中央航空研究所の編入で1,160名、21年度1,557名で最多。その後ドッジ・ラインを受けた行政機関職員定員法（昭和24年5月30日）の実施で昭和24年度は676名となった（『鉄道技術研究所80年史』p.42）

>　くすぶっていたわけだ。
>　……僕は土木についてなら工学博士の称号を後に母校から授けられているが、列車の設計については全くの素人だ。しかし、技術者たちのいうことをよく聞き、理解して、それを一つの構想にまとめることはできたように思う。」

と言っている[6]。

　従来の鉄道の速度が100km/h余のときに、その約2倍の200km/hの鉄道が技術的に可能かどうかは、鉄道を構成する軌道、車両、信号保安、電力供給など広範囲な技術について確かな見識がなければ判断できない。それぞれの技術の限界、今後の可能性について最も理解が深いのはその分野の研究者であるが、個々の研究室長、研究者は他の研究者の成果を結合しシステム化する立場にはなく、仮にそう思ったにしても所内の意見をまとめることは容易ではない。できるのは所長とその技術スタッフ（当時の研究企画室）である。

　篠原が所長に就任した昭和32年は丁度鉄道技術研究所創立50周年であり、何らかの記念行事をやろうとしていた。記念行事の企画のために、4月、熱海の来の宮で主要メンバーによる会合が持たれた。その会合で篠原は5月30日銀座山葉ホールで開催することになる講演会「東京-大阪間3時間への可能性」に向けて研究所の意見をまとめていった。

>　「……熱海の会合で、一般の人々を対象にした研究発表講演会をやろう、発表する研究としては当時所内でばらばらに研究されていた鉄道輸送の高速度化研究を統一テーマにしようということになった。しかし、「鉄道輸送の高速度化研究」では講演会の題目として抽象的すぎる。皆で頭をひねり、具体的に高速化の意味が明確になるように「東京-大阪3時間への可能性」と題したらどうかということで話がまとまった。
>　……私にしてもその席で議論していて、一挙に全国高速鉄道というのでは話が大きすぎるし、東京-大阪間を手始めにつくるのは納得が得られやすいと次第に考えが整理されてきてまとまり、よし、これなら絶対にできるというような確信が湧いてきたのを今でも憶えている。
>　……講演の日取りは5月30日。熱海来宮の会議の日から数えてもほとんど日もたっておらず、本当にてんてこ舞いの毎日だったよ。」

と記している[7]。

---

[6] 篠原武司、高口英茂『新幹線発案者の独り言』、パンリサーチ出版局、平成4年、p.82
[7] 同上、p.85

## 6.1 記念講演会まで

講演会の案内は図6-1-2(左)のように簡単なものであり、また当日は朝から激しい雨だったので、聴衆が集まらないのではないかと関係者は随分心配しており、篠原は次のように述べている[8]。

> 「……しかし、実際はそんなことは必要なかったんだ。雨にもかかわらず一般の人が次から次へと訪れてきてすぐに満席となってしまい、逆にどんどん詰めかけてくる人たちに、お断りするのに追われるようになってしまった。そうした中で講演会が始まり、私が総括的なことを申し上げ、続いて三木君、星野君、松平君、河辺君が講演をした。」

図6-1-2　左：電車内のポスター(写真提供：(公財)鉄道総合技術研究所)
　　　　　右：講演会の様子(写真提供：(公財)鉄道総合技術研究所)

篠原は講演会の開催について後年の座談会で、

> 「……十河総裁、技師長の島さんにお話ししまして許可をいただいて、5月30日に銀座の山葉ホールで朝日新聞社の後援ということでやったわけです。……」

と言っている[9]。

総裁と技師長の許可は得ているが、本社全体の合意があったわけではない。本社側のバックアップがあれば、もっと大掛かりな広告や当日の聴衆動員があっただろう。

後に国鉄電気局長、常務理事などを務めた尾関雅則[10]は、

---

8　篠原武司、高口英茂『新幹線発案者の独り言』、パンリサーチ出版局、平成4年、p.91
9　『十年のあゆみ-創立60周年-』、鉄道技術研究所、昭和42年4月、pp.213/214
10　尾関雅則：昭和21年運輸省、後国鉄電気局長、常務理事、(株)日立製作所役員、(財)鉄道総合技術研究所理事長、(社)情報処理学会会長

> 「当時の国鉄本社の技術陣は百％広軌別線案に反対であったのです。その
> 理由は「コンパチビリティ」つまり互換性がないということでした。もし
> 当時の国鉄総裁が十河信二氏でなかったら、狭軌腹付け線増案が採用され
> たにちがいないでしょう。」

と述べている[11]。

このように、本社内で広軌別線反対が大勢を占める状況下での開催許可だったのである。

篠原は当時の雰囲気を、

> 「実は国鉄内部でも批判があってね。国鉄が正式に決めてもいないことを
> 一研究所が打ち上げるのはけしからんというようなことを言う。私は気に
> しなかったがね。研究所は研究の成果については世に問うてもいいはずだ
> し、それをどうするかは世論が判断すればいいと思っていた。」

と述べている[12]。

## 6.2 記念講演会の開催

講演会は国鉄製作16ミリカラー映画「新しき電化を求めて」の上映に始まり、篠原所長の挨拶、4人の講師によるスライドを交えた講演、最後にフランス国鉄が昭和30年に331km/hを出した時の記録映画を上映して午後4時半に終わった。

### 6.2.1 所長あいさつ

篠原は挨拶で、

> 「……東京—大阪間は直線距離にいたしますと、400kmございます。現
> 在の国鉄の列車の走っております距離は約560kmでございまして、新し
> い線路を作った場合には、450km前後で行くんじゃないかと考えるんで
> ありますが、東海道は皆さんもご承知のように輸送の面が非常に窮屈に
> なっております。
>  ……それで現在の線に平行して線路を増していくか、あるいは新しい線
> 路を作るかと言う問題があるのでございますが、将来のことを考えますと

---

[11] 尾関雅則『システム学ことはじめ』、東洋経済新報社、1990年12月、p.26
[12] 篠原武司、髙口英茂『新幹線発案者の独り言』、パンリサーチ出版局、平成4年、p.99

新しい線路を作るべきです。今ここでお話する内容は新しく線路を作った場合を考えております。いずれ現在のような狭軌では不安定でございますので、標準軌間いわゆる広軌と言っていますが1m435 というようなレールの間隔の列車あるいはそれ以上の軌間の列車を想定してお話しするわけであります。

　450km の距離を3時間で行くのにはだいたい駅に停車する時分も入れまして平均時速150〜160kmといたしますと楽に到達できるのであります。しかし将来のスピードアップなどを考えまして、われわれ鉄道技術研究所で検討いたしました結果では平均時速200km 最高時速250km というような高いスピードを目標としまして、これについて研究しました。……」

と述べている。

\*

　ここで注目されるのは、広軌採用を提唱していることである。このことに関して篠原は著書（前出）のなかで、

「……話の中で特に自分が気を使って言ったのは広軌すなわち国際標準ゲージの軌道を採用するという点だった。当時は鉄道技術研究所でも現行の狭軌のままでも大丈夫スピードは出せるという意見の人も多かった。また、狭軌では（台車が狭いため）モーターが入らないからどうしても広い軌道でなければならない、それも標準軌よりももっと広いソ連の広軌並みのものをと言う人もいた。
　……自分がそのとき考えたのは、標準軌にしておけばそれを採用している国が最も多いので、将来、車両などの輸出には有利ではないかと考えた。それで標準ゲージにしようと所内の意向をまとめた。」

と言っている[13]。

　広軌か狭軌かの議論の歴史は長い。昭和15 年3 月に第75 回帝国議会で可決され着工したものの、昭和19 年に戦況の悪化に伴い打ち切られた、いわゆる弾丸列車計画は大陸への乗入れの観点から広軌規格であった。

　しかし昭和31 年5 月、逼迫した東海道線の輸送力を増強するため国鉄が設置した東海道線増強調査会（委員長島秀雄技師長）では、当時の状況を踏まえ現在線併設狭軌案、別線狭軌案、別線広軌案が議論された。

　十河総裁と島技師長は広軌論者であり、第1 回調査会で総裁が、

---

[13]　篠原武司、高口英茂『新幹線発案者の独り言』、パンリサーチ出版局、平成4 年、p.96

「東海道線を増強するならば広軌であると考える。ゲージを改めてスピードアップし、大量輸送をしなければならない（要旨）[14]」

と冒頭のあいさつで述べたにもかかわらず、一部区間の完成でも部分開業が可能であり即効性、在来線との互換性、経済性に優れた狭軌論が根強く、結局結論が得られないまま昭和32年2月の第5回をもって調査会は休会に至っている。

しかし、4か月後に行われた鉄道技術研究所の記念講演会はこの膠着状態を動かし、広軌別線を推進していくこととなったのである。

篠原所長に続き、車両構造、安全と乗り心地、軌道の構造、信号・保安について講演が行われた。以下はその概要である[15]。

### 6.2.2　車両構造（客貨車研究室長 三木忠直）

(1)　交通機関の速度向上と効率の比較

鉄道車両は交通機関としては最も経済的である。特に消費馬力のうち空気抵抗が大部分を占めてくる長編成高速列車では、先頭車の後流のなかに後続車両が入るので、その重量のわりに1単位としての所要馬力が上がらないところは他の交通機関に見られない利点である。時代の要求に遅れさえしなければ、遠距離は飛行機に譲らざるを得まいが、中距離交通機関として衰微することはないはずである。

(2)　東京 − 大阪間を3時間で結ぶための速度

（ⅰ）　東京 − 大阪間は直線距離で約400km、現在線で559kmである。主要都市間をできるだけ最短距離で結ぶなら450〜500kmと推定される。

（ⅱ）　表定速度と最高速度の比は現特急で0.78、欧米の特急で300〜600km程度の距離では0.75〜0.85である。新線の曲線半径を大きく、停車駅を少なく速度制限箇所を少なくすれば0.8にはできる。

したがって、東京 − 大阪間を3時間で結ぶには表定速度170km/h、最高210km/h、平坦均衡速度250km/hを目標とする。

(3)　車両形態を決めるための諸要素

（ⅰ）　軌　間

250km/hを出すには大馬力が必要になり、電車形式で大出力のモーターを台車に収めるためにも標準軌以上はほしい。また、走行安定を良くするのに車両の重心高さを低くし、横風による転覆を避けるため車両高さを低くし

---

[14]　『新幹線50年史』、（公財）交通協力会、平成27年、p.33
[15]　『東海道新幹線に関する研究（第1冊）』、鉄道技術研究所、昭和35年4月

床面を下げるのにも軌間が広い方が容易である。しかし、必要以上に広過ぎれば車両が重くなる。広いからといって軌道整備がよくなければ最高速度は低くなる。ソ連で最高 80〜90km/h、スペイン国鉄の Talgo で 135km/h ぐらいしか出ていない。

（ii）　車両の形状

高速域では、走行抵抗の大部分となる空気抵抗は速度の 3 乗に比例するようになる。

フランスの 331km/h を出した列車の速度対馬力曲線を見ると、300km/h では実に 90％ が空気抵抗のために費やされている。

したがって、高速では流線形にすることが絶対必要である。風洞試験の結果、完全な流線形に近くなるように、車両高さを低くし前方下部の台車を覆い、屋根の通風器を取外し連結器も段ができないよう外側幌にすれば、空気抵抗は湘南電車型の 1/3 にできることがわかった。

その模型の写真を図 6-2-1 に示す。

列車すれ違いやトンネルに入るときの衝撃的風圧も、流線形にすれば軽減される。しかし、具体的にはトンネル入口の形状、上下線の間隔などの研究課題が残っている。

図 6-2-1　風洞試験に用いた車両模型（右端が湘南電車）
（写真提供：（公財）鉄道総合技術研究所）

（iii）　車両構造

列車を高速にするまでには大きなエネルギーを要し、またこれを停止させるにはこのエネルギーを吸収しなければならない。このエネルギーは質量に比例するから、高速車では重量を軽くすることが極めて必要である。

また、軌道に対する影響から考えても軽い車両が望ましく、これは線路の敷設費にも影響する。

車両の軽量化は昭和27年頃からその実績が上がり、最近の電車は従来の60〜70％になっている。さらに軽くしようと思えば、飛行機のように鋼に比べ1/3も軽い軽合金を用い飛行機と同じ張殻構造にし、また最近目覚ましい発達をした合成樹脂を積極的に用いる必要がある。

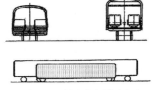

図6-2-2　従来車と低重心車
（出典：文献15）

　一方、軽くなればなるほど走行安定性や横風による転覆に対し安全をはかる必要があるため、車両の高さを低くし重心を下げねばならない。

　高速になれば窓は開けられないから窓は固定にせざるを得ない。窓を固定にすると構造的には上下の結合が良くなって有利になるが、室内は完全な自動空気調節を行う必要がある。

（iv）　動力方式

　動力を集中した機関車方式か動力分散の電車形式かによって考え方が変わってくるが、軌道が受ける荷重を小さくするためと加速と制動の効率を高くしなければならない点を考えると、動力分散が適当のように考えられる。

　流線形軽量車にしても200km/hを実用しようとすれば3,000〜4,000馬力ぐらいは必要になるが、電車ならば全動力台車にすれば充分収められるし、床下に機器を分散すれば車両の重心も下げられる。しかし、空気抵抗の少なく離線率の少ない集電装置の研究がどうしても必要である。

（v）　制動方式

　高速で走る列車も必ず止まらなければならない。特に非常時はできるだけ短い時間で止めたいので、制動は高速列車には重大な研究課題のひとつとなる。

　電気ブレーキも現在はやはり熱として（運動エネルギーを）吸収している。何らかの方法で動力源としてこのエネルギーが回収できたらすばらしいものである。

　高速列車の制動に対しては、各軸に運転者の意思が電気の速さで伝えられる電気制動方式が適している。

　これに滑走防止や電磁レールブレーキ方式の併用を考えるべきであろう。

　また、200km/h以上の高速からの制動には風圧ブレーキが有効になる。風圧ブレーキは列車重量が軽ければ軽いほど有効で、200km/hでは20％ぐらい、すなわち制動距離が2,000mほどのものが1,600mほどに、250km/hでは30％、すなわち3,000mほどのものが2,000mほどに短くできる。

フランスの331km/h試験でも、まず客車の窓を全部あけて約200km/hまで落とし、それから普通ブレーキを併用している。

(4) 結び

フランスでも特急の最高速度は現在140km/hで、近い将来これを160km/hに上げようとしている。200km/hという速度は、まだどこの国でも実際には用いてはいない。しかし、近代化された新しい技術の上に立って新線を建設するならば、幾多の研究課題が残されてはいるが、200km/h程度の速度は実用的にも充分可能性のあるものと考えられる。

図6-2-3 風圧ブレーキ
(出典：第15章、文献6)

＊

昭和30年にはセミモノコック構造の10系軽量客車ができていたし、昭和32年7月に営業開始した小田急3000形SE車は記念講演会の頃には各種の試験も終わっていたので、三木の講演はこれらの実績を踏まえた内容になっている。

氏は、

「消費馬力のうち空気抵抗が大部分をしめてくる長編成高速列車では、先頭車の後流の中に後続列車（後続車両）が入るので、その重量の割に1単位としての所要馬力があがらない所は他の交通機関には見られない利点であり……」

と言っている。いかにも空力を専門とする技術者らしい視点で、そのような見方で鉄道のエネルギー効率を論じた人は多分それまではいなかったのではないだろうか。

そして、「（この利点を生かせば）遠距離は飛行機に譲らざるを得まいが、中距離交通機関として衰微することはないはずである」と結んでいる。

三木は東京‐大阪間では飛行機に絶対勝てると確信していたのだろう。

さて、上記の内容のうち、すでに実績があり新幹線に対して確かな見通しをもっていた事柄は、

・高速化に伴う空気抵抗　・車両の軽量化
・低重心化

などであった。これらについての講演会以前の研究経過は第2章で述べた。

一方、実績がない事柄は、
- ・列車すれ違いやトンネルに入るときの衝撃的風圧変化への対策
- ・上下線の間隔　　　　　　　・車内空調装置
- ・空気抵抗の少ないパンタグラフ　・電力回生ブレーキ

などであった。

### 6.2.3　安全と乗り心地（車両運動研究室長　松平精）

松平は次の6つ事柄について講演した。

(1)　転覆

（ⅰ）　曲線上を走っている車両には遠心力と重力が働くが、その合力の方向がレールの外に出ると転覆が起こる。この転覆に対する安全性を増すために、曲線では軌道に傾斜（カント）を付けている。

　カントをあまり大きくすると曲線内で停車したときに車両が内側に転覆する恐れがあるし、それに至らないまでも、乗客に不快感を与えてしまうためカントは最大1/10とされている。

（ⅱ）　曲線通過中には遠心力により乗客は曲線外側へ押し付けられるが、それが大きくなると不快に感じる。そのため、アメリカにおける実験の結果では、超過遠心力（曲線の傾斜に釣り合う遠心力より超過した分）の限度は重力の10％とされており、これは転覆限界速度よりはるかに低速度になる。

　したがって、この限界でおさえておけば転覆に対して十分安全であることになる。

（ⅲ）　この乗り心地限界を基準にすると、曲線を200km/hで走ろうとすれば、曲線半径は約1,600m以上にしなければならないことになる。

(2)　脱線

（ⅰ）　車輪とレールの間に働く力を図6-2-4の水平力Qと垂直力Pのように分けると、Qが大きいほど、またPが小さいほど車輪はレールへ乗り上がり易い。したがって、この両者の比Q/Pは脱線係数と呼ばれ、脱線の起きるときはこの係数は少なくとも1.0以上と考えられる。

（ⅱ）　湘南電車で実際の脱線係数を測定したのが図6-2-5である。

　この図でわかるように現用の電車では、120km/h程度の速度では脱線係数は十分小さく脱線の危険性は全くない。

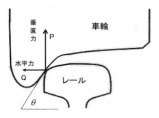

**図6-2-4**　車輪レール間の力
（出典：文献15）

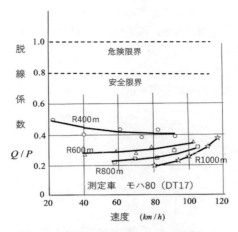

**図 6-2-5** 脱線係数実測値（出典：文献 15）

しかし、速度が 100km/h を超えるあたりから脱線係数が急に上昇している点は注意を要する。これは、この車両ではこの付近の速度から車輪軸の蛇行動が起こり始めたと考えられる。

(iii) 高速車両ではこの蛇行動を防止して、さらに乗り心地の観点から車両の振動を十分小さく保っておけば脱線の心配は全くない。

(3) 振動乗り心地

(i) 多くの学者が人体振動実験を行って乗り心地上の振動限界を調べた（図 6-2-6）。

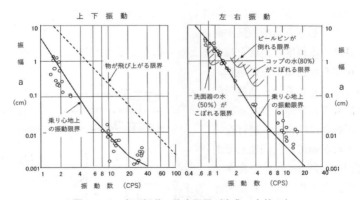

**図 6-2-6** 車両振動の許容限界（出典：文献 15）

図中のプロットは最近の客車や電車の代表的な例であり、低振動数のいわゆる大揺れは乗り心地上の限界値付近にあるが、高振動数のいわゆるビビリ

振動は限界値の数倍大きいことがわかる。
(ⅱ) したがって、現用の客車、電車は高振動数の振動を現在の数分の1程度に減少させる必要がある。
(4) 車両速度と振動の関係
(ⅰ) 図6-2-7は東海道本線静岡-浜松間で行った高速試験の結果である。

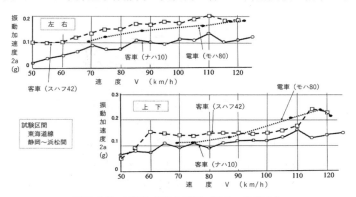

図6-2-7　速度と振動加速度（出典：文献15）

振動加速度は走行速度とともに少しずつ増加しているが、最近の設計になる車両（ナハ10形式）では、110km/h以上ではほとんど一定値に近づいている。
(ⅱ) しかし、この図から200～250km/h時の車両の振動を推定することは無理である。それには理論や模型実験の助けを借りねばならない。
(ⅲ) 理論的には車両振動はレールの不整に基づく強制振動と、レールに不整がなくても起きる自励振動がある。
　前者はある程度の速度を超えると一定になると予想されるが、後者はある限界速度を超えると急に現れ、しかも激しくなるから高速運転には最も大きな障害になる。
　上下振動には自励振動はないが、左右振動には自励振動である蛇行動（図6-2-8）が存在するので、高速化ではこれが大きな問題になる。
(ⅳ) 蛇行動の問題は非常に難しい。理論のみによる推定は困難

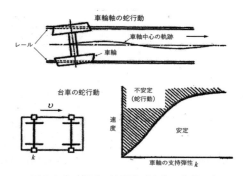

図6-2-8　車両の蛇行動（出典：文献15）

で、模型実験による研究が進められている（図 6-2-9）。

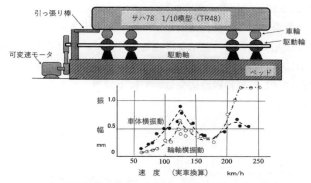

図 6-2-9　模型実験装置（出典：文献 15）

　模型車両を駆動輪に乗せ、駆動輪の回転速度を変えていくと、この車両では実車換算速度 120km/h 付近で車体の振動を主とする蛇行動が現れ、200km/h 付近から上で非常に激しい台車の蛇行動が発生する。

（ⅴ）　模型の相似性については検討の余地があるのでこの実験結果はそのままは採用できないが、現在の台車構造ではこのような蛇行動が起きることは確実に予想される。

(5)　車両の振動防止法

（ⅰ）　軌道の不整を極力少なくするには、継目なしの長尺レールの使用、ゴムパッド入りのコンクリートまくら木、さらに進んでコンクリート道床などは非常に望ましい。

（ⅱ）　残った軌道不整による振動は車両のばね装置で絶縁する。
　　レールから来る上下振動は最初に軸ばねによって濾過されて台車に伝わり、揺れ枕吊りを介してさらに枕ばねによって濾過されて車体に伝わる。

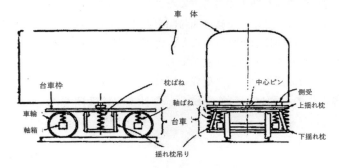

図 6-2-10　現在車両のばね装置（出典：文献 15）

左右振動はこれらのばねの他に、振り子作用の揺れ枕吊り機構によって濾（ろ）過され車体に伝わる。

ばねによる振動絶縁効果はばねが柔らかいほど大きい。

要するに強度や機能上の要求を満たしたうえで、これらのばねをいかに配置し、いかに柔らかくするかの問題に帰する。

この問題に対して振動理論研究はすでに十分進んでおり、設計に利用できるようになっている。

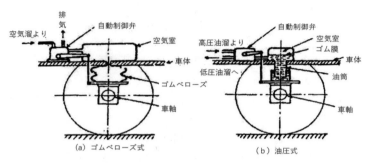

図 6-2-11　空気ばねの原理（出典：文献 15）

また、ばねについては、従来の金属ばねではそろそろ行き詰まりの感がある。さらに振動性能の改善を図るためには、空気ばねの使用が必要となる。

空気ばねの金属ばねに優る主な特徴は、ばねを思いきり柔らかくできること、したがって振動絶縁効果が大きく、特に高振動数の振動に対して有効であること、さらに制御装置によって高さの調整、曲線における車体の傾斜の修正その他の自動制御を行わせ得ることなどである。

(ⅲ)　高速車両の振動防止で最も重要なことは蛇行動の防止である。

その方法については、車輪踏面勾配を小さくすること、車軸を台車枠へ前後左右に十分堅固に取り付けること、台車の回転運動にばねによる復元力または摩擦を与えることなどが有効であるとわかっている。

しかし、なお詳細は今後の研究を待たねばならない。

(ⅳ)　客電車の振動は、戦争直後から今日までにほぼ 1/3 に減少した（図 6-2-12）。

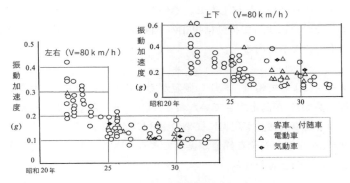

図 6-2-12　車両振動の変遷（出典：文献 15）

　昭和 22〜23 年のころのプロットは戦前の設計の台車であり、その後は次第に新しい台車が主となっている。
　これは軌道が非常に良くなったこと、および台車の振動防止の研究が進んだことによる。

(6)　高速台車の構想

　高速度 200〜250km/h の車両用台車のばね装置の一構想を図 6-2-13 に示す。
（ⅰ）　レールへの衝撃力を減らすためゴム入車輪を使う。
（ⅱ）　軸ばねには車軸支持を兼ねる油圧式空気ばねを用い、蛇行動防止の働きをさせる。枕ばねは極力柔らかくし、車体の上下固有振動数を 1 サイクル以下に抑える。

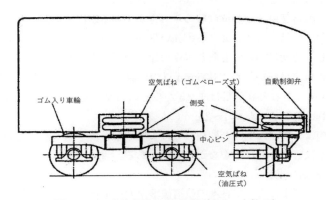

図 6-2-13　高速車両のばね装置（出典：文献 15）

（ⅲ）　車体の横安定を維持するために、ばね位置を車体内に食い込ませてなるべく高くする。

（ⅳ）車体の荷重は側受けにもたせ、その摩擦で台車の蛇行動を防止する。

このような台車によって振動は現在の車両の 1/2〜1/3 に減り、理想的な乗り心地の車両になるであろう。

＊

歪みゲージによって輪重・横圧の測定ができるようになり、具体的に湘南電車の脱線係数 Q/P が測定できていたこと、Q/P が大きくなる原因が蛇行動であること、また車両振動が現実に従来の 1/3 に改善されてきたことなどから、聴衆は 200km/h 超の安全な鉄道が実現できると感じ、また研究陣に対する信頼感をもったものと思われる。

### 6.2.4 軌道の構造（軌道研究室長 星野陽一）

(1) 速度に耐える軌道

最高速度 250km/h に耐える軌道はいかんという問題について第一に考えなければならないのは、列車回数の問題である。軌道の破壊を元に戻す保守量は、その線を通過する（列車重量）×（速度）$^{1〜2}$ の総和で決まると考えてよい。

(2) ただ1回の走行

（ⅰ）問題は保守量であるが、フランスの高速試験のようにただ1回の走行でも車輪の大きな横圧があれば軌道の横破壊がおきてしまう。

　しかし、車両は乗上り脱線の危険性や乗り心地の観点からも最高速度まで顕著な蛇行動が起きないように設計されるべきなので、軌道側として横圧は現在以上にたいして大きくならないと考えてよい。

（ⅱ）次に軌道狂いをどれ位に収めるべきかであるが、軌道狂いと車両動揺の関係については、大体のところ、狂い量かその自乗ほどに比例して車両動揺が増大し、速度についても同じ程度の比例関係があると考えてよいようだ。

　現在の軌道は狂い量が大体 5mm 以内に収まっているから、列車速度を現在の 2.5 倍とすると狂い量は 1/2.5 からその自乗の約 1/6 には収めるべきと考えられ、狂い量にして 1〜2mm になる。

　現在のように積み上げた砂利の上にまくら木を置き並べる構造では、この量の要求に応えるのはなかなかの問題である。

(3) 軌道破壊の進行

次は、高速列車によって日々の軌道破壊がどう進行するかの問題である。速度が上がっても、列車による軌道への荷重の大きさはたいして増大しない。

しかし、軌道を構成している部材のうち道床は振動によって著しく荷重支持力を失うことがわかってきており、その程度は振動の加速度に比例して減退す

ると考えられる。

　振動加速度は列車速度かその2乗くらいに比例して増大するから、結局軌道狂いは列車速度かその2乗に比例して増大すると予想される。

　通トン数が現在と同じ場合、全列車が現在の2.5倍の速度になれば軌道狂いは現在の2.5倍かその2乗の6倍で進行することになり、この狂いを現在の1/2.5から1/6に収めるためには、必要な保守量は現在の6〜36倍になる。このような急速な軌道破壊を生じさせないためには、道床に何らかの根本的な改良を施さなければならない。

（4）　軌道の構造をいかに改善すべきか

（i）　図6-2-14は列車通過時に軌道に起こる振動を実測した例である。

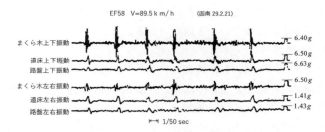

図 6-2-14　軌道各部振動（出典：文献15）

　上の3波形が上下動、下の3波形が左右動で、それぞれ上からまくら木、まくら木下面の道床上、路盤上の振動波形である。まくら木に見られる急激な振動が、その下の道床面では全く様相を変えていることがわかる。

（ii）　軌道がもっているこのような緩衝機能が、軌道の構造を変えるとどう変わるかについての理論研究が行われてきた。

　それによると、軌道各部の構造を改変した場合の道床加速度は図6-2-15のようになる。

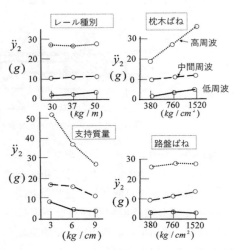

図 6-2-15　車軸落下によって道床に生ずる加速度
（出典：文献15）

(ⅲ) 図から軌道の防振は、レールの支えを柔らかくするか、レールより下の部分を重くするかにより達成されることがわかる。

レールの下にゴムパッドをしいて支えを柔らかくしたときの防振効果の実験結果を、図 6-2-16 に示す。

実線で示した普通の軌道の振動がパッドをしいたために点線のように低下している。

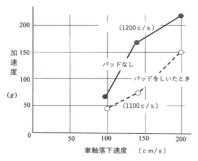

図 6-2-16　タイパッドの防振効果
（出典：文献 15）

この低下量は理論計算とほぼ一致した。このようにレールをゴムパッドで柔らかく支持すれば、恐らくそれ以下の部分はコンクリート舗装のような堅い構造にできるのではないかと期待できる。

(5)　新構造の提案

軌道をコンクリート舗装した場合、レール支えの硬さをいかほどにすべきかを理論的に検討した結果、支えのばね定数は 30t/cm が適当となった。

現在コンクリートまくら木に使用されているパッドは 100t/cm 前後であるから、厚みを増すか2枚重ねるかなどによって一応可能と考えられる。

これを受けるコンクリート舗装は、道路に比べて破壊時の修復が一層困難であるから、十分慎重に考えなければならない。その一案を図 6-2-17 に示す。

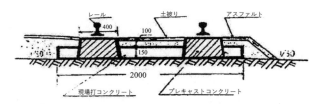

図 6-2-17　コンクリート道床の一例（出典：文献 15）

舗装の一部のレール支持部をプレキャストコンクリートの縦ケタにして正確なレール面の設定を可能とし、舗装面上に土被りを施し舗装の伸縮継目を不要にし、防音、重量増による防振、車両脱線時の緩衝などに役立たせる。

この案のようにゴムパッドを使えば果

図 6-2-18　ドイツ国鉄のコンクリート道床
（出典：文献 15）

たしてそれ以下をコンクリート舗装にできるものか、また舗装も果たしてどんな形式が良いのかなどは十分な検討が必要である。しかし、現在の 2～2.5 倍の速度で走る超高速列車に対しては、現在の構造は全く不適格であることが予想される。

　最近の軌道力学は、最も問題になる軌道の動的負荷もある程度は設計計算に採り入れ得る段階にきており、また舗装を支持する路盤の土を科学的に設計し得る段階に達している。

　この種の軌道は、外国でもすでに提案され推進されている模様である。

　我々も、この種の軌道が列車の動的負荷に対してどれほどの耐久力をもつかを知ることが先決問題なので、最近完成した試験機を使って 1 日も早く実用性の見通しを得たいと思っている。

＊

　星野の講演は、ロングレールの導入を当然のこととしたうえで、第 3 章で紹介した軌道力学をベースに組み立てられている。そして、200km/h 超の鉄道では従来型のバラスト軌道では維持困難が予想されるとして、コンクリート道床型の新軌道構造を提案している。

### 6.2.5　信号保安（信号研究室 河辺一）

(1)　鉄道の信号（省略）

(2)　信号と列車速度との関係

　45km/h で走っている列車の制動距離が 80m であるとすると、250km/h の列車の制動距離は約 30 倍の 2.5km になる。

　これは減速度をある値に仮定した場合で、実際に 250km/h という高速度の列車でどの程度の減速度がとれるかまだわかっていない。

(3)　地上信号機の欠点

　3 色信号灯は条件が良ければ 800～1,000m 位から確認できるが、雨が降ったり霧がかかると 200m まで近づいても見えないこともあり得る。

　したがって、45km/h で走っている列車ならば赤信号を見てからブレーキをかけても信号機の手前で止まることができるが、250km/h の列車は制動距離が長いから 3～4km 先から見えなくては間に合わないことになる。

　また、250km/h の列車が 800m 先で信号を認めたとすると、信号が運転士の目に入っている時間は 11 秒くらいあるが、気象条件が悪くて視認距離が 200m になると信号機が見える時間は 3 秒くらいなので、うっかり見落とす機会が多くなる。

また、列車が信号機の下を通過した直後に信号が変わっても、運転士は次の信号が見えるまで状況変化を知ることができない。言いかえれば空白の期間ができる。

高速列車は制動距離が長いので信号機間隔も長くなり、したがって空白期間も長くなり、その間にうっかり制限速度以上の速度を出すこともあり得る。

このように高速列車では、もはや地上信号機だけでは保安は保てないことがわかる。

(4) 自動列車制御装置

新しい方式は、地上の信号を連続的に車上に伝達する車内信号方式である。

連続式では、列車が区間内のどこを走っていても地上の信号が変化すると車上に伝わり、運転士はただちに速度を加減することができる。しかし、このような車内信号を設置しても、人間である以上不注意もあり得るので、緑から橙黄へのように、より厳しい方へ信号が変わった場合には警報を発し運転士の注意を喚起するようにする。

それでも運転士がブレーキをかけない場合に自動的にブレーキがかかるような装置を自動列車制御装置といい、250km/hのような高速列車に対する信号保安装置としては必要欠くべからざるものである。

その原理を図6-2-19に示す。

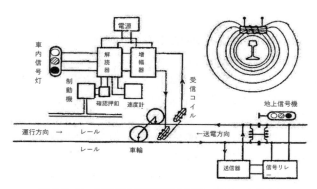

図6-2-19　自動列車制御装置の原理（出典：文献15）

（ⅰ）　地上の送信機からレールへ信号電流を流し、これを車上で受信し、適当な選別回路を経て地上信号と同じ信号を車上に表示する。

さらに自分の速度を測って、これが車内信号の示す制限速度を超えているときには自動的にブレーキをかけるようにする。

（ⅱ）レールに流す信号電流波形は図6-2-20のようなものであり（アメリカの例）、緑（進行信号）、橙黄（注意信号）の場合には100c/sの電流を図中の上と中央のように断続して流す。赤（停止信号）のときには図中の下のように電流を流さないようにする。

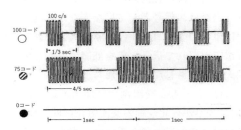

図 6-2-20 信号電流（アメリカの例）（出典：文献 15）

(5) 国鉄での試作器

国鉄においてもこれに似た連続式の車内警報を研究しており、昭和32年度から東海道線に取り付けることになっている。

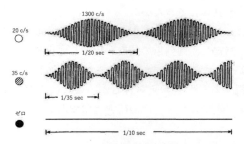

図 6-2-21 信号電流（日本の例）（出典：文献 15）

その信号電流は、図6-2-21に示すように、緑（進行信号）に対しては1,300c/sの電流を1秒間に20回の割合で（図中の上）、橙黄（注意信号）の場合は35回の割合で増減させ（図中の中央）、赤（停止信号）の場合は電流を流さないようにする（図中の下）。

信号が厳しい方へ変わったときにはブザーかベルを鳴らすが、自動的にブレーキをかける段階には至っていない。

送信機には真空管発振器を用い、出力は4w以上で、レールに0.05Aの電流が流れると車上の受信コイルが感じるようになっている。

現在のものは地上信号機の間隔が2kmまで使えるようになっているが、高速列車に対してはもっと長い距離まで使えるようにしなければならない。今後の課題である。

(6) 交流電化の場合の軌道回路

上述の方式はいずれも直流電化区間の場合であるが、東京－大阪間3時間運転を交流電車で行う場合は、信号としてはなかなか大変である。

交流電化区間では車上の受信コイルに非常に大きな妨害電圧、しかも非常に歪んだ波形の妨害電圧が現れて信号電圧を邪魔するからである。したがって、この妨害電圧を抑える研究をしなければならない。

図6-2-21の方式は、もともと交流電化区間用の地上信号（これをキロサイクル軌道回路と称し、今年から北陸線の交流電化区間で使うことになっている）を車内信号にまで発展させたものであるので、交流・直流両電化区間に使える性質のものである。ただ、信号の周波数と車上機器を直流電化区間用に設計してあるので、これらを交流電化区間用に変える必要があり、今後の大きな研究課題である。

(7) むすび

実際の信号設備は線路の輸送量、停車駅数、列車の種類、列車数、運転方式などが決まらないと具体化できない。

将来の理想の形としては、後続列車が先行列車の速度と先行列車までの距離を絶えず自動的に測定し、両列車の速度を比較して自動的に両列車の間隔を一定に保って走るようにすることである。あるいは、多数の列車を1か所から無線で自動的に操縦することも考えられるが、これはまだ技術的に難しい点もあって、今すぐは実現できない。次の研究課題である。

*

講演は、第4章で述べたキロサイクル軌道回路及びそれを利用した車内警報装置の上に立っている。

そして、「東京～大阪間3時間運転を交流電車で行う場合は、信号としてはなかなか大変である。」と言っていることから、講演会に先立って電力供給方式をはじめ、多くの技術分野を含めた高速鉄道の案を作っていたのであろう。

河辺はキロサイクル軌道回路を実用化し、新幹線のATCシステムを完成させた。しかし、軌道回路の上に立つこのシステムは地上に大変な長さのケーブルを敷設する必要があり、制御系電気工作物としてはいかにも力仕事だと思っていたのではないだろうか。

この講演で注目させられるのは、最後に述べている「多数の列車を一箇所か

ら無線で自動的に操縦することも考えられる」である。技術的に時期尚早なので今後の課題としているが、今は世界の列車制御はこの方向に向かっている。

長谷川豊[16]によってCARATという名称でこの方式の研究が始まったのが平成元（1989）年であり、河辺の講演から54年後の平成23（2011）年にATACSという名称で仙石線で実現した。

現在の新幹線ATCシステムの老朽取替は大量のケーブル敷設替えと非常に多くの芯線接続替えが発生する。このため多数の熟練技術者を必要とする難工事であるが、軌道回路を使わない電波方式ではこれらを大幅に減らすことができる。新幹線向きシステムの実現が望まれるところである。

\* \*

講演会は成功裏に終わった。

篠原は、

> 「聴衆がきわめて熱心に聴いているのがわかった。その人たちを前に、自分たちはこれなら新しい高速鉄道は必ず実現できると確信を深めた。
> ……講演会の反響もきわめて大きかった。後援してくれた朝日新聞はじめ、大きな新聞がこぞって研究所の構想をきわめて好意的に紹介してくれた。そしてそれによって世論もわき起こってきた。」

と述べている[17]。

しかし、当時は鉄道斜陽論が広がっており、航空輸送網や高速自動車網に比べ、時代遅れの輸送手段である鉄道に巨額の費用を投じるべきではないという意見、あるいは輸送需給が逼迫している東海道線の強化を優先すべきだとする意見など、新幹線建設への反対も多い時代であった。

篠原は十河総裁の反応について、

> 「十河総裁が我々が行った講演会の内容に注目してくれた。そして自分は講演会に行きたかったのに行けなくて残念だ。ついては自分や副総裁はじめ他の国鉄幹部にもう一度、特別説明会をしてくれ、という指示だった。特別にやった説明会では、十河さんは我々の説明にまったく我が意を得たりという印象で、よし、自分が計画実現の先頭に立つと言った。」

と記している[18]。

---

16　長谷川豊：昭和41年国鉄、当時鉄道技術研究所主任研究員、後に輸送・情報研究部長
17　篠原武司、高口英茂『新幹線発案者の独り言』、パンリサーチ出版局、平成4年、p.98
18　同上、p.100

**図 6-2-22** 新幹線起点マーク（東京駅 18・19 番線ホーム 8 号車付近）

　そして、十河総裁は世論を味方に新幹線計画を具体化していくことになる。
　篠原が本社の一部の反対を気にせず講演会を開催したことの意義は大きい。氏が新幹線実現のキーマンのひとりであったことは間違いないだろう。

# 第3編　東海道新幹線建設決定に至る過程

## 第7章　新幹線建設決定に至る過程 [1,2,3]

ここでは、新幹線建設決定に至る過程のなかで、鉄道技術研究所の記念講演会がどのような役割を果たしたのかを見てみることとする。

(1)　十河総裁、島技師長の就任

昭和30年5月に十河信二総裁が就任し、その年の12月に総裁の要請を受けて島秀雄技師長が就任した。

(2)　東海道線増強調査会設置

戦後10年が経って経済は成長軌道に入り、東海道線の輸送需給は極度の逼迫状態になっていた [4]。

図 7-0-1　鉄道総研ホールの十河総裁のレリーフ

このため昭和31年5月10日、国鉄は東海道線増強調査会（委員長島秀雄技師長）を設置して対応策を審議することとし、同月19日に第1回が開催された。

調査会は第2回（7月14日）以降、現在線併設案（23駅）、別線狭軌案（23駅）、狭軌全駅案（90駅）、広軌10駅案、広軌23駅案、軽車両による広軌電気鉄道案について、速度向上の限界、工事費用等あらゆる角度から検討を行った [5]。しかし、結局意見を集約することができず、第5回（昭和32年2月4日）に島委員長が、「今までは国鉄自身で物事を決め過ぎている。世間全体で判断しなければならぬ。（要旨）」として休会に入ることとなった [6]。

(3)　鉄道技術研究所創立記念講演会

このような状況の下で同年5月に鉄道技術研究所の創立記念講演会が開かれ、広軌別線によれば最高時速250キロの電車により東京 - 大阪間を3時間で結ぶことが技術的に可能との提言が行われた。そして、世論の反応も極めて好

---

[1]　角本良平『東海道新幹線』、中公新書、1964年4月、pp.2/15
[2]　須田寛『新幹線三〇年』、大正出版、平成6年10月、pp.17/18
[3]　須田寛『東海道新幹線50年』、交通新聞社、2014年3月、pp.18/19
[4]　昭和11年、東京 - 神戸間の旅客平均乗車効率は概ね60～70％であったが、昭和31年には過半数の区間で100％超で区間によっては120～130％となっていた。また彦根 - 米原間の貨物通過量は昭和11年の322万トンが、昭和29年には971万トンと約3倍になっていた（『新幹線十年史』日本国有鉄道新幹線総局、昭和50年12月、p.5）
[5]　『東海道新幹線電車技術発達史』、東海道幹線電車製作連合体、昭和42年3月、p.18, p.178
[6]　『新幹線50年史』、（公財）交通協力会、平成27年3月、pp.33/40

意的なものであった。
(4) 東海道線増強に関する政府への上申（昭和32年7月2日）
　部内意見の集約に行き詰まった国鉄は、この問題は単に鉄道経営上の見地からばかりでなく、広く国家的な見地から判定されるべき問題であるとして、狭軌案、広軌案を付した「東海道本線の増強について」を運輸大臣に上申し、適切な配慮を要請した。
(5) 幹線調査室設置（国鉄、昭和32年7月29日、大石重成室長）
「東海道新線の調査、測量及び設計に関すること、及びこれに関連して必要な線路用地及び施設の保存並びに管理に関すること」を担当。
(6) 日本国有鉄道幹線調査会設置（運輸省、昭和32年8月）
　国鉄からの上申を受け運輸省は「日本国有鉄道幹線調査会（会長大蔵公望）」を設置し、東海道線輸送需要の想定、各種輸送機関の輸送計画（高速道路、内航船舶、航空機）、輸送の行き詰まりの推定等について審議を行うこととした。そして国鉄の幹線調査室がこの調査会を補佐した（大石室長が調査会幹事の一員）。

・昭和32年11月22日、調査会は答申第1号を運輸大臣に提出。

　「東海道に新規路線を建設する必要があり、かつ輸送の行詰りの時期と建設に必要な期間を考慮するとき、これが着手は喫緊のことであると認めた。なお、本調査会は新規路線の形態並びに具体化に関し審議を続行し、順次答申を行う予定である。」

・昭和33年3月、調査会第一分科会が「広軌別線が妥当である」と結論。
・昭和33年8月

　「東海道における新規路線は狭軌張付、狭軌別線及び広軌別線の三案について詳細に比較検討した結果、次の各項に示す理由により、広軌別線とすることが適当である。」

との最終答申を行うに至った。
(7) 閣議決定、工事認可、着工
　以降、東海道新幹線建設の閣議決定（昭和33年12月）、工事認可（昭和34年4月）、起工式（昭和34年4月20日、新丹那トンネル東口）と続くこととなる。

＊

　国鉄部内の東海道線増強調査会が意見集約に至らず、休会に入ったのが昭和

32年2月である。

島は日本経済新聞紙上で[7]、

> 「東海道新線建設構想の内容が今の新幹線のようになるには、かなりの紆余曲折があった。その当時の国鉄内部には我々の説得にもかかわらず、狭軌制の枠を踏み越えて新規の冒険を敢行する要はないとする意見も多かった。十河さん自身も新線を必ずしも今の新幹線のような形態で予想されたものではないが、しかし、同じ新線を敷くのであれば満鉄本線のように、断固として広軌にして、速く走れる輸送力の大きい鉄道を作るべきであると考えておられた。」

と、国鉄内部に広軌新線に反対する意見が多く、島はその説得に苦労していた様子を述べており、続いて前章で記した記念講演会について次のように記している。

> 「一方、説得工作と並行して、技術研究所では、早くから高速鉄道の研究を進めていた。十河さんは総裁就任後、この技術研究所の強化、拡充に力を入れておられたが、新幹線建設にあたっては鉄道技術研究所の果たした役割は非常に大きいと思う。
> 　鉄道技術研究所といえば、昭和32年に創立50周年を迎え、それを記念して「高速鉄道の可能性」を主題とする公開講演会を銀座で開いた。
> 　これは技術研究所のそれまでの研究成果を基にしたものであったが、その中で初めて東京・大阪間を3時間で結ぶ新幹線構想が明らかにされたのである。この公開講演は研究所の記念講演会の形であったが、国鉄の世間へのアピールとしても効果的なものであった。」

研究所の講演会が技術的裏付けをもって広軌高速列車の具体的な形を提示したことが、またそれに対する世論の反応が極めて好意的であったことが総裁を後押しし、上記（4）の上申に進んだ様子がうかがわれる。

上記（6）において日本国有鉄道幹線調査会の会長を務めた大蔵公望（元満鉄理事）はかつての弾丸列車計画当時の調査会委員のひとりであり、島は車両担当、大石は線路担当者であった。

篠原は著書のなかで、

> 「日本国有鉄道幹線調査会の検討では、国鉄側は十河・島・大石ラインで

---

[7] 島秀雄「私の履歴書」、『日本経済新聞』、1975年4月28日から連載

広軌の新線を作るべきだという案に固まっていたが、他の委員（全体で36名）は全てが標準軌新線の建設に納得していたわけではなかった。それはあくまでも東海道線の輸送力増強のための選択肢の一つであった。しかし、国鉄側は大石重成氏が各委員の反応を確かめつつ精力的な説得活動を行った。この委員会には篠原武司も鉄道技術研究所所長として招かれ、山葉ホールでの講演の内容に沿って、広軌新線建設が東京〜大阪3時間の夢を可能にするものであることを技術的立場から話している。」

と記している[8]。

---

[8] 篠原武司、高口英茂『新幹線発案者の独り言』、パンリサーチ出版局、平成4年、p.102

# 第4編　建設決定から開業までの技術開発

# 第8章　研　究　体　制

　昭和33年4月、国鉄は新幹線建設基準調査委員会（委員長、島技師長）を設け新幹線計画は事実上スタートし、次のように進んでいくことになる。

昭和33年
- 4月　第1回新幹線建設基準調査委員会開催（18日）
- 6月　新幹線建設基準調査委員会に車両専門委員会設置
- 7月　同じく電化設備専門委員会設置
- 8月　幹線調査事務所設置（16日、調査・測量及び設計等を所管）
　　　　航空写真測量開始（21日）
- 11月　電車線電圧25,000vを決定（第8回新幹線建設基準調査委員会）
　　　　航空測量終了（20日）

昭和34年
- 4月　新丹那トンネル東口において起工式（20日）
- 8月　新幹線実行予算通達　1,972億円（10日）

昭和35年
- 4月　新幹線総局発足（11日、初代総局長、大石重成氏）
- 5月　世界銀行調査団来日（5日）

昭和36年
- 2月　新大阪駅着工（3日）
- 5月　十河総裁世界銀行借款に調印（2日、8,000万ドル）
- 7月　東京駅計画決定（19日）
　　　　世界銀行借入金第1回入金（22日、85億3,500万円）
- 8月　建設基準大要決定（4日、第191回理事会）
　　　　電気設備工事計画決定（26日）
- 9月　試作電車仕様書制定（15日）
　　　　A編成2両、B編成4両[註]の計画決定（27日）
- 10月　東京－大阪間全ルート決定（18日）
- 11月　試作電車発注契約（8日）
　　　　軌道敷設車完成（17日、浜松工場）
- 12月　レール重量、断面決定（1日）

　（註）　鴨宮モデル線では試作電車のA編成（2両）、B編成（4両）と先行量産車のC編成（6両）が試験された。

# 第8章 研究体制

昭和37年
- 2月　モデル線電車線路工事着工（18日）
- 3月　軌道・電気工事起工式（15日）
- 4月　試作電車1号車落成（16日、汽車製造会社）
　　　鴨宮モデル線管理区設置（20日）
- 6月　試作電車6両組立整備完了（20日）
　　　モデル線試運転開始（26日、十河総裁B編成に試乗）
　　　量産車製作仕様書制定（27日）
- 7月　試作電車110km/h（15～16日）
- 10月　世界銀行調査団試乗（30日）
- 11月　総裁招待試乗会（15～26日、2,000名）
　　　モデル線全線完成（30日）
- 12月　量産車国際入札

昭和38年
- 1月　ライシャワー大使試乗（23日）
- 3月　B編成　256km/hを記録（30日）
- 5月　十河総裁退任（20日）、島技師長退任（31日）
　　　東海道新幹線工事費3,800億円に改定（21日、国鉄理事会）
- 6月　開業時のダイヤは1日30往復程度、編成は12両に決定（20日）
- 8月　事故救援車としてディーゼル機関車1両の製作決定（5日）

昭和39年
- 1月　東京－新大阪間515km全線にわたる用地を確保（20日）
- 3月　先行量産車C編成試運転開始（2日）
- 4月　大阪鳥飼基地で量産車搬入組立開始（13日）
- 6月　東京品川基地で量産車搬入組立開始（2日）
　　　「東海道新幹線における列車運行を妨げる行為の処罰に関する特例法」成立（22日）
- 7月　愛称名「ひかり」「こだま」と決まる（8日）
　　　東京駅、新大阪駅に営業車入線、東京－新横浜、新大阪－鳥飼間で運転開始（15日）
　　　東京－新大阪間全線試運転（25日）
- 8月　総合指令所完成、ATC、CTC[註]による運転開始（15日）
　　　「こだま」ダイヤによる全線試運転（24日、5時間）
　　　「ひかり」ダイヤによる全線試運転（25日、4時間、石田総裁、十河

前総裁試乗)

10月1日　天皇、皇后両陛下ご臨席のもとに開業式典が行われる。
　　「ひかり」4時間、「こだま」5時間、1時間に「ひかり」、「こだま」各1本で開業。

　(註)　CTC（Centralized Traffic Control、列車集中制御装置：各列車の進路構成や位置確認などを中央指令所で行う装置、第17章参照）

　鉄道技術研究所も新幹線実現に向けて本格的な技術開発にとりかかった。講演会までは「可能性」であったが、これからは現実の問題として限られた時間内に200km/h超の安全・安定で実用に耐える鉄道をつくり上げねばならない。そこで研究所は、既存の研究室体制を超えた重点研究班を編成し、種々の研究分野から研究者を集め、班長の指揮のもとに能率的に研究を進める体制をとっている。

　研究班は8班、研究テーマは173に上っている（表8-0-1）[1]。

　昭和36年度はモデル線試作電車の設計、製作の期間に充てられ、昭和37年度からモデル線試験が始まるので、主要事項については昭和33、34、35年度の3か年で結論を出さねばならないという真にタイトなスケジュールであった。

表8-0-1　研究班と研究項目、テーマ数（出典：文献1）

| 研究班 | 主な項目 | テーマ数 |
| --- | --- | --- |
| (1) 高速運転のための軌道構造 | 軌道、路盤、レール締結装置、レール、まくら木 | 25 |
| (2) 高速車両 | 空気力学、動力伝達、主電動機、車体、台車、車軸、軸受 | 29 |
| (3) 高速車両の運動 | 蛇行動防止、線路条件と横圧、乗り心地、振動緩和 | 17 |
| (4) 高速運転のための制御方式 | ブレーキ方式、粘着理論、電気ブレーキ、粘着ブレーキ | 18 |
| (5) 高速運転のための電車線構造 | 架線構造、架線金具、集電理論、パンタグラフ | 25 |
| (6) 交流電化 | 軌道回路、車内信号、き電回路、誘導、電気車性能 | 18 |
| (7) 高速運転のための信号方式 | 信号保安への電子装置の導入、ATC、CTC、無線による移動閉塞 | 19 |
| (8) 自動運転方式 | 自動運転方式、運転整理の自動化、CTCのプログラム制御 | 22 |
| 合　計 | | 173 |

---

[1] 『高速鉄道の研究』、(財)研友社、昭和42年、p.620

## 第 8 章　研 究 体 制

建設決定から開業までの期間について、新幹線計画部門の一員であった角本良平[2]は著書『東海道新幹線』のなかで、

> 「五ケ年間に、新技術を開発しながらもっとも近代的な複線鉄道を五〇〇キロにわたって完成することは、鉄道建設史上に例のないことであろうし、国鉄の総力をあげてもなおその成功が危ぶまれる大事業であった。
> 　……技術的にいかなる鉄道をつくるかをまず確定しなければならないのであるから、五ケ年はあまりにも短かった。しかし数年後に深刻な輸送難を迎えることを思えば、いかに困難でもこの計画は絶対に完成しなければならなかったのである。
> 　すぐれたものをつくるには長い研究期間がほしい。しかし工事の方は早く始めなければ間に合わぬ。限られた五年の期間を研究と工事に配分し、研究は工事に支障のないように完了し、工事は研究に必要な期間を認めるように最小限の日時でおこなうこととして調整した。」

と記している[3]。

鴨宮モデル線での試験が始まるまでは、各種試験は在来線を使って行われている。在来線での試験 56 回、モデル線での試験は試作 2 編成によるもの 86 回、量産先行車 1 編成によるもの 33 回で合計 175 回に上っている[4]。

鉄道技術研究所によるこれらの経過の記録は膨大なページ数にのぼっている[5]。これらをいかに要約するかが問題であるが、本書では広範囲に及ぶこれらの研究項目を 3 つに分類し、そのなかから 9 項目をとり上げることとした。

### 分類 I

高速化に伴い、従来はなかった現象が現れる（特性が変わる）ことへの対策テーマで、台車の蛇行動、集電系の離線が代表的なものである。

これらの事柄は従来のものをただ丈夫にする、精度を上げるだけでは対応できない。従来なかった現象を説明できる理論の構築とその検証が必須で、これなくしては海図のない航海になってしまう。

蛇行動の問題は第 1 章で見たように新幹線構想以前から研究されており、現

---

[2] 角本良平：昭和 16 年鉄道省、後国鉄監査委員、運輸経済研究センター理事長、早稲田大学客員教授
[3] 角本良平『東海道新幹線』、中公新書、1964 年 4 月、p.14
[4] 『高速鉄道の研究』、（財）研友社、昭和 42 年、p.627
[5] 『東海道新幹線に関する研究（第 1 冊）～（第 6 冊）』鉄道技術研究所、昭和 35 年 4 月～40 年 4 月、『高速鉄道の研究』（財）研友社、昭和 42 年、他に研究報告書類多数

象解明が進んでいたことが昭和 39 年開業の決め手となったと言えるだろう。
　一方、集電系については第 5 章で見たように高速化の研究は歴史が浅く、また第 10 章および 16 章で見るように、計画時には予想しなかった変更も生じ、モデル線での試験では出し切れない問題を抱えて開業に至ったと言えるだろう。

### 分類 II

　高速化に伴い、従来からあった問題が大きくなることに対応するテーマである（特性は変わらない）。
　軌道構造、列車空力抵抗、車両軽量化、車体振動（乗り心地）、電力エネルギー供給など多くのテーマが含まれる。
　この分類における課題は、高速化によってどのくらい問題が大きくなるかを把握あるいは想定すること及びその対策であり、形状変更、規模・強度アップなどで対応することになる。

### 分類 III

　高速化に伴い、人手では運転や運転管理ができないため対策を要する事柄で、ATC（Automatic Train Control、自動列車制御装置）、CTC（Centralized Traffic Control、列車集中制御装置）などである。方法を考えシステムを作らねばならない。

　分類 I は高速走行の前提になるテーマであり国、地域を問わない。分類 II、III は日本の社会基盤として受け入れ可能な鉄道にするためのテーマであり、事柄によっては国、地域で必要度は異なる。
　以下に分類 I から蛇行動と集電を、分類 II から軌道、車両強度、車両振動・乗り心地、ブレーキ、空気力学に関する事柄、き電方式を、分類 III からはATC、CTC を選び開業までの経過をたどることとする。

# 第 9 章　蛇行動の克服

記念講演会までの松平による蛇行動研究の経過は、次のようになっている。

昭和 22 年 7 月
- 「クリープ説による蛇行動理論の紹介」を発表

昭和 22 年 12 月
- 蛇行動の基礎的な解析を発表

昭和 24 年
- 1 輪軸 1/10 模型転走試験装置完成
- 1 輪軸を台車に前後左右に弾性結合した場合（図 1-7-2）の解析及び模型転走試験による理論検証

昭和 28 年
- 2 輪軸が車体に前後左右に弾性結合されている貨車の蛇行動解析及び 1/10 模型転走装置による理論検証
- 第 1 次蛇行動（車体蛇行動）と第 2 次蛇行動（台車蛇行動）の存在が明らかになった（図 1-7-8）。
- この段階から蛇行動限界速度 $v_c = \cdots\cdots$ のような形に解くことができなくなり、図式解法に頼らざるを得なくなっている。

　　当時はまだコンピュータがない時代であり[1]、図式解法のための計算には極めて多くの時間と人手を要している。

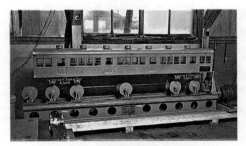

図 9-0-1　1/10 模型による転走実験装置
（写真提供：(公財) 鉄道総合技術研究所）
車体：形式サハ 78、台車：形式 TR48

---

[1] 最初のコンピュータ BendixG-15 が設置されたのは昭和 32 年であるが、研究者が使うには性能不足だったようで、松平が蛇行動解析にコンピュータを使い始めたのは昭和 37 年の第 2 世代 G-20 からである。

ボギー車両では解析はさらに複雑になり、もはや手計算では対応できないため蛇行動研究は模型実験を主体としたものに移っている。

昭和 31～32 年
・1/10 ボギー車両模型を作製し転走実験を行ったところ、換算速度 100～150km/h で第 1 次蛇行動が、200km/h 以上で激しい第 2 次蛇行動が発生し、当時の台車構造では第 2 次蛇行動はほとんど避けられないことがわかった。

そこで、実験精度を高めるため模型の縮尺を 1/5 に拡大してより詳しく現象を調べることとなった。

以上が記念講演会までの経過である。

松平は蛇行動研究について、

「車両の蛇行動の問題は、その本質上理論的な取り扱いが非常に困難なので、模型実験による研究が進められている。研究室では約 10 年前から動力学的に相似に作った模型車両を軌条輪上に載せて転走させる方法を採用して 2 軸貨車の蛇行動防止の研究に成果を上げてきたが、昭和 32 年度には 1/10 模型ボギー車両を作り（図 9-0-1)、同様な転走試験装置によって蛇行動試験を行い、高速時のボギー車の蛇行動の大体の様子を知ることができた。

その後、更に模型の相似性の精度と、実験そのものの精度を高めるため、34 年度以降は模型の縮尺を 1/5（図 9-0-2）にして台車の蛇行動の性質とその防止法の研究を続けている。」

| 諸　　　元 | 数　　　量 |
|---|---|
| 軌　　間 | 287mm |
| 軸　　距 | 400、<u>440</u>、480mm |
| 車 輪 径 | 182mm |
| 踏面こう配 | 0.0508（実測） |
| 軸ばね定数（1 台車片側） | 1.33kg/mm |
| 軸ばね左右間隔 | 390mm |
| 枕ばね定数（片側） | 1.33kg/mm |
| 枕ばね間隔 | 520mm |
| つり長さ | 110mm |
| つり角度 | 8° |
| つり下端ピン間隔 | 520mm |
| 車軸端スラストばね定数 | 6.3、12.5、25、∞ kg/mm |
| 側受間隔 | 160、240、<u>320</u>、460、540mm |
| 台車重量 | 35.9kg（実測） |
| 車体重量 | 65、81、<u>97</u>、117kg |
| 車体重心高さ（レール面上） | 364mm |

注）数値のなかで下線を引いたものは標準状態を表す。

図 9-0-2　1 台車の 1/5 模型台車（上）とその諸元（下）
（写真提供：（公財）鉄道総合技術研究所）

と述べている[2]。

それでは、以下に記念講演会から開業までの蛇行動研究の経緯をたどってみよう。

## 9.1　1/5 模型台車による実験[3]（1 台車、昭和 34 年度）

1 台車の 1/5 模型転走装置が完成し（図 9-0-2）、これによって軸距、車軸と台車間の横弾性、側受、車体重量が蛇行動とどのような関係にあるのかについて多くの実験が行われ、次のような成果を得ている。

図 9-1-1 は、車体を心皿で受けた場合の車体重量と蛇行動発生速度との関係を調べた図である。横軸が速度、左の縦軸が蛇行動振動数（Hz）、右の縦軸が蛇行動全振幅（mm）を表し、左が車体重量 65kg、右が 117kg のときの蛇行動の状況を表している。2 つのグラフにあまり変化がないことから、車体重量は蛇行動にほとんど影響しないことがわかる。

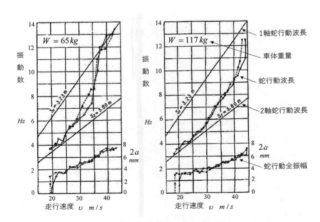

図 9-1-1　車体重量の影響（心皿支持）（出典：文献 3）

図において右下の蛇行動全振幅がゼロから突然立ち上がっているのは、この速度で蛇行動が始まり、終わることを現している（実線プロットは増速時、破線は減速時）。

図 9-1-2 は、心皿で車体を受けた場合の軸距変化と蛇行動の関係である。左

---

[2]　『東海道新幹線に関する研究（第 1 冊）』、鉄道技術研究所、昭和 35 年 4 月、pp.48/49
[3]　『同上（第 2 冊）』、鉄道技術研究所、昭和 36 年 4 月、pp.214/218

は軸距 400 mm、右が 480mm の場合で、軸距が大きくなると蛇行動開始速度が高くなり、波長も増加することがわかる。

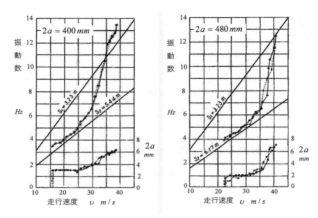

図 9-1-2　軸距の影響（心皿支持）（出典：文献 3）

このような結果をまとめたのが図 9-1-3 である。((a) は車体重量、(b) は軸距、(c) は側受間隔、(d) はスラストばね強さを変えたときの影響）。（図

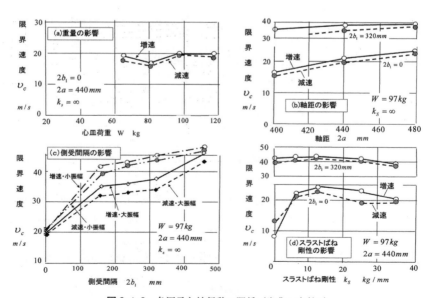

図 9-1-3　各因子と蛇行動の関係（出典：文献 3）

中 2a は軸距、2b は側受間隔)。図から (c) の側受けと (d) のスラストばねが蛇行動への影響度が大きいことがわかる。

この実験では第 1 次蛇行動は現れず、第 2 次蛇行動のみが現れたので、以下は第 2 次蛇行動に関する記述である[4]。

(ⅰ) 蛇行動の限界速度は車体重量が変わってもほとんど変化しない。(図 9-1-3 (a))。

(ⅱ) 蛇行動限界速度は軸距が大きくなるほど高くなる。その程度は、心皿支持のときは 2 軸台車の蛇行動波長計算値にほぼ一致する(同図 (b))。

(ⅲ) 側受支持の場合は、台車の回転に対して摩擦抵抗があるため、心皿支持に比し限界速度は大幅に増加する。しかし、その増加率は側受間隔が大きくなるにつれて小さくなる(同図 (c))。

(ⅳ) 軸箱内で車軸端部に取り付けたスラストばねの影響は、心皿支持のときはあるばね定数で限界速度が極大になる。しかし、側受支持の場合はこの傾向は明らかではない(同図 (d))。

上記結果は図 9-0-2 に示す 1 台車での結果であるが、続いてこれを図 9-1-4 のように 2 台車にした実験が行われ、第 2 次蛇行動に関して両実験に大きな差がないことが確認されている[4]。

図 9-1-4　2 台車 1/5 模型車両の転走試験装置
(写真提供:(公財)鉄道総合技術研究所)

松平は、

「この実験によって、最高速度が 200km/h 程度までならば、例えば独立車輪を採用すると言うような特別な手段を講じなくても、適量の側受摩擦と軸箱支持弾性を与えることによって第 2 次蛇行動を防止できる見込みがつけられた。」

---

[4] 『高速鉄道の研究』、(財)研友社、昭和 42 年、p.286

と記している[5]。

　第6章で記した記念講演会は、1/10模型の実験結果を踏まえた内容になっている。そして、講演では第2次蛇行動を抑えこむ方法について、

> 「その方法については、車輪踏面勾配を小さくすること、車軸を台車枠へ前後左右に十分堅固にとりつけること、台車の回転運動にばねによる復元力または摩擦を与えることなどが有効なことがわかっている。しかし、なお詳細は今後の研究にまたねばならない。」

と述べており、当時はまだ確かな見込みをもっておらず、場合によっては独立車輪の採用も考えていたことがわかる。

　しかし、昭和34年に行われた上記1/5模型試験によって第2次蛇行動制圧の見込みがたったことで、松平グループの安堵した様子がうかがわれる。

　そして、昭和34年8月末、かねてから計画が進んでいた待望の車両試験台が竣工した。

　そこで上記模型実験の結果を踏まえた実物大の実験台車が製作され、翌年度から実速度での確認試験が始まることになる。

## 9.2　実物大実験台車の転走試験[6]（1台車、昭和35年度）

　図9-2-1は、軸箱支持の横弾性値等を変更できるように作られた実物大実験台車である。

図9-2-1　実物大実験台車（出典：文献4）

　表9-2-1に実験台車、車体相当部（台車に載せる車体に相当する質量）と完成した車両試験台の仕様を示す。

---

[5] 『高速鉄道の研究』、（財）研友社、昭和42年、p.286
[6] 『東海道新幹線に関する研究（第2冊）』、鉄道技術研究所、昭和36年4月、p.219

## 9.2 実物大実験台車の転走試験（1台車、昭和35年度）

表 9-2-1　実験台車と車両試験台の仕様（出典：文献 4）

| | 諸　元 | 数　値 |
|---|---|---|
| 台車関係 | 軌　間 | 1,435mm |
| | 軸　距 | 2,500mm |
| | 車輪直径 | 860mm |
| | 車輪踏面形状 | 1/40、1/20 および摩耗踏面 |
| | 車軸横弾性（1軸箱あたり） | 12、110、220kg/mm（ミンデン式） |
| | | 50、200、350、500kg/mm（アルストム式） |
| | | 110、220、∞ kg/mm（シュリーレン式） |
| | 側受けと心皿の荷重分担割合 | 0、100% |
| | 揺れ枕吊り長さ | 650mm |
| | 〃　　　角度 | 10° |
| | 枕ばね定数（1台車片側、補助空気室120l） | 35.7kg/mm |
| | 枕ばね左右間隔 | 2,200mm |
| | 軸ばね定数（1台車片側） | 125kg/mm |
| | 軸ばね左右間隔 | 2,100mm |
| | 枕ばねダンパ減衰係数（1台車片側） | 50kg/cm/s |
| | 軸ばね　〃　（片効き、〃　） | 60、120kg/cm/s |
| | 左右動　〃　（1台車分） | 25kg/cm/s |
| | アンチローリング（捩り棒式）のばね定数 | 100kg/mm（枕ばね位置に換算） |
| 車体 | 荷重枠の心皿位置における重量 | 3,900kg |
| | 荷　重 | 5,800 および 11,600kg |
| | 心皿荷重 | 9,700 および 15,500kg |
| 車両試験台 | 軌　間 | 1,435mm（1,000～1,676mm の範囲で可変） |
| | 軸　距 | 2,500mm（1,500～5,500mm　〃　） |
| | 軌条輪直径 | 1,060mm |
| | 軌条輪回転数 | 0～1,250rpm |
| | 車両速度 | 0～250km/h |

　台車の可変項目は踏面勾配（摩耗踏面を含め3種類）、軸箱支持装置[註]（3種類）、車軸横弾性（3～4段階）、心皿と側受の車体重量分担率（2段階）、軸ばねダンパ定数（2段階）等である。

　揺れ枕吊り機構はあるが、枕ばねは空気ばねになっている。

　1台車の上に車体の半分に相当する荷重を載せ、昭和36年6月、車両試験台で世界最初の実物大・実速度の台車転走試験が始まった（図9-2-2）。

　以後1年間にわたり、この実験台車と車両試験台を使って250km/hまでの蛇行動実験が繰り返され、理論の検証と蛇行動に対する各因子の影響度確認

図 9-2-2　車両試験台による実験台車の試験（1台車）（写真提供：（公財）鉄道総合技術研究所）

が行われた[7]。この結果を踏まえ、モデル線の試作台車の仕様が決定されることになる。

　(註)　軸箱支持装置
　　台車枠は軸箱を前後には動かないように、左右には適度の余裕をもたせ、上下には自由に動けるように支持する必要があり、そのために多くの機構が考案されている。
　　実験台車に用意された軸箱支持装置は、上下にたわむ板ばねで両横から軸箱を位置決めするミンデン式(Minden-Deutz)、上下方向にスライドする内外円筒を使ったシュリーレン式(Schlieren)、リンク機構で軸箱を支持するアルストム式(Alsthom)の3方式であった。前後方向の弾性について、ミンデン式は全く固く、シュリーレン式とアルストム式は構造上ある程度の弾性が残る。

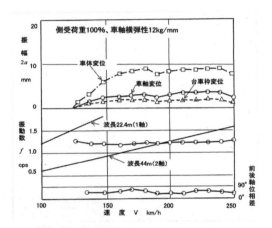

図9-2-3　踏面勾配1/40、側受荷重100%、
車軸横弾性12kg/mm、ミンデン式軸箱支持
(出典：文献6)

　図9-2-3～9-2-6は、最も蛇行動を起こしやすかったミンデン式軸箱支持装置の場合の例を示している。

　図9-2-3、9-2-4は踏面勾配1/40のときの例である。図9-2-3では約120km/hで第1次蛇行動が起こり、最初はだんだん振幅が大きくなるが、160km/h以上ではほぼ一定になっている。また車体の振幅が車軸、台車の振幅よりかなり大きい(グラフ上部の3曲線参照)。振動数は250km/hまでほとんど変わらず1.2～1.5cps(cycle per second、今の国際単位ではHz)である。前後車輪の位相差は大体45°で、台車は車体に対しあまり回転していないことがわかる。

---

[7]　『高速鉄道の研究』、(財)研友社、昭和42年、p.284

図 9-2-4 は、蛇行動限界速度と車軸横弾性及び軸ばねダンパ減衰係数との関係を示している。

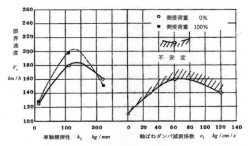

**図 9-2-4** 蛇行動限界速度対車軸横弾性、軸ばねダンパ減衰係数の関係
(踏面勾配 1/40、ミンデン式)(出典:文献 6)

限界速度は車軸横弾性が1軸当たり 100〜150kg/mm で極大値をとっており、車軸に横弾性を与えることは第1次蛇行動の限界速度を上げるのに有効であることを示している。

側受荷重の分担割合を変えても限界速度はあまり変わっていないが、これは車体の下心ローリングを主体とした蛇行動は車体に対する台車の回転運動が小さいため、側受摩擦の効果がほとんどないことを示している。

軸ばねダンパの減衰係数にも最適値があり、最適値で不安定領域が狭くなっている。

また、図 9-2-5、9-2-6 は踏面勾配 1/20 と条件を悪くしたときの例である。

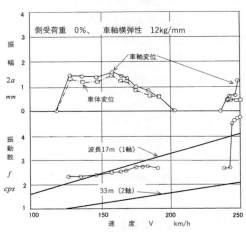

**図 9-2-5** 側受荷重 0%、車軸横弾性 12kg/mm の場合の蛇行動特性
(踏面勾配 1/20、ミンデン式)(出典:文献 6)

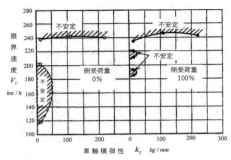

**図 9-2-6** 車軸横弾性の関係と蛇行動限界速度
（踏面勾配 1/20、ミンデン式）（出典：文献 6）

図 9-2-5 では 120km/h 位で第 1 次蛇行動が起き、200km/h 位で安定領域に入って消滅している。この振動は車体の上心ローリングの形をしており、振動数も 2.3〜2.8cps にあり速度とともに漸増し、車体と車軸の変位量はほぼ同じである。

そして 240km/h 位になって第 2 次蛇行動が起こるが、ここでは車軸の変位は車体より大きく、かつ振幅が急激に増大しその振動数は起こり始めの 2.7cps から 4.5cps に急変している。

図 9-2-6 は、車軸横弾性と蛇行動限界速度の関係を示している（左が側受荷重 0%、右が 100%）。

横弾性が約 50kg/mm 以下の場合は第 1 次と第 2 次蛇行動が起きているが（縦軸に接している半円状の不安定領域が第 1 次蛇行動の範囲、上部の不安定領域が第 2 次蛇行動の範囲）、横弾性を大きくすると第 1 次蛇行動は起きなくなる。しかし、第 2 次蛇行動には効いてこない。

軸箱支持方式がミンデン式の場合は上記のように蛇行動が発生したが、シュリーレン式の場合には、車軸の横弾性の大きさにかかわらず第 1 次、第 2 次蛇行動とも起きていない。

また、摩耗踏面の場合はミンデン式軸箱支持装置、心皿支持の条件ではある速度で蛇行動が起こると急激に振幅が増大し完全に不安定振動の様相を呈するなど、全般的に状態は悪くなる。しかし、アルストム式支持装置の場合は、側受で支持し車軸の横弾性を 350〜500kg/mm と強くすれば、250km/h までは蛇行動が起きていない。

以上のように、数多くの組合せ試験から得た結果は次のとおりであった。
（ⅰ）第 1 次蛇行動は車体のローリングの固有振動数を下げ、同時にダンピン

グを与えること、車軸の前後方向に弾性を与えることなどで防止できる。
　しかし、側受支持の効果はほとんどない。
(ⅱ)　車体重量を全部あるいは一部を側受支持にすれば第2次蛇行動の始まる速度を相当上げることができ、また蛇行動を起こした場合でも振幅を抑制できる。
(ⅲ)　車輪踏面を1/40にすると250km/hまで第2次蛇行動は発生しない。
　　車体、台車の条件によっては第1次蛇行動が比較的低速度から起こり得るが、これは（ⅰ）によって防止できる。
(ⅳ)　車輪踏面が1/20または摩耗踏面の場合は、170km/h以上で第2次蛇行動を起こす可能性がある。この蛇行動は極めて激しいので、完全に防止する必要がある。
(ⅴ)　車軸の横方向弾性は主に第2次蛇行動の開始速度を上げるのに有効で、その適値は1軸当たり300～500kg/mmと推定される。
(ⅵ)　軸箱支持装置をアルストム式及びシュリーレン式とした場合の方がミンデン式の場合より蛇行動安定度が高かったことから、車軸に対し前後方向の弾性を与えることも第1次、第2次蛇行動を抑えるのに有効と推定される。
　　ただしその適値についてはさらに検討を要する。
(ⅶ)　以上から250km/hまでの範囲では、蛇行動防止のために例えば独立車輪の採用などの特別なことをしなくても、車輪踏面勾配、台車の回転に対する摩擦モーメント、車軸の前後左右の支持弾性などを適切に選べば現在の台車構造でもよいという見通しが得られた。

　このように、車両試験台での実速度・実規模台車の試験によって、それまでの理論解析や模型実験で得られた知見が定量的に確かめられると同時に、従来の知見にはなかった現象が確認されている。
　そして、これらの結果を踏まえて、モデル線用試作車両の台車が製作されることになる。

## 9.3　蛇行動解析の条件拡大（1台車、昭和36年度）

　上記車両試験台での試験結果を踏まえ、車軸前後方向弾性支持、台車回転に対する復元ばね及びダンピングの効果を見定める解析が行われることとなった[8]。

---
[8] 『東海道新幹線に関する研究（第3冊）』、鉄道技術研究所、昭和37年4月、pp.250/261

### 9.3.1 車軸前後方向の弾性導入

上記実験台車の試験では、従来から蛇行動抑制対策として考えてこなかった車軸の前後方向の弾性の影響が現れた（上記（vi））。

車軸の前後方向の弾性については、2軸貨車の蛇行動解析ですでに解析のなかに入っていた（1.7.3節、図1-7-7参照）。しかし、実際に解を求めているのは「実際上重要な特別な場合として、$k_1 = \infty$、すなわち車軸が台車に対して前後方向に固く取り付けられている場合」についてであって、前後弾性の寄与度については計算していなかった。

ところが、実験用の実物大台車には3種類の軸箱支持装置が付いていて、図らずしも蛇行動特性に違いがあることがわかったのである。松平の蛇行動研究は理論解析が先行し、実験でその正否を検証するプロセスであったが、車軸の前後方向の弾性については実験の結果を見てそれを理論的に説明する手順になっている。

氏は昭和36年度の研究経過の記述のなかで、

> 「台車枠に対する車軸の左右方向の支持弾性の値に台車蛇行動の限界速度を最大にする適値があることは、我々の2軸貨車の蛇行動に対する計算によって、前から知られていた。しかしこれは車軸の支持弾性が前後には無限大で、左右方向のみ値を持つ特殊の場合についてであった。今回、新幹線台車の設計にあたり、軸箱支持装置の設計上の指針とするため、改めてこの問題を取り上げ、より一般的な場合について計算を行い、軸箱支持弾性の適値について検討した。」

と記している[9]。

具体的には新幹線台車の寸法・重量を使い、車軸を前後にしっかり取り付けて左右の弾性を変えたときの蛇行動特性、及び左右にしっかり取り付けて前後の弾性を変えたときの蛇行動特性を、やはり多くの人手と時間を要する図式解法よって求め次の結果を得ている[10]。

（ⅰ）車軸の前後弾性を無限大にしたときは、蛇行動限界速度を極大にする横弾性値がある。

（ⅱ）車軸の横弾性を無限大にしたときも蛇行動限界速度を極大にする前後弾性値がある。

（ⅲ）両者の蛇行動限界速度を比べると、後者の場合の方が前者の場合より約5割大きい。

---

[9] 『東海道新幹線に関する研究（第3冊）』、鉄道技術研究所、昭和37年4月、p.250
[10] 同上、p.253

すなわち、左右に車軸を固定し前後の弾性を与えたほうが、前後方向に固定し左右に弾性を与えるより蛇行動開始速度が高くなるという結果であった。

これについて松平は、

「実際問題として、左右の弾性を無限大にすることは不可能であるが、$k_2 = 2000 kg/mm$ 程度にすることはそれほど困難ではないだろう。これに対する前後弾性の適値は $k_1 = 680〜1020 kg/mm$ になる。即ち、新幹線台車の場合、軸箱支持弾性の設計値は、1軸箱当たり左右方向 $1000 kg/mm$、前後方向 $350〜500 kg/mm$ 程度を狙うのが良いと思われる。この時の蛇行動開始速度は $280 km/h$ となる。」

と述べている[11]。

実験台車の試験を終えた段階では、横方向弾性について「その適値は1軸当たり 300〜500kg/mm と推定される。」としていた。しかし、この解析結果を踏まえ「1軸あたりの横弾性 1000kg/mm、前後弾性 350〜500kg/mm がよかろう」と上記のように修正している。

### 9.3.2 台車回転抵抗の適値算出[12]

台車の側受に車体荷重を分担させれば蛇行動限界速度が上がることは、すでに 1/5 模型実験でも確認されている。しかし、模型実験では設計に反映すべき適値までは出せない。

そこで、モデル線用試作台車の設計に資するべく、以下の理論解析が行われた[13]。

図 9-3-1 の解析モデルによって、図中央の上下にある $k_0$ と $c_0$ の効果を定量的に評価しようとするものであり、次の手順で計算されている（クリープ係数は縦方向、横方向とも同じ $f$ としている）。

（ⅰ）各車輪について車輪方向、車軸方向の速度を記述する。
（ⅱ）各車輪のクリープ力を記述する。
（ⅲ）AB軸、CD軸、台車について横方向の力の釣合い、モーメントの釣合いの運動方程式を立てる。

　　　例えば AB 軸については

$$\text{力の釣合} \quad m_w \ddot{y}_1 + k_2(y_1 - y_0 - a\psi_0) = f(\dot{y}_1/v - \psi_1)$$

---

[11] 『東海道新幹線に関する研究（第3冊）』、鉄道技術研究所、昭和37年4月、p.254
[12] 同上、p.257
[13] 同上、pp.257/261

モーメント釣合 $m_w i^2{}_w \ddot{\psi}_1 + k_1 b^2{}_1(\psi_1 - \psi_0) = -f(b^2 \dot{\psi}_1 / \upsilon + b\gamma\, y_1 / r)$

のごとしである。

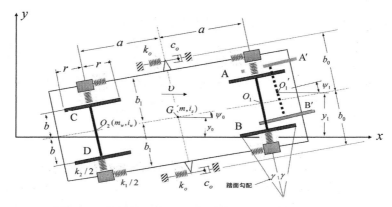

**図9-3-1** 台車回転に対し、ばねとダンパが作用する解析モデル
（出典：文献12）

（iv） 運動方程式の定常振動解を $e^{j\nu t}$ とおいて特性方程式を作り、実数部＝0、虚数部＝0と置いて得られる $\upsilon$、$\nu$ の2元連立方程式を解いて蛇行動限界速度 $\upsilon$ と振動数 $\nu$ を求める。

（iv）の段階は貨車の蛇行動解析を行ったときと同様に多くの労力と時間を要したものと思われる（1.7.3節参照）。

計算は新幹線用台車の諸数値を適用して行われ、次の結果を得ている。

（ア） 復元ばね $k_0$ の効果

図9-3-2（a）は、減衰係数 $c_0$ がゼロのときに弾性 $k_0$ を変えた場合の蛇行動限界速度の変化を表している。

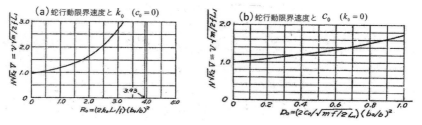

**図9-3-2** 台車回転に対する復元ばね、ダンパの効果（出典：文献11）

横軸縦軸は計算上 $k_0$、$\upsilon_c$ に係数が掛かったものになっているが、割り戻せ

ば $k_0$、$c_c$ になる。

　例えば、蛇行動限界速度をこの復元ばねがない（$k_0$ がゼロ）ときの 1.5 倍にするには、横軸の数値を 1.75 にすればよい。これは $k_0 = 300$kg/mm にあたる。また、完全に蛇行動を消滅させるには横軸の数値を 3.93 以上にすればよく、これは $k_0 = 670$kg/mm にあたる。

　このように台車回転に対して弾性復元力を与えることは蛇行動防止に非常に有効であるが、一方で曲線通過時の車輪横圧が過大になるので望ましくない。そこで、松平は台車の回転モーメントが一定値を超えないように、側受あるいは大心皿で摩擦を与える方法を推奨している。

（イ）減衰係数 $c_0$ の効果

　図 9-3-2（b）は、$k_0$ がゼロのときの $c_0$ の効果を表している。図からわかるように、限界速度をダンピングがないときの 50％増にするには横軸の値を 0.75 にすればよく、これは $c_0 = 35$kg/cm/s にあたる。この減衰係数はオイルダンパで可能であるが、松平は台車構造の観点ではやはり側受か大心皿の摩擦の利用を推奨している。

　2 軸貨車の蛇行動計算のときにコンピュータはなかったが、上記計算が行われた昭和 36 年には Bendix G-15 が導入されていた。しかし、G-15 は複雑な計算を大量に行うには能力不足だったようで、松平も使っていない。氏がコンピュータを使うのは、後述の 9.5 節からである。

　以上のような経緯を経て昭和 36 年 9 月、モデル線用に A 編成 2 両、B 編成 4 両を製作することが決定され、11 月に発注されている。軸箱支持は左右と前後に剛性をもたせるようにされた（表 9-4-1）。

## 9.4　試作電車の転走試験（車体＋2 台車、昭和 36 年度末）

　前年度に行われた上記実験台車の実速度転走試験結果を踏まえてモデル線の走行試験に使う台車 6 型式が完成し、車両としての転走試験が昭和 37 年 2 月から車両試験台で行われた。

　表 9-4-1 は、各台車で異なっている定数の一覧表である[14]。これらの台車は寸法的には同一に設計され、どの車体にも入るようになっているが、量産車両の設計に必要なデータを得るため各台車ごとに振動特性上の定数は異なるように製作された。

---

[14] 『東海道新幹線に関する研究（第 4 冊）』、鉄道技術研究所、昭和 37 年 4 月、p.245

表 9-4-1　試作車両用台車の仕様（出典：文献 13）

| 台車形式 | DT9002 | DT9001 | DT9006 | DT9004 | | | DT9005 | DT9003 |
|---|---|---|---|---|---|---|---|---|
| 軸箱支持方式 | 重ね板ばね式 | 円筒案内式 | リンク式 | リンク式 | ミンデン式（板ばね） | IS式（板ばね・ゴムブッシュ） | 可撓軸梁式 | 円筒案内式 |
| 軸箱支持剛性（1軸当たり kg/mm）左右 | 3,000～3,400 | 550 | 415 | 207 | 1,420 | ①926 ②530 | 532/765 | 空車 750 定員 865 |
| 前後 | 3,000～3,400 | 950 | 1,825 | 3630 | ∞ | ①647 ②2,136 | 420/2,136 | 同上 |
| 枕ばね定数（kg/mm）左右 | 25 | 45 | 35 | ①35 ①28 | | | 35 | 35 |
| 前後 | 45 | 45 | 45 | ①空車時43, 定員時50 ②26 | | | 50 | 45 |
| 軸ばね定数（kg/mm） | 265 | 217 | 224 | ①185 ②359 | | | 204 | 202 |
| 軸ばね装置ばね定数*（kg/mm） | 228 | 約200 | 264 | ①240 ②415 | | | 292 | 187 |
| 軸ばねダンパ減衰力 | なし | なし | 両効き 2.5cm/s 時 174kg 10cm/s 時 300kg | 片効き（伸び側作用）120kg/cm/s | | | | なし |
| 枕ばねダンパ減衰係数（kg・s/cm） | 60 | | | | | | | |
| 左右動ダンパ減衰力（kg） | 400（ピストン速度 5cm/s）, 600（同 10cm/s） | | | | | | | |
| 空気ばね絞り（mm） | なし（25φ） | | | 12φ | | | なし（25φ） | |

＊軸ばねと軸箱支持装置を含めたばね定数

　250km/h までの転走試験を行ったところ、なお従来の知見からは想定していなかった次のような現象が発生した [15]。

（ⅰ）　枕ばねに車体無傾斜機構を付けると、100km/h 前後で車体の下心ローリングを主体とする第 1 次蛇行動が現れ、速度を上げても消滅しない。

（ⅱ）　無傾斜機構を外すと、250km/h まで蛇行動が起きない場合もあるが、150km/h 以上で上心ローリングの第 1 次蛇行動が起きる場合もある。

（ⅲ）　これらの蛇行動は横ダンパ、軸ばねダンパ、枕ばねダンパの減衰値を選べば消滅させることができたが、ある場合は消滅しなかった。

（ⅳ）　すべてについて、250km/h まで第 2 次蛇行動は発生しなかった。

　各台車の車輪踏面勾配は 1/40 と小さかったので激しい第 2 次蛇行動は起きていないが、上記のように車体振動を主とする第 1 次蛇行動が現れている。実物大実験台車（1 台車）の転走試験では「第 1 次蛇行動は車体のローリングの固有振動数を下げ、同時にダンピングを与えること、車軸の前後方向に弾性を与えることなどで防止できる」としていたので、ここは予想どおりいっていない。

　車体無傾斜機構は、曲線通過時に超過（または不足）遠心力が作用したときに、枕ばねと軸ばねによる車体の傾斜を補償して車体床面をレール面に対して平行に保つ仕組みのものである。

　このようなことから、次に述べる車両（車体＋ 2 台車）としての蛇行動解析

---

[15]　『東海道新幹線に関する研究（第 3 冊）』、鉄道技術研究所、昭和 37 年 4 月、p.27

が行われることとなった。

## 9.5 ボギー車全体の蛇行動計算[16]（昭和37年度）

　昭和37年度にBendix G-20計算機が入り、従来できなかった数値計算ができるようになり、蛇行動計算もその恩恵を受けることとなった。
　松平は、

> 「新幹線車両用台車の設計に際し最も重要な蛇行動防止法を見出す目的で、今まで数多くの理論計算や模型実験や、さらに試験用実物台車の車両試験台上での蛇行動試験が行われてきた。しかし従来の蛇行動理論は、台車だけを考えたもので車両全体を考えたものではない。しかもその解法は単に蛇行動の限界速度を見出すだけであって、その外の走行速度における車両の振動の安定度については何らの知識も与えられなかった。また車両試験台における実物台車の蛇行動試験の結果を解釈し、一般化し、台車設計に有用な結論を導くためにも、車両全体としての蛇行動を理論的に解明する必要にせまられた。
> 　……そこで新幹線車両を対象として、新しく本格的な方法によって蛇行動の理論計算を行った。その方法は、車両がレール上を走っている場合の横方向の運動方程式を作り、その特性方程式を導き、その根を電子計算機によって求めて運動の安定性を調べる方法である。これによって任意の走行速度において、車両に起こり得るあらゆる型の振動の振動数並びに減衰率（又は発散率）の値が求められ、従って車両の横運動の状態を知ることが出来る。」

と述べている[16]。
　今までは車体が蛇行動に与える影響を見る場合、1台車に車両の半分の質量を載せ台車の蛇行動を解析してきた。1台車が手計算の限度だったからである。しかし、車両試験台で1車両（車体＋2台車）の試験ができるようになり、モデル線で試験走行が始まることから、これらにおけるデータを解釈するため「車体＋2台車」に対し蛇行動が起きる速度だけでなく、広い速度範囲についての解析が必要となってきたのである。折しもG-20計算機によってそれが可能となっていた。

---

[16] 『東海道新幹線に関する研究（第4冊）』、鉄道技術研究所、昭和38年4月、p.221
　　『高速鉄道の研究』、（財）研友社、昭和42年、p.290

氏は、

「高速車両の蛇行動に関する研究は2軸貨車の高速化に対してなされた研究を基礎として発展し、昭和37年以降においては大型電子計算機の利用によってボギー車のような複雑な振動系に対しても解析が可能になった。」

と述べている[17]。

計算は図 9-5-1、9-5-2 のモデルで行われている。

運動の種類としては前台車の左右動、ヨーイング、後台車の左右動とヨーイング、車体の左右動、ローリング、ヨーイングの7種類である。

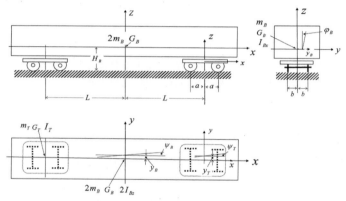

図 9-5-1　ボギー車の計算モデル（出典：文献16）

図 9-5-2 (a)、(b) は台車のばねを示す。揺れ枕吊りを廃し、枕ばねに用いた空気ばねの横弾性を横方向のサスペンションにしている（図 (a) 中の $k_2'$）。

図では車軸を前後左右に弾性支持する $k_{wx}, k_{wy}$ があるが、計算は前後左右に固く支持された場合（$k_{wx}, k_{wy} = \infty$）について行っている。

図中記号は、$x, y, z$ は前後、左右、上下変位を表し、$\varphi, \psi$ は $x$ 軸回り、$z$ 軸回りの角変位を表している。ばね関係では、$k_1$ は軸ばね、$k_2$ は枕ばね、$k_2'$ は枕ばねの横弾性、$k_0$ は台車回転に与える弾性を表している。

$m, I$ は質量、慣性モーメントで、例えば $m_B$ は車体の質量、$I_{Bx}$ は車体の $x$ 軸回りの慣性モーメント、$m_T$ は台車全体質量等である。

解析は、車軸を台車に前後左右とも固く結合している場合について行われているので、運動方程式は次の7つが立つ（章末補足5参照）。

---

[17] 『高速鉄道の研究』、(財)研友社、昭和42年、p.290

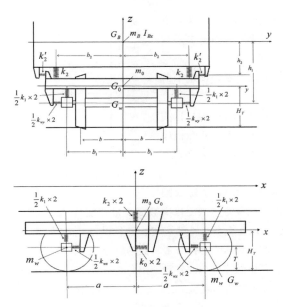

**図 9-5-2** ボギー車の計算モデル 上：台車ばね装置（a）、下：同（b）（出典：文献 16）

前台車について
- ・横方向（$y$ 方向）の運動 　　　　　　　　　　　　　　　　　　　　（ⅰ）
- ・$z$ 軸回りの運動 　　　　　　　　　　　　　　　　　　　　　　　　（ⅱ）

後台車について
- ・横方向の運動 　　　　　　　　　　　　　　　　　　　　　　　　　　（ⅲ）
- ・$z$ 軸回りの運動 　　　　　　　　　　　　　　　　　　　　　　　　（ⅳ）

車体について
- ・横方向の運動 　　　　　　　　　　　　　　　　　　　　　　　　　　（ⅴ）
- ・$x$ 軸回りの運動（ローリング）　　　　　　　　　　　　　　　　　　（ⅵ）
- ・$z$ 軸回りの運動（ヨーイング）　　　　　　　　　　　　　　　　　　（ⅶ）

未知数は、前台車の左右変位 $y_{T1}$ と $z$ 軸回りの角変位 $\psi_{T1}$、後台車の左右変位 $y_{T2}$ と $z$ 軸回りの角変位 $\psi_{T2}$、車体の左右変位 $y_B$、$z$ 軸回りの角変位 $\psi_B$、$x$ 軸回りの角変位 $\varphi_B$ である。

これらの解は $y_{T1} = Y_{T1}e^{pt}$、$\psi_{T1} = \Psi_{T1}e^{pt}$……のようになっているとして（ⅰ）〜（ⅶ）に代入し、$Y_{T1}$，$\Psi_{T1}$ 等を消去すれば次の特性方程式を得る。

$$A_{14}p^{14} + A_{13}p^{13} + \cdots + A_1 p + A_0 = 0 \qquad \text{(viii)}$$

係数 $A_{14}\cdots A_0$ は、複雑ではあるが速度 $v$ と車両定数、クリープ係数で表される定数である。

(viii) 式の根を求めるのに電子計算機が使われた。

根は $p = \alpha \pm j\omega$ の形で一般には共役根を含め14個あるが、共軛根は位相差の違いだけなのでこの場合は7個である。

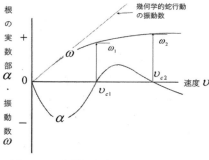

図9-5-3 特性方程式の根と蛇行動の関係

根 $p = \alpha + j\omega$ が表す蛇行動は図9-5-3に示すようになる。図では実数部 $\alpha$ は速度 $v_{c1}$ までは負、$v_{c1}$ から $v_{c2}$ までは正で $v_{c2}$ からはまた負になるので、蛇行動は $v_{c1}$ で始まり（その時の振動数は $\omega_1$）$v_{c2}$ で収束することになる（振動数は $\omega_2$）。

図9-5-4は、新幹線車両の諸定数を用いた計算結果の例である。この例では7つの根のうち2つは負の実数で、これは蛇行動には関係がない（何らかの外

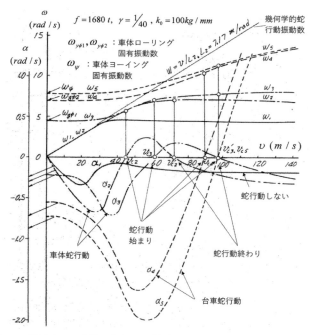

図9-5-4 計算で得られた特性方程式の根の速度特性例
(出典：文献19)

## 9.5 ボギー車全体の蛇行動計算（昭和37年度）

乱があっても振動は収束する）ため、残りの5つについて速度との関係を示している。

コンピュータのおかげで、従来は見ることができなかった蛇行動の姿が図に現れている。

横軸は速度 $v(m/s)$、縦軸は根の実数部 $\alpha(rad/s)$ と振動数 $\omega(rad/s)$ である。実数 $\alpha_1$ をもつ根は車体蛇行動の下心ローリングを表し、この事例の $k_0$（台車回転に対するばね定数）= 100kg/mm では $\alpha_1$ は正にならないので蛇行動は生じない。

実数 $\alpha_2$ をもつ根は車体蛇行動の上心ローリングを表している。この事例では、$v$ が 45m/s（162km/h）ぐらいで負から正になっているので、この速度で蛇行動が始まる。72m/s（259km/h）あたりで正から負になっているので、この速度で収束することがわかる。

実数 $\alpha_3$ をもつ根は車体蛇行動のヨーイングを表している。この蛇行動は速度 61m/s（219km/h）で蛇行動モードに入り、約 90m/s で収束し安定モードに入ることを示している。

実数 $\alpha_4$、$\alpha_5$ の根は台車蛇行動を表し、速度が 89m/s（320km/h）、97m/s（349km/h）で蛇行動モードに入り以降収束しない。前後台車が同位相で振動するのが $\alpha_4$ の根で、逆位相になるのが $\alpha_5$ の根である。

図 9-5-5 は、台車回転に抵抗するばね $k_0$ の強さと蛇行動限界速度 $v_c$ の関係を示している。図中左から右に出ている舌のような曲線は車体蛇行動で、下から下心ローリング、上心ローリング、ヨーイングである。

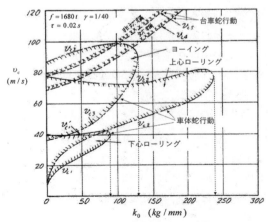

**図 9-5-5** 台車回転に対するばね定数 $k_0$ と蛇行動限界速度 $v_c$ の関係（計算）
(出典：文献 19)

$k_0$ が 100kg/mm の場合、速度を上げていくと速度が 45m/s ぐらいで上心ローリングが始まり、60m/s を超えたところでヨーイングが始まり、70m/s を超えたところで上心ローリングが終わり、90m/s 位で台車蛇行動が始まり、100m/s 手前でヨーイングは終わり、もうひとつのモードの台車蛇行動が始まることを表している。

　また図から、$k_0$ を約 90kg/mm 以上にすれば下心ローリングは起こらず、130kg/mm 以上にすればヨーイングは起こらず、240kg/mm 以上にすれば上心ローリングが起こらないこと、そして $k_0$ をさらに強くするとすべての蛇行動は起こらなくなることがわかる。

　松平は、この計算から得た結論を概略次のように述べている[18]。

（i）　台車の回転に対する復元モーメントが小さい場合や、ばね系の減衰が不足している場合には一般に第 1 次蛇行動と第 2 次蛇行動が発生する。
　　　第 1 次蛇行動は車体の下心ローリング、上心ローリング、ヨーイングを伴う 3 つの型に、第 2 次蛇行動は前後台車が同位相と逆位相の 2 つの型に分類される。
（ii）　第 1 次蛇行動の不安定度は比較的小さく、場合によっては安定になることもある。しかし、第 2 次蛇行動の不安定度は限界速度を超えると急激に増大し再び減少することはない。
（iii）　蛇行動を防止するために台車の回転に対してある値以上の復元力を与えることが必要であり、この復元力を十分大きくするとすべての蛇行動を消滅させることができる。
（iv）　ばね系に適度の減衰を与えることは第 1 次蛇行動の防止に非常に効果がある。しかし第 2 次蛇行の防止にはほとんど効果がないばかりでなく、過度の減衰はかえって限界速度を低下させる。
（v）　第 1 次、第 2 次蛇行動の限界速度は車輪踏面勾配が小さいほど高くなり、ほぼ踏面勾配の逆数の平方根に比例する。

　また、車軸と台車枠間の前後左右弾性結合の程度については、

　　「前後左右の支持剛性には蛇行動限界速度を極大にする適値が存在するが、実際問題としてはこの値はむしろできるだけ高く、$k_{wx} = k_{wy} = 1500 \sim 2000 kg/mm$ 以上に取るのがよいであろう。車輪支持装置に存在する前後左右のガタ、特に軸受間の横遊間はできるだけ除くことが必要である。」

---

[18] 『高速鉄道の研究』、(財) 研友社、昭和 42 年、p.291

としている[19]。

これらがモデル線試作車両に反映され、走行試験が始まった。
松平は、

> 「新幹線車両を対象として、1対の2軸台車を持つボギー車の蛇行動を線形理論に基き、電子計算機を使って数値的に計算した。これによって、車両の持つ各型の振動の振動数や減衰率が走行速度と共に如何に変化していき、時として蛇行動に転じていくかが明らかにされた。そして台車の回転剛性、車輪踏面の勾配、車輪レール間のクリープ係数、車体支持装置のダンピング及び車軸の台車枠に対する前後左右の支持剛性の蛇行動限界速度に対する影響が明らかにされ、新幹線車両の設計に貴重な参考資料を与えた。今までに模型実験や車両試験台上で行われた試験台車の蛇行動試験や線路上での多くの実車試験で経験した車両蛇行動の非常に複雑な、従来うまく説明されなかった性質が、この理論計算によってかなり明瞭に説明されるようになった。」

と述べている[20]。

蛇行動の起振源は車輪の踏面勾配であり、輪軸が結合される台車・車体系はばねと質量をもつ振動系であるから、輪軸と台車の結合関係が車両としての蛇行動を決定するうえで大きな意味をもつのは当然である。しかし、両者の結合関係の最適値は台車、車体の振動特性との関係で変わるため、車両としてのトータルな振動特性は電子計算機の力を借りてようやく明らかになったということである。

しかし、蛇行動現象はこれですべて見えたわけではなかった。後述のように、モデル線での速度向上試験で激しい蛇行動が発生したのである。

## 9.6 衝撃的横圧の評価法[21]

脱線係数（＝横圧 $Q$／輪重 $P$）の意義、重要性について、松平は講演会で述べている（図6-2-5参照）。

図では $Q/P$ の危険限界値を1としているが、$Q/P$ が1を超えてもその時間

---

[19] 『東海道新幹線に関する研究（第4冊）』、鉄道技術研究所、昭和38年4月、p.230
[20] 『東海道新幹線に関する研究（第4冊）』、鉄道技術研究所、昭和38年4月、p.230
[21] 『同上（第3冊）』、鉄道技術研究所、昭和37年4月、p.235

が短ければ脱線には至らない。それでは、その継続時間をどう考えればよいのであろうか。

松平は、

> 「車両の高速走行中に車輪に作用する衝撃的横圧に対する許容限度については、今までに確かな基準が出されていない。新幹線車両は非常な高速で走るため、車輪にこのような衝撃的横圧が作用することが予想される。従ってその許容限度について確実な基準を作っておくことが必要である。」

と述べ、次のようにその基準を作っている。

まず、模型車両を台車転走装置で高速転走させ激しい蛇行動によって脱線させ、その現象を高速度写真に撮り横圧との関係を調べる。次いで、実験結果を元にこの脱線現象に対する理論化を行い、車輪フランジのレールへの衝突速度と飛び上がり高さ及び横圧との関係式を導いている。

そして、衝撃的横圧による脱線係数の限界値は衝撃時間に逆比例し、フランジ高さの平方根に比例すること、フランジ傾き角度、ばね下重量とばね上重量の比が小さいほど、また車輪とレール間の摩擦係数が大きいほど限界値は小さくなることを明らかにした。

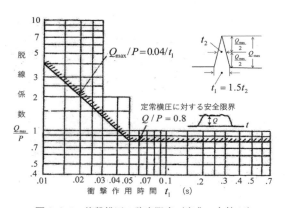

図 9-6-1　衝撃横圧の許容限度（出典：文献 21）

図 9-6-1 は、このようにして得られた衝撃的横圧の許容限度を示している。衝撃作用時間 $t_1$ は実際には正確に求めにくいので、波高値の 1/2 の時間幅 $t_2$ を読み取り $t_1 = 1.5 t_2$ とすればよいとしている。

## 9.7　試作電車のモデル線走行試験（昭和 37 年度）

　昭和 37 年 4 月 25 日、日本車輌蕨工場で試作電車 1、2 号車の構内運転が行われた[22]。

　6 月 26 日、モデル線試験走行始まる。

　試験列車は A 編成 2 両と B 編成 4 両であり、A 編成は主として集電系の試験に、B 編成は一般試験用に使われた[23]。

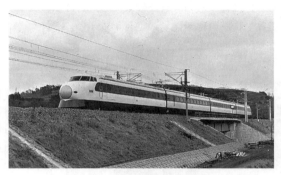

図 9-7-1　鴨宮試験車両（B 編成）
（写真提供：（公財）鉄道総合技術研究所）

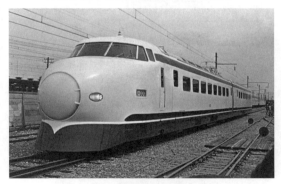

図 9-7-2　鴨宮試験車両（A 編成）
（写真提供：（公財）鉄道総合技術研究所）

　集電系は蛇行動に比べ出遅れていたので、より多くの走行試験を必要としていたのであろう。

---

[22]　『東海道新幹線電車技術発達史』、東海道幹線電車製作連合体、昭和 42 年、p.589
[23]　『東海道新幹線に関する研究（第 4 冊）』、鉄道技術研究所、昭和 38 年 4 月、p.22

実速度走行での機能確認を待っていたすべての分野の試験が一斉に始まった。

蛇行動に関しては、列車両端の車軸に発生する横圧、輪重が絶えず測定され、また車両ごとに1車軸の横運動をTVで監視しながら慎重に速度向上が行われた[24]。昭和37年10月31日に200km/h、昭和38年3月30日に256km/hが記録されるに至った（十河総裁試乗）。

### 9.7.1 脱線係数

横圧、輪重の測定結果は次のようであった。

（ⅰ）横圧あるいは脱線係数の大きな値はほとんど伸縮継目部（分岐器含む）と曲線部で現れ、横圧の作用時間は継目部で1/10〜1/40 s、曲線部で1/4〜1/20 sでかなり瞬間的である。

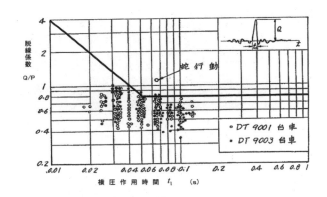

図 9-7-3　脱線係数分布（出典：文献 25）

（ⅱ）図9-7-3は脱線係数の実測値を示している。速度とともに徐々に増大する傾向にあるが、次に述べる1006号車（DT-9003）で発生した激しい蛇行動時の値を除けば、わずかに安全限界を超えているものもあるが、ほぼ限界内にあると言える。

（ⅲ）この測定結果により、試験車両は、このモデル線程度によく整備された軌道上では、台車蛇行動さえ完全に防止されていれば、少なくとも250km/h程度までは脱線及び軌道破壊に対し十分安全であると結論できる。

（ⅳ）伸縮継目部分のレール形状及びその前後の軌道狂いについては、特に伸縮継目が曲線内にある場合は整正、保守に格別の注意が必要である。

なお、蛇行動時の横圧は最大7.5トンに達し、このときの脱線係数は1.17

---

[24]　『東海道新幹線に関する研究（第4冊）』、鉄道技術研究所、昭和38年4月、p.22

であった。設定した安全限界 0.8 を超えてはいるが、実際に脱線が起こると予想される脱線係数の危険限界値は 1.45 なのでまだ余裕がある値ではあった[25]。

まずは合格であるが、「台車蛇行動さえ完全に防止されていれば」の但し書きが付いている。蛇行動はまだ完全には制圧されてはいなかったのである。

### 9.7.2 蛇行動

速度向上の過程において、DT-9003 台車と DT-9005 台車で関係者を青ざめさせる激しい台車蛇行動が発生した。

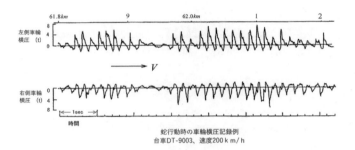

図 9-7-4　蛇行動時の車輪横圧波形、
DT-9003 台車、200km/h（出典：文献 26）

図 9-7-4 は 61.8km 地点で 200km/h のときに DT-9003 台車に起きた横圧波形を示している。図の時間目盛り、距離目盛りと波数から、この蛇行動は 4.5～5.0Hz、波長 11～12 m となる。この台車の幾何学的蛇行動波長は 23.3 m であり、2 軸台車としての蛇行動波長が 45.1 m なので、波長 11～12 m はこれらに比べ非常に短く、このような蛇行動は今までの蛇行動研究には出ていない。すなわち、踏面勾配に起因する蛇行動ではなく、フランジがレールに当たり押し戻されるような現象が起きているということである。

このことについて松平は、

> 「この蛇行動は車輪フランジに対するレールの反発作用に大きく支配されていることを物語る。従って台車蛇行動の理論計算にはレールの反発作用を考慮しなければならない。
> 　……横圧波形を見ると、かなり衝撃的ではあるが、非常に瞬間的ではない。即ち横圧の作用時間は振動の 1/4～1/2 周期に相当する。このことは、

---

[25] 『東海道新幹線に関する研究（第 4 冊）』、鉄道技術研究所、昭和 38 年 4 月、pp.258/259

車輪はレールに衝突して瞬間的に跳ね返されるのではなく、かなりの時間レールを押して変位させた後、押し戻されることを意味する。従って、蛇行動計算に際し、レールの横剛性を無限大と仮定するのは妥当ではない。」
と述べている[26]。

DT-9005 台車の蛇行動も特定の場所で 240km/h のときに発生し、蛇行動振動数は約 4.7Hz、波長は約 14.3 m であった（図 9-7-5）。

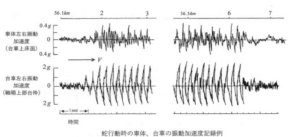

**図 9-7-5** 蛇行動時の車体、台車の振動加速度記録例
車体 1005、台車 DT-9005、速度 240km/h（出典：文献 26）

このときの横圧は 9.5 トン、レールの横変位は 10mm に達したと推定され、軌道には 140 m にわたり連続 9 山、全振幅 14mm に及ぶ通り狂いが発生していた。蛇行動の怖さ、破壊力を示した一件であった。

台車前車輪の蛇行動時の横振動速度は最大 500mm/s にも及び、この速度はクリープ理論が成り立つ限界値をはるかに超えている[27]。

この激しい第 2 次蛇行動に関係する因子として、
- （ⅰ）車軸の台車枠に対する支持剛性
- （ⅱ）台車の車体に対する回転摩擦モーメント
- （ⅲ）ボルスタアンカ両端のピンの遊間
- （ⅳ）車輪踏面形状

がチェックされている[28]。

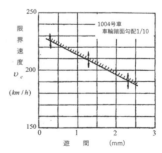

**図 9-7-6** ボルスタアンカピンの遊間と蛇行動限界速度
（出典：文献 31）

---

[26] 『東海道新幹線に関する研究（第 4 冊）』、鉄道技術研究所、昭和 38 年 4 月、p.258
[27] この時の走行速度 243km/h ＝ 67m/s ゆえ、横滑り率は 0.5/67 ＝ 0.0075。線型クリープ理論の限界は 0.002。（『東海道新幹線に関する研究（第 4 冊）』、p.259）
[28] 『東海道新幹線に関する研究（第 4 冊）』、鉄道技術研究所、昭和 38 年 4 月、p.254

（ⅰ）～（ⅲ）は輪軸や台車をどれくらい自由にさせないかであり、それぞれ次のような値が望ましいとされるに至っている[29]。

（ⅰ）については、1軸当たり 2,000kg/mm 以上と固くする。

（ⅱ）あまり大きくするとレールに通り狂いがある箇所で車輪横圧が過大になる恐れがあるので、1,500kg-m 程度が適当である。

（ⅲ）ボルスタアンカのピンにガタがあれば、その範囲内で台車が車体に対して自由に回転するので蛇行動限界速度が低くなる。そこで、この遊間が蛇行動限界速度に与える影響を確認するため、1001号車と1004号車で踏面勾配を1/10 と大きくした悪条件で走行試験が行われた（図 9-7-6）。

この結果、遊間は少なくとも 1mm 以下、できれば 0.5mm 以下とする必要があるとされた。

図 9-7-7　新幹線速度向上試験
（写真提供：（公財）鉄道総合技術研究所）

このような経過を経て、試作車両については軸箱支持剛性を前後方向約 420kg/mm を 2,100kg/mm に、左右方向約 530kg/mm を 800kg/mm に高めることによってこの危険な第2次蛇行動を消滅させている[30]。

松平は、

「実際の車両において台車蛇行動の貴重な体験をしたわけであるが、DT9002 及び DT9005 台車について、1/40 勾配の正規踏面の車輪の代わりに 1/10 勾配の車輪を使って蛇行動試験を行った。それによると、台車の回転に対する摩擦抵抗とそれに伴う弾性、および車輪の支持剛性を適切に

---

[29]　『東海道新幹線に関する研究（第4冊）』、鉄道技術研究所、昭和38年4月、pp.255/256
[30]　『高速鉄道の研究』、（財）研友社、昭和42年、p.298

選びさえすれば、たとえ踏面が摩耗してその有効勾配が1/10程度になっても、計画最高速度210km/hまではこの種の蛇行動を防止し得ることが確認できた。」

と記している[31]。

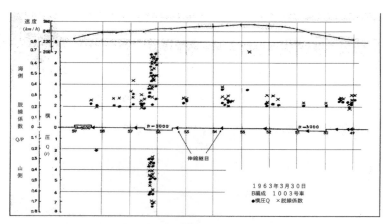

図9-7-8　256km/h速度記録時の横圧、脱線係数測定値
(出典：文献33)

図9-7-8はモデル線での速度記録256km/h時（昭和38年3月30日）の横圧、脱線係数のデータである[32]。脱線係数（×印）は蛇行動が起きた箇所で約0.7に達しているが[33]、通常は概ね0.4程度で安定した走行ぶりであったことがわかる。

## 9.8　量産車用台車の仕様決定

上記の経過を踏まえ、量産車両の台車仕様が決定された。蛇行動防止上、特に考慮されたのは次の2点であった。
（ⅰ）　軸箱支持：台車側の支持点にゴムブッシュを有する特殊な形をした板ばねを取り付け、その他端で軸箱を支持し、ゴムブッシュの弾性を適切に選ぶことによって所要の軸箱支持弾性を与える（図9-8-2）[注]。
（ⅱ）　台車の車体に対する回転弾性と摩擦：回転摩擦は車体を側受で支持することによって与え、側受の左右間隔と摩擦係数を適切に選ぶ。弾性はボルス

---

[31] 『高速鉄道の研究』、（財）研友社、昭和42年、p.298
[32] 上り線におけるB編成1003号車の最後尾輪軸での測定値
[33] 『高速鉄道の研究』、（財）研友社、昭和42年、p.214

タアンカの両端支持部において、遊間のない特殊な形状のゴムブッシュで与える。
であり、仕様は表9-8-1のように定められた[34]。

松平が蛇行動の研究を始めたのが昭和22年、それから15年を経てこの形に結実した。どの項目もどの数値も、高速鉄道を可能にした重要な意味をもっている。

この仕様の台車を装備した量産車は、モデル線における最高速度246km/hまでの走行においても、また開業後も良好な走行安定性を示した。

表9-8-1　量産車両用台車DT200の仕様（出典：文献30）

| 諸　　　元 | 数　　値 |
| --- | --- |
| 軌　　間 | 1,435mm |
| 軸　　距 | 2,500mm |
| 車輪直径 | 910mm |
| 心皿荷重 | 21,000kg |
| 枕ばね定数（ダイヤフラム形空気ばね）（1台車片側上下方向） | 46kg/mm |
| 枕ばね定数（ダイヤフラム形空気ばね）（1台車片側横方向） | 36kg/mm |
| 空気ばねしぼり直径 | 15mm |
| 左右動ダンパ減衰定数 | 約60kg/cm/s |
| 軸ばね定数（1軸当たり） | 110kg/mm |
| 軸ばねダンパ減衰定数（片効き）（1台車片側） | 約40kg/cm/s |
| 車軸支持弾性（前後方向）（1軸当たり） | 3,000〜4,000kg/mm |
| 車軸支持弾性（左右方向）（1軸当たり） | 1,500〜2,000kg/mm |
| 側受間隔 | 1,300mm |
| 側受摩擦係数 | 0.14〜0.18 |
| ボルスタアンカ左右間隔 | 2,840mm |
| ボルスタアンカ前後剛性 | 500〜600kg/mm |

図9-8-1　開業時のDT200台車
（写真提供：日本車輌製造株式会社）

---

34　『高速鉄道の研究』、（財）研友社、昭和42年、p.298

以上に記したように、松平率いるグループ及び関係する車両技術者は、高速鉄道における最も重要な走行安全の問題を解決したのである。

（註） IS式軸箱支持装置

具体的にはIS式軸箱支持装置[35]を指している。ミンデン式の改良型で、台車枠側板ばね取付け部にゴムブッシュを入れることにより軸箱に前後左右の弾性を与えるようになっており、ゴムブッシュを変えれば支持弾性を変更できる（図9-8-2）。考案者の石澤應彦氏[36]の頭文字をとってIS式と呼ばれている[37]。開業後の摩耗踏面に対する蛇行動対策を想定し、量産車の台車には軸箱支持弾性を変更し得るIS式が採用された。

図 9-8-2　IS式軸箱支持装置（出典：文献35、写真：著者）

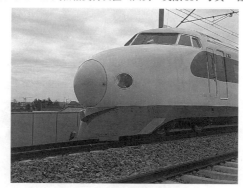

図 9-8-3　量産車両の先頭部
（写真提供：（公財）鉄道総合技術研究所）

---

[35] 『高速鉄道の研究』、（財）研友社、昭和42年、p.205
[36] 石澤應彦：昭和21年運輸省、当時国鉄臨時車両設計事務、後国鉄常務理事新幹線総局長
[37] 持永芳文、望月旭、佐々木敏明、水間毅監修、電気鉄道技術変遷史編纂委員会『電気鉄道技術変遷史』、オーム社、平成26年、p.216

■補足 5■

例えば、p.193 の（ⅰ）式は

$$m_T \ddot{y}_{T1} + 2\frac{f}{v}\dot{y}_{T1} - 2f\psi_{T1} - K_y(y_B + L\psi_B - y_{T1}) - K_{y\varphi}\varphi_B = 0$$

（ⅵ）式は

$$2I_{Bx}\ddot{\varphi}_B + 2K_\varphi\varphi_B + K_{y\varphi}(y_B + L\psi_B - y_{T1}) + K_{y\varphi}(y_B - L\psi_B - y_{T2}) = 0$$

と表している。

 $m_T$ は台車質量、$y_{T1}$ は前台車の横方向変位、$f$ はクリープ係数、$\psi_{T1}$ は前台車ヨーイング角度、$K$ ばね定数、$\psi_B$ は車体のヨーイング角、$\varphi_B$ は車体ローリング角、$v$ 台車中心間隔の 1/2、$I_{Bx}$ は車体の $x$ 軸回りの慣性モーメントを表す。

 前台車の横運動に関する（ⅰ）式の各項は、

$m_T \ddot{y}_{T1}$：台車質量の慣性力

$2\dfrac{f}{v}\dot{y}_{T1} - 2f\psi_{T1}$：車輪を通じて与えられるクリープ力

$K_y(y_B + L\psi_B - y_{T1})$：車体と台車の横変位及び車体ヨーイングによって生ずる両者の横変位差に比例する力

$K_{y\varphi}\phi_B$：車体ローリングが台車に与える力

を表している。

 また、車体ローリングに関する（ⅵ）式の各項は、

$2I_{Bx}\ddot{\varphi}_B$：ローリングによる慣性力

$2K_\varphi\varphi_B$：ローリング量に比例するばね力

$K_{y\varphi}(y_B + L\psi_B - y_{T1})$：車体と台車の横変位および車体ヨーイングによって生じる両者の横変位差に比例するばね力

$K_{y\varphi}(y_B - L\psi_B - y_{T2})$：後台車による第 3 項と同じ種類の力

のごとしである。

# 第10章　高速集電

　従来のシンプル架線では速度を上げると図 10-0-1 のように径間周期の大離線が発生することがわかり[1]、集電研究委員会において藤井澄二委員が架線とパンタグラフをひとつの振動系として扱うことによってこの現象を説明したことは第 5 章で述べた。

　新幹線の集電系を実現するテーマは 2 つに大別される。ひとつは高速でも離線しない架線とパンタグラフであり、もうひとつは長距離走行に耐えるパンタグラフすり板である。

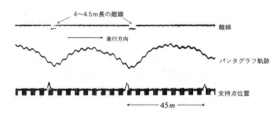

図 10-0-1　シンプル架線の径間周期離線（45m 径間、91km/h）
(出典：文献 1)

## 10.1　高速架線の開発

　藤井理論からは、
① 架線・パンタグラフ系には共振速度 $V_c$ と離線開始速度 $V_r$ が存在する。
② $V_c$、$V_r$ を高めるには次が有効である。
　（ⅰ）架線の平均ばね定数 $K$ を大きくする。
　（ⅱ）ばね定数の不等率 $\varepsilon$ を小さくする。
　（ⅲ）パンタグラフ質量 $M$ を小さくする。
③ パンタグラフに適切なダンピングを付加すれば共振を抑制し離線防止に有効である。
ことが導かれ、以降この考え方を指針にして高速集電系の開発が始まった。
　鉄道技術研究所の研究体制も強化され、昭和 31 年に電車線研究室が設置さ

---
[1] 『高速鉄道の研究』、(財) 研友社、昭和 42 年、p.408

れ[2]、初代室長には新幹線開業時の高速架線を実現することになる粂沢郁郎[3]が就任した。集電系としての観点から、車両部門からの兼務者と共同でパンタグラフも担当することとなった。

新幹線パンタグラフの開発チームは有本弘、国枝正春、塩谷正雄、島隆の各氏[4]とメーカーから構成されていた。国枝は松平グループの一員である。

さて、藤井理論から導かれた架線側の処方箋は

（ⅰ）　架線の平均ばね定数 $K$ を大きくする。
（ⅱ）　ばね定数の不等率 $\varepsilon$ を小さくする。

であり、手段としては（ⅰ）は架線の総張力を上げることになり、（ⅱ）は架線構成に工夫を加えることになる。

粂沢が選んだのは（ⅱ）の方法、すなわち架線構成を工夫してばね定数の不等率 $\varepsilon$ を小さくする方法だった。

氏はばね定数が均一、相当質量[5]が均一な架線を無離線架線と呼び、その実現に向かって新しい架線構造を追求した。ばね定数の均一化は架線の構造上相当質量の均一化にもなるので、結局ばね定数の均一化が高速架線の目標であると言っている[6]。

氏は新しい架線の静特性（トロリ線の水平性、架線としてのばね定数分布）を調べる方法について、実際に架線を数径間敷設して計測する方法、計算で出す方法を検討した結果[7]、後で述べるように、線条の代わりに鎖を使った1/10模型を考案している。そして

「現在までに架線の静押上量特性の予測に最も大きな力を発揮した手段は、鎖相似架線による方法である。

図 10-1-1　縮尺1/10 の鎖架線
（出典：文献10）

---

[2] 鉄道技術研究所組織再編で旧電路研究室を主体に電車線研究室ができた（昭和31年2月）。
[3] 粂沢郁郎：昭和16年鉄道省、初代電車線研究室長、後東京理科大教授
[4] 有本弘：昭和19年運輸通信省、当時電車線研究室主任研究員、後電車線研究室長。塩谷正雄：昭和15年鉄道省、当時防災研究室長、後日本大学教授。島隆：昭和30年国鉄、当時臨時車両設計事務所、後車両設計事務所次長
[5] 藤井理論では架線質量は省略されている。柴田碧（集電第4専門委員会委員、当時東大大学院生、後東大教授）は、架線の動インピーダンスから架線の相当質量を求め藤井理論の修正を行っている（集電第四専門委員会資料No.95）。
[6] 粂沢郁郎「高速架線」、『鉄道技術研究報告』No.575、1967年、p.39
[7] 同上、p.20

この方法の開発によって、高速架線構造の実際の研究が可能となったのだと言っても過言ではない。」

と模型架線の意義を述べている[8]。

### 10.1.1 鎖相似架線

粂沢は、

「2つの架線 $Z, z$ の径間長を $S, s$、吊架線張力を $T_m, t_m$、トロリ線張力を $T_t, t_t$、架線の単位長重量を $W, w$、パンタグラフ押上力を $P, p$、パンタグラフ等価質量を $M, m$、速度を $V, v$ とするとき、

$$W = w$$
$$M = m$$
$$\frac{S}{s} = \frac{T_m}{t_m} = \frac{T_t}{t_t} = \frac{P}{p} = \frac{V}{v} = \alpha$$

が成立つとき、$Z$ 架線と $z$ 架線とは相似比 $\alpha$ の相似架線であって、両架線の弛度を $D, d$ とすれば

$$\frac{D}{d} = \alpha$$

両架線の静押上量を $L, l$ とすれば

$$\frac{L}{l} = \alpha$$

である。」

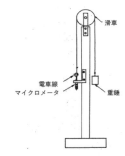

図 10-1-2　重錘による押上がりと読み取り装置（出典：文献10）

と述べ[9]、図 10-1-1 に示すように鎖を使って $\alpha = 10$ の模型架線を作り、押上げ力を図 10-1-2 の装置で与え、押上がり量をマイクロメータで精密に測定し（図 10-1-3）、これを 10 倍して実物架線の静押上がり量とした。

図 10-1-3　測定状況（出典：文献10）

---

[8] 粂沢郁郎「高速架線」、『鉄道技術研究報告』No.575、1967年、p.40

[9] 同上、p.41

## 10.1 高速架線の開発

図 10-1-4 は径間長 60 m のシンプル架線が押上げ力 6kg の場合の静押上がり量について、実架線のデータ、模型架線によるデータ、計算値を比較したものである。模型架線から得たデータは実架線のデータと良い一致を示している。

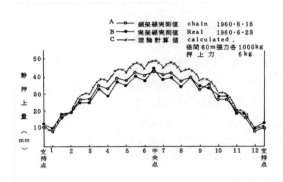

図 10-1-4 実架線・模型架線・計算値によるシンプル架線の静押上がり量
(出典：文献 10)

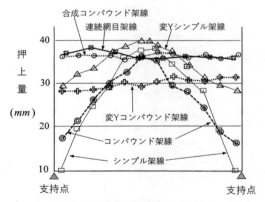

シンプル；押上力6kg、技研構内1960.6.28
コンパウンド；押上力6kg、島田～藤枝間1960.11.11
変Yシンプル；Y線15m張力200kg、押上力5.5kg、技研構内1958.8.26
変Yコンパウンド；Y線20m張力200kg、島田～藤枝間1960.10.24
連続網目；押上力5.5kg、宇都宮～岡本間1960.8.10
合成コンパウンド；押上力5.5kg、技研構内1960.10.12
各方式共通；径間60m、張力各線条1000kg

図 10-1-5 各種架線の静押上がり量曲線
(出典：文献 10)

図10-1-5は開発された各種架線と従来の架線の静押上量曲線である[10]。連続網目架線、合成コンパウンド架線、変形Y型（以下、変Yとも表記）コンパウンド架線の3方式は静押上がり量がほぼ一定（したがって、ばね定数もほぼ一定）であることがよくわかる。

この結果を踏まえこの3方式を実設し、東海道線で使われていた通常のコンパウンド架線と併せて集電試験を行うこととなった（図10-1-6）。

### 10.1.2 架線方式を比較する現車試験

変形Y型コンパウンド架線と連続網目架線は線条の結節を工夫した架線、また合成コンパウンド架線はばね作用のある素子（合成素子）を用いてばね定数の一定化を図った架線である。線条数では網目架線は4本、他の2方式は3本である。合成素子（図10-1-7）にダンピング機能をもたせ得るのが合成コンパウンド方式の特徴である。

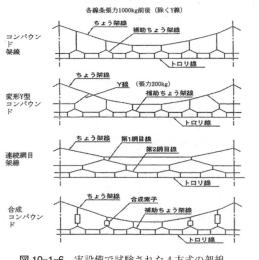
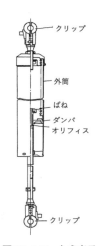

図10-1-6 実設備で試験された4方式の架線　　図10-1-7 合成素子
　　　　　　　　　　　　　　　　　　　　　　　（出典：文献1）

昭和32年以降の実車による高速度試験としては、
　・昭和32年9月、小田急3000形SE車による145km/h（東海道線函南 - 沼津）

---

[10] 粂沢郁郎「高速架線」、『鉄道技術研究報告』No.575, 1967年、p.47

・昭和 32 年 10 月、モハ 90 による 128km/h（東海道線安城 - 名古屋）
・昭和 34 年 7 月、こだま型電車による 163km/h（東海道線金谷 - 藤枝、架線はシンプル架線を 2 組並べたダブルシンプル架線に改修して行われた）

図 10-1-8　架線試験車「クモヤ 93000」
（写真提供：（公財）鉄道総合技術研究所）

があるが[11]、営業車ゆえに集電関係の測定は限られていたようである。

高速集電系の本格的な現車試験は、測定専用の架線試験車「クモヤ 93000[12]」を使い昭和 34 年から始まっている。

試験は昭和 34 年 12 月から 36 年 9 月まで実に 6 回にわたっており[13]、モデル線での試験を目前にして架線方式を早く決めなければならなかった状況がうかがわれる。

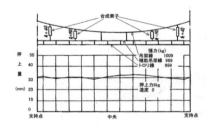 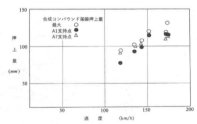

図 10-1-9　合成コンパウンド架線静押上がり量特性（出典：文献 14）　　図 10-1-10　合成コンパウンド架線速度対押上がり量特性（出典：文献 14）

---

[11] 『東海道新幹線 1964』、交通新聞社、2015 年 4 月、pp.36/38
[12] 「クモヤ 93000」は屋根上にパンタグラフ観測ドームをもつ最初の集電関係測定専用車両で昭和 32 年度末に竣工した。集電・電力・信号・通信設備の測定機能をもつ新幹線最初の電気試験車（モデル線用の B 編成を転用、後に軌道試験車と合体して電気軌道総合試験車、通称「ドクターイエロー」となる）は「クモヤ 93000」を発展させたものである。
[13] （ⅰ）昭和 34 年 12 月、連続網目架線（東北線宇都宮 - 岡本間）、試験車両「クモヤ 93000」、最高速度 160km/h、（ⅱ）昭和 35 年 2 月、連続網目架線（東北線宇都宮 - 岡本間）、「クモヤ 93000」、168km/h、（ⅲ）昭和 35 年 11 月、変形 Y 型コンパウンド架線、合成コンパウンド架線（東海道線島田 - 藤枝間）、「クモヤ 93000」、175km/h（狭軌世界記録）、（ⅳ）昭和 36 年 3 月、変形 Y 型コンパウンド架線、合成コンパウンド架線（東海道線島田 - 藤枝間）、「クモヤ 93000」、160km/h、（ⅴ）昭和 36 年 3 月、合成コンパウンド架線（東北線宇都宮 - 岡本間）、「クモヤ 93000」、160km/h、（ⅵ）昭和 36 年 9 月、合成コンパウンド架線（東北線宇都宮 - 岡本間）、「クモヤ 93000」、160km/h：『東海道新幹線に関する研究（第 2 冊）』、鉄道技術研究所、昭和 36 年 4 月、p.25：『同（第 3 冊）』、鉄道技術研究所、昭和 37 年 4 月、p.320

図 10-1-9、10-1-10 は合成コンパウンド架線の静押上がり量特性、速度対押上がり量特性を、また図 10-1-11 は架線方式と離線率を示している[14]。

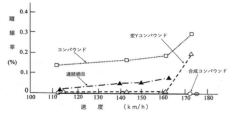

図 10-1-11 架線方式と離線率（PS16 パンタグラフ）（出典：文献 14）

使用された PS16 型パンタグラフは、後に開発された新幹線用に比べると等価質量 $M$ が大きい[15]（パンタグラフの等価質量については 10.2 節参照）。それにもかかわらず図のような結果が出ていることは、架線ばね定数の不等率 $\varepsilon$ を小さくする効果が大きいことを物語っている。

図 10-1-12 はパンタグラフ通過時の架線変位の様子、通過後の残留振動の様子を示している[16]。合成コンパウンド架線（図の上）は第1、第2パンタグラフの押上が明確に見え、パンタグラフ通過後の残留振動も小さいことから、合成素子が架線の振動を抑えている様子がわかる。

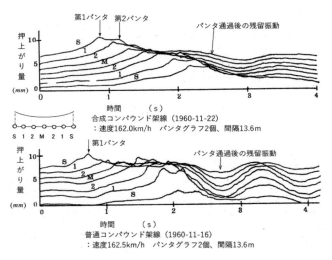

図 10-1-12 パンタグラフ通過時の架線振動の様子（出典：文献 16）

---

[14] 『東海道新幹線に関する研究（第 2 冊）』、鉄道技術研究所、昭和 36 年 4 月、pp.26/27、pp.262/268
[15] PS16 の等価質量は約 20kg、新幹線開業時の PS200 型パンタグラフは約 12kg であった。
[16] 『高速鉄道の研究』、（財）研友社、昭和 42 年、p.416

### 10.1.3 新幹線架線方式の決定

粂沢はこの結果について、

> 「合成コンパウンド架線は 175km/h まで離線率 0 という好成績であって、パンタグラフと架線の集電状況を見ていると架線はパンタグラフによって押上点まで振動すること無く押し上げられ、パンタグラフ通過後は元の位置まで振動することなく下がっており、架線の 3 要素の均一性の上にダンピング作用が加わり、実に安定した集電をしていることが認められた。」

と合成コンパウンド架線の状況を述べ、加えて次のような利点を挙げている[17]。

(ⅰ) 合成コンパウンド架線では速度上昇につれて適切なダンピングの値に変更できるので、まだ実験していない高速での集電もほとんど確実に可能であると考えられる。

(ⅱ) 合成コンパウンド架線では架線のダンピング効果が他の架線構造より大きいので、パンタグラフ間隔について従来ほど神経質でなくともよい。

(ⅲ) 合成コンパウンド架線は従来のコンパウンド架線に合成素子を挿入するだけでよいので、架線支持物、架線金具はそのまま使用できる。また合成素子は比較的安価であるので、連続網目架線のごとく線条を 1 本増加するより経済的である。

(ⅳ) 合成素子の耐候性は今までの研究によればほとんど十分な性能をもっており、変 Y コンパウンドのごとく、短い Y 線を使用しないので架線構造が簡明であり、工事、保守が比較的に楽である。

以上のような経過を経て、昭和 36 年 5 月、新幹線の架線方式として合成コンパウンド架線の採用が決定されるに至っている[18]。

昭和 29 年に三島 - 沼津間の試験において 100km/h 以上で大離線が発生することがわかってから 6 年後に、新方式の架線で 200km/h を見通せるようになったが、その指針となったのは藤井理論であった。

### 10.1.4 セクション構造の検討

架線は約 1.5km ごとに区分されており(セクション)、そこでは架線は水平に 30cm 程の間隔で並んでおり、パンタグラフの通過には支障がないようになっている。

図 10-1-13 の (A) (B) はセクション箇所のトロリ線を横から見た図、(C)

---

[17] 『東海道新幹線に関する研究(第 2 冊)』、鉄道技術研究所、昭和 36 年 4 月、pp.26/27

[18] 『同上(第 3 冊)』、鉄道技術研究所、昭和 37 年 4 月、p.38

は上から見た図である。

　通常区間の架線のばね定数をkとすれば、(A)の構成では、パンタグラフはばね定数kの区間から2kの区間（2本のトロリ線に接する）を経てkの区間に出ていくことになる。これでは均一なばね定数をもつ（したがって、パンタグラフ軌跡も上下しない）合成コンパウンド架線の集電性能を損なってしまう。そこで、セクション区間でもパンタグラフがなるべく一定の高さで通過できるように、(B)のような構造に変更することとなった。

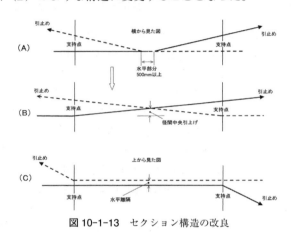

図10-1-13　セクション構造の改良

　このセクション構造は東北本線の試験区間に架設され、2個パンタグラフの架線試験車により160km/hでも全く離線しないことが確認された[19]。

　なお、この図のように2組の架線が電気的に離れている構造をエアセクションと呼び、2組の架線を電気的につないだものをエアジョイントと呼んでいる。

### 10.1.5　モデル線走行試験

　昭和37年8月A編成2両が架線試験車に改造され[20]、集電系の試験が始まっている（図10-1-14）。

　試験は合成コンパウンドだけでなく、普通のコンパウンド架線、合成素子の数を減らした簡易合成コンパウンド架線についても行われている。

　パンタグラフが2個以上ある場合は、後のパンタグラフは前のパンタグラフが起こした架線振動の影響を受けるので条件が悪くなる。

---

[19] 『高速架線構造に関する研究』、(社)鉄道電化協会、昭和37年3月、p.84
[20] 開業時にはB編成が電気試験車に改造され、A編成の測定機器が移設された（『東海道新幹線電車技術発達史』、p.494）。

## 10.1 高速架線の開発

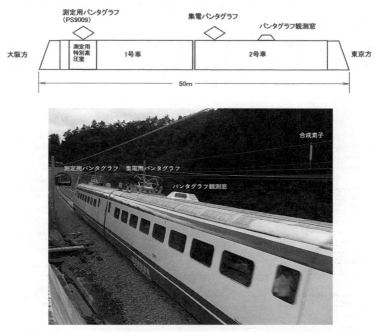

**図 10-1-14** A 編成架線試験車（写真提供：（公財）鉄道総合技術研究所）

図 10-1-15 は架線試験車（2 個パンタグラフ）の後パンタグラフにおける離線率を示しており[21]、普通コンパウンド架線に比べ合成コンパウンド架線の離線が少ないことがわかる。

営業列車は 6 個のパンタグラフで走るので、モデル線でも 5 個パンタグラフ（A 編成＋C 編成）の走行試験が行われているが、回数は限られていたため多数パンタグラフによる架線振動や離線の実態がいまだよく把握できていない状態で開業を迎えることとなった。

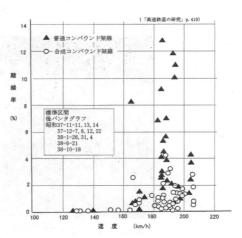

**図 10-1-15** モデル線における離線率
（出典：文献 21）

---

[21] 『高速鉄道の研究』、（財）研友社、昭和 42 年、p.419

そこで営業車6個パンタグラフによる架線振動測定が開業後の昭和40年3月、7月に行われている[21,22]。

図10-1-16は、6個パンタグラフが普通コンパウンド架線（図中では単純コンパウンド架線）と合成コンパウンド架線を通過したときの架線振動波形の比較である[23]（上2つのオシログラムが普通コンパウンド架線、下2つが合成コンパウンド架線）。

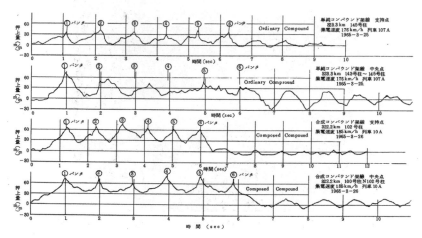

図10-1-16　多数パンタグラフ通過時の架線振動
(出典：文献23)

図10-1-17　架線試験車観測室から見たパンタグラフ
(写真提供：（公財）鉄道総合技術研究所)

---

22　『東海道新幹線に関する研究（第6冊）』、鉄道技術研究所、昭和40年4月、p.373
23　粂沢郁郎「高速架線」、『鉄道技術研究報告』No.575、1967年、p.87

10.1 高速架線の開発

粂沢はこの波形について、
（ⅰ） 支持点で合成コンパウンド架線の押上がり量が、コンパウンド架線に比し2倍弱大きいのは、合成コンパウンド架線は支持点の硬点が除去されているので当然である。
（ⅱ） 上から2番目と4番目を比較すると、合成コンパウンド架線ではパンタグラフ通過時は架線が素直に押し上がっている。しかし、普通コンパウンド架線では第3パンタグラフあたりでパンタグラフの通過と架線の押上がりが逆位相となり、4番目のパンタグラフあたりから6番目まではパンタグラフと架線が衝突し続けているようで、長期的に考えると非常に憂慮すべき問題であろう。

との見解を記している[24]。

また氏は、

「測定は未だ緒についたばかりだし、振動の解析もまだ不十分であるが、この測定によって求められた6個パンタグラフ通過時の普通、合成コンパウンド架線の振動姿態図は、よく夫々の架線の性態を示しており、多数パンタグラフ集電に合成コンパウンド架線が適した性能を持っていることを明らかにしている。」

と述べており、多数パンタグラフ走行時においても、普通コンパウンド架線との比較ではあるが、合成コンパウンド架線の振動は問題ないとの認識を示している[25]。

確かにこれらの振動波形からは、合成素子が架線振動を速やかに抑えこんでいる様子が見て取れる。しかし、上記（ⅰ）の支持点で押上がり量が大きい架線特性は次に述べる特殊なセクション構造の問題が加わり、多数パンタグラフ集電系としての安定性に深刻な問題があることがわかってくるのである（10.4節参照）。

### 10.1.6 特殊な構造のセクション－捻りセクション－

ここで捻りセクションの説明をしなければならない。

通常のセクションは図10-1-13のように2組の架線で構成するが、捻りセクションは1組の架線でこれを構成するものであり、通常のセクションと併せて

---

[24] 『東海道新幹線に関する研究（第6冊）』、鉄道技術研究所、昭和39年4月、P.373
[25] 同上、P.374

1径間内に2つのセクションを構成する必要性から工夫されたものである。

その必要性については第16章を見ていただくとして、構造は図10-1-18のようになっている。

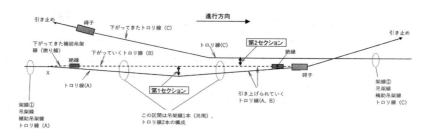

図 10-1-18　ブースタセクションの構成（上から見た形）

左端の架線①はちょう（吊）架線、補助吊架線、トロリ線（A）が上下に並んでいる合成コンパウンド架線であるが、X点の所で補助吊架線に絶縁物を入れてトロリ線（B）をつなぎ、トロリ線（A）と水平に並ぶように徐々に下げ、トロリ線（A）、トロリ線（B）の間でセクションを構成できるようにする（第1セクション）。この右方ではトロリ線（A）は引き上がる。一方、右端の架線②のトロリ線（C）は左方から下りてきてトロリ線（B）と第2セクションを構成する。トロリ線（B）は第2セクションを構成した後は引き上げられ、トロリ線（A）とともに引き止められる。

位置的に上下関係にある補助吊架線とトロリ線を捻るようにして横に並ぶようにすることから、捻りセクションと称された。

このように捻りセクションは構造が複雑であることに加え、架線としての特性に問題をもっている。

すなわち、架線①、架線②はばね定数を均一化した合成コンパウンド架線であるが、第1、第2セクション部分ではトロリ線（A）、とトロリ線（B）は1本の吊架線を共用する変則的な構造になっている。

この特殊なセクション構造の採用が決まったのは昭和38年11月であったが[26]、そのときは昭和37年夏から始まった集電系の基本的な試験はすでに終わっており、開業まで1年を切っていた。

早速11月25日から捻りセクションの切り込み工事が始まり、あわせて集電試験が始まっている[27]。

---

[26] 『新幹線50年史』、（公財）交通協力会、平成27年、p.125
[27] 『東海道新幹線に関する研究（第5冊）』、鉄道技術研究所、昭和39年4月、p.33

粂沢は、

> 「25 m という至近距離にひねりセクションとエアセクションを直列に存置せしめるのであるから、高速集電性能上から見ると、驚くべき勇断と言って良く、集電上の障害を最小限に止めるには細心の注意を要する。」

と言っている[28]。

当然ながらここでの離線は大きく、これを減らすため試行錯誤を繰り返しつつ、12 月から翌年（昭和 39）1 月にかけて試験が続いている[29]。

図 10-1-19 は、8 両編成 5 パンタグラフ（A 編成 2 両 + C 編成 6 両、昭和 39 年 3 月）走行時の一般区間と捻りセクション区間の離線率を示しているが、セクション区間の離線率の大きさが目立っている[30]。

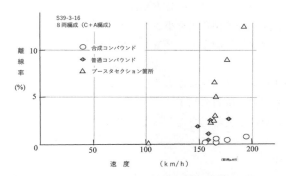

**図 10-1-19** 一般区間、ブースタセクション区間の離線率（出典：文献 30）

特性が不連続的に変わる区間を多数パンタグラフが高速で走行することの必然的な結果である。

このような問題を抱えた状態で、全線で 300 か所を超える捻りセクションが作り込まれていった。

ばね定数の均一化とダンピング機能によって無離線架線を追求してきた集電系にとっては、予想外の展開となったのである。

そして営業列車が走り始めると、後述するようにモデル線ではわからなかったことが顕在化し始めたのである。

---

[28] 『東海道新幹線に関する研究（第 5 冊）』、鉄道技術研究所、昭和 39 年 4 月、p.34
[29] 同上、pp.483/486
[30] 同上、pp.487

## 10.2 高速パンタグラフの開発

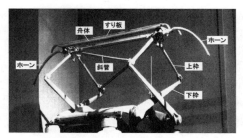

図10-2-1　パンタグラフ各部名称

藤井理論によるパンタグラフの処方箋は
　・パンタグラフの等価質量を小さくする。
　・パンタグラフに適切なダンピングを付加する。
であった。
　そして、高速パンタグラフにはもうひとつの課題
　・高速時の揚力、抗力の制御
がある。以下のその研究経過をたどってみよう。

### 10.2.1　軽量化

　等価質量 $M$ は、舟体が上下するときに動く部分の質量を舟体位置に換算した質量であって、図10-2-2のようにして測定できる。

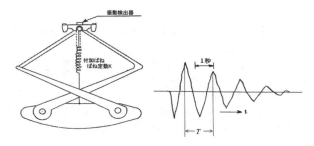

図10-2-2　パンタグラフ等価質量測定

すなわち、パンタグラフを普通に上げた状態で舟体をばね定数 $K$ のばねで下に引いてバランスさせ、上下に自由振動させて振動周期 $T$ を読み取る。

等価質量 $M$、周期 $T$、ばね定数 $K$ は

$$T = 2\pi\sqrt{\frac{M}{K}}$$

の関係にあるので、これから $M$ が得られる。

$M$ を小さくするには、まず舟全体を軽くしなければならないが、すり板は一定の重さがあるので舟体の軽量化には限度がある。

次に枠組みであるが、枠組みは架線の高さ変動幅が小さければ小さくできる。新幹線の架線の架設高さの範囲は在来線より小さく規定されたので枠組みも小型化され、次に述べる風洞試験の結果を受け、下枠が交差する下部交差型となった（図10-2-6参照）。

従来のパンタグラフの等価質量はPS13型が約35kg、PS16型が約20kgであったが、新幹線開業時のPS-200型パンタグラフは約12kg[31]と従来に比し1/2～1/3と軽量化された[32]。

また軽量化にあわせ、下方運動時のみ作用する片効きダンパが搭載された。開業時のPS200型パンタグラフのダンパ減衰定数は $80 N \cdot s/m \, (= 8.2 kgf \cdot s/m)$ であった[33]。

### 10.2.2 揚力、抗力の制御

有本は著書のなかで、

　「パンタグラフに風が当たるとどのような力を生じてどのような動きをするかを知るための風洞実験は模型によることはできない。どうしても実物のパンタグラフを風洞に入れて実風速の風を送らなければならない。

　風洞の直径が2mぐらいあって、40～100m/sの風を流せる風洞はそう簡単には見つからない。探しまわった末、通産省機械試験所が海軍から譲り受け、航空機用としては陳腐化して持て余していた風洞が見つかったの

---

[31] 力の単位をNでなくkgf（kg重 = 9.8N）にとれば、質量単位は $kg \cdot s^2/m$ になる。当時の文献ではこの単位系がしばしば使われている。$3.6 kgf \cdot s^2/m$ の質量は力の単位をNとすると約35kg（= 3.6 × 9.8）の質量にあたる。
[32] 有本弘『こだまからひかりへ』、大阪電業（株）、昭和51年、p.10、23、59
[33] 下前哲夫、眞鍋克士、網干光雄『新幹線の連続アークはどのようにして解消されたか』、（社）日本鉄道電気技術協会、2008年、p.14

で、主としてこれを使わせて頂くことにした。舟体の断面形状を定める実験は技研風洞を使い模型実験とした。」

と述べている[34]。

風洞試験は 3 回行われている。

(1) 第 1 回風洞実験

最初の試験は昭和 34 年 11 月、試作パンタグラフ 3 機種について行われた。

風向や風速を変え、パンタグラフ各部の挙動を観測し、各部に働く力を測定している。

その結果は、

(ⅰ) 風速 60m/s（216km/h）時の抗力は 40～110kgf で形によって非常に変わる。したがって基部に風防を付け軽減を図るべきである。

(ⅱ) 風速 60m/s 時の押上げ力の変化は －6～＋3kgf と大きく、舟体の形で非常に変わる。

(ⅲ) 枠組みは前後対称とし、舟体及び舟体の枠組みへの取り付け方について揚力が生じない工夫を要する。

などであった[35]。

図 10-2-3　パンタグラフ風洞試験
（写真提供：（公財）鉄道総合技術研究所）

---

[34] 有本弘『こだまからひかりへ』、大阪電業（株）、昭和 51 年、p.39
[35] 有本弘、国枝正春「パンタグラフ風洞内試験」、『鉄道技術研究報告』No.125、1960 年

## (2) 第2回風洞試験

2回目は前回問題点として浮かび上がった舟体揚力に関する試験で、昭和35年7月と11月に12日間にわたり、舟体の断面形状、空気流を撹乱する突起等を変え、それらの効果を確認している。

その結果わかったことは、

(ⅰ) 断面が上下対称の舟体では、上面のすり板の形によって下向きの力が生じる。前面に角をつけて空気流の分岐点を下げても同じ効果を生む。

(ⅱ) 形状、突起等の変更によって10kgf以内程度の揚力調整が可能であり、したがって任意の揚力特性をもつ舟体の設計が可能である。

(ⅲ) 枠組みによる押上げ力増加は1～4kgfであるので、舟体の揚力はこれを相殺するものが望ましい。

であった[36]。

このように昭和36年初めには、舟体に押下げ力を発生させ、枠組みによる押上げ力増加分を打ち消し、パンタグラフ全体としては適正な押上げ力を維持できるという見通しが立っている。

## (3) 第3回風洞試験

3回目（昭和36年6月）は、前回の結果を踏まえて製作された試作3機種PS9007、9008、9009の試験であり、次の結果を得ている[37]。

なお、試作機の押上げ力は停車時5.5kgf、200km/h走行時7.5kgfを目標に製作されている。

(ⅰ) PS9007、9009の2機種については、実用に供してもよいと判断される。また、舟体周辺部に付ける部品の位置を変えることによって、風速による押上げ力変化の状態をほぼ任意に変えられるので、要求性能が変わっても応ずることができる。

(ⅱ) PS9008は、舟体の断面形状が長円形に近い多角形であり、風の迎え角による押上げ力変化が大きく、また弾性のある模擬架線を押し上げたときは60m/s以上で上下に自励振動を生じた。

モデル線の試験開始が1年後に迫るなかで、2機種に合格を出せたことで関係者は安堵したことであろう。

---

[36] 『高速鉄道の研究』、(財)研友社、昭和42年、p.430

[37] 有本弘、国枝正春、塩屋正雄「パンタグラフの風洞内試験（第3報）」、『鉄道技術研究報告』No.255、昭和36年10月

なお、第3回試験の後、鉄道技術研究所の風洞[38]を使い舟体形状に関する基礎試験を行い、多くの設計資料を得ている。

図10-2-4は試作3機種について枠組みのみ、舟体のみ、組立て時（両方の組合せ）の押上げ力が風速によってどう変わるかを示している。

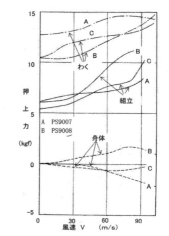

図10-2-4 試作パンタグラフの空力押上げ力（出典：文献37）

以上の試験から得た結果は、
（ⅰ）枠組みは前後対称にし、風圧で歪まないように頑丈にする。
（ⅱ）枠組み基部は風防で覆う。
（ⅲ）ホーンは小さく頑丈にして、舟体ではなく枠組みに付ける。
（ⅳ）舟体形状は矩形2本1体が望ましい。舟体は製作誤差をなくし頑丈に作る。

であった[39]。

### 10.2.3 モデル線での試験

昭和38年2月、量産車用パンタグラフの仕様を決めるため、モデル線において試作3機種の動作状況が確認された[40]。

表10-2-1は試作パンタグラフの諸元である（ダンパは下方向のみ作用する片効き）。復元ばねは数Hz以上の振動領域の追随性を上げるため、枠組みと舟体間に入っている小ばねであり、復元ばねまで表示するとパンタグラフは2元モデルとなる（図10-2-5）。

図10-2-5 パンタグラフの2元モデル

---

[38] 当時、千葉県津田沼にあった0.8m×0.8m、風速45mの風洞
[39] 『高速鉄道の研究』、（財）研友社、昭和42年、p.430
[40] 『東海道新幹線に関する研究（第4冊）』、鉄道技術研究所、昭和38年4月、p.314

表 10-2-1　試作パンタグラフ諸元（出典：文献 40）

| 項　目 | 単　位 | PS9007 | PS9008 | PS9009 |
|---|---|---|---|---|
| 等価質量 | $kgf \cdot s^2/m$ | 1.53 | 1.15 | 1.24 |
| 舟体質量 | $kgf \cdot s^2/m$ | 0.69 | 0.61 | 0.46 |
| 復元ばね定数 | $kgf/m$ | 820 | 530 | 960 |
| ダンパ減衰定数 | $kgf \cdot s/m$ | 26.6 | 15.6 | 7.1 |
| 復元ばねストローク | $mm$ | 20 | 16 | 14 |
| 最低作用高さ | $mm$ | 550 | 550 | 550 |
| 標準作用高さ | $mm$ | 750 | 750 | 750 |
| 最高作用高さ | $mm$ | 1050 | 1050 | 1050 |

$kgf \cdot s^2/m$ は力の単位を kgf（= 9.8N）としたときの質量単位。
9.8 倍すれば力の単位を N に取った質量（kg）になる。

試験の結果は、
（ⅰ）　空力による押上げ力の増加は風洞試験とほぼ同じであった。
（ⅱ）　新幹線の架線はばね定数の不等率が小さいので、ダンパの減衰定数は PS9009 程度で十分である。
（ⅲ）　復元ばねのたわみ量を大きくすることが望ましい。
（ⅳ）　舟体支持は、舟体に風圧がかかっても復元ばねの伸縮を害しないような構造とすべきである。
などであった。

　上記の試験結果を踏まえ、量産車用の PS200 型パンタグラフの性能試験が昭和 38 年 10～11 月にかけて行われた[41]。この時の PS200 はいまだ仕様が確定

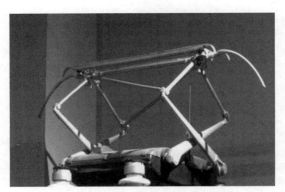

図 10-2-6　開業時の PS200 型パンタグラフ（写真：著者）

[41] 『東海道新幹線に関する研究（第 5 冊）』、鉄道技術研究所、昭和 39 年 4 月、p.495

していなかったようで、舟体揚力を調整するフラップの有無、復元ばねの定数変更などを行って効果を確認し、最終的に舟体断面の形状と復元ばね機構の手直しを行い所要の性能を得るに至っている[42]。

できあがったPS200型パンタグラフの外観を図10-2-6に、また架線とパンタグラフの振動系としての仕様を表10-2-2に示す。

表中にある波動伝播速度は架線の振動が伝わる速度で、架線の線密度、張力を$\rho, T$とすれば$\sqrt{T/\rho}$で表され、この速度が集電の限界だとされている[43]。

高速集電における波動伝播速度の重要性は昭和34年の集電研究会で藤井委員により説明され、以降高速集電系の最も重要な数字になっている。図には架線全体の波動伝播速度（412km/h）とトロリ線の波動伝播速度（358km/h）が記載されているが、後年の研究で高速時にはトロリ線の波動伝播速度がより重要であること、そしてその値は営業速度の約140％以上が望ましいことが明らかにされている[44,45]。

表10-2-2　開業時の集電系仕様（振動系）

| 架線　合成コンパウンド架線 | | パンタグラフ　PS200型 | |
|---|---|---|---|
| 標準径間長 | 60 m | 等価質量 | 12.7kg（従来は20〜30kg） |
| 吊架線 | CdCu80 平方mm、張力 9.8KN（1000kgf） | 舟体質量 | 5kg |
| 補助吊架線 | CdCu60 平方mm、張力 9.8KN（1000kgf） | 静押上力 | 54N（5.5kgf） |
| トロリ線 | GT110 平方mm、張力 9.8KN（1000kgf） | 揚力特性 | 200km/hで +20N（+2kgf） |
| 合成素子 | ばね定数 490N/m（50kgf/m）<br>1,960N/m（200kgf/m） | ダンパ | 枠組み下方向に対して80Ns/mの片効き |
| 架線波動伝播速度 | 412km/h | 動作範囲 | 500mm（従来は1,500mm） |
| トロリ線波動伝播速度 | 358km/h | | |
| 平均ばね定数 | 1,570N/m（160kgf/m） | | |
| ばね定数不等率 | 0 | | |

---

[42] 『東海道新幹線に関する研究（第5冊）』、鉄道技術研究所、昭和39年4月、p.498
[43] 真鍋克士『鉄道における波動と振動』、交通新聞社、2002年9月、p.15,69
[44] 真鍋克士「架線・パンタグラフ系の高速性能（第1報、速度縮尺模型実験による標準系の特性）」、日本機械学会論文誌C編、Vol.54、No.504、1988年；『同（第2報、速度縮尺模型実験による系のパラメータの影響）』日本機械学会論文誌C編、Vol.55、No.512、1989年
[45] 網干光雄、真鍋克士「架線・パンタグラフの接触力変動解析」、『鉄道総研報告』第13巻第7号、1999年7月

## 10.3 新幹線用パンタグラフすり板の開発

### 10.3.1 集電摩耗の特徴

集電時の摩耗現象は厄介な物理現象である。蛇行動現象も難しい問題であるが、研究手法としての模型実験は有効であるし、車両試験台を使った実物車両の転走試験結果はほぼ線路上でも再現される。そして、試験線区での試験走行で合格すれば営業車両にも展開できる。鉄道技術のほとんどはこの方法が可能である。

しかし、集電摩耗はそのいずれも有効ではない。まず研究所内で、例えばいろいろ工夫した摩耗試験機を使って新しいすり板の摩耗特性を調べても、その結果はなかなか実車での使用結果と一致しない。現車での多様な自然環境を再現できないからである。また、試験走行での限られた走行ではすり板の優劣を判定することはできない。走行距離が少なすぎるからである。したがって、すり板の開発は、まず摩耗試験機を使った室内試験によって有望と見込まれる何種類かのすり板を選び出し、次に営業列車で一定期間使ってみて最良のものを選ぶという手順にならざるを得ない。

新幹線のパンタグラフすり板の開発を担当し、後に電車線研究室長を務めた岩瀬勝[46]はすり板摩耗量$W$を、

$$W = W_1 + W_2 + W_3$$

$W_1$：機械的の摩耗量
$W_2$：離線時のアーク放電による摩耗量（純粋な電気的摩耗）
$W_3$：離線時のアーク放電と熱の影響で増大する機械的な摩耗

と3つの要素の和で表している[47]。

機械的な摩耗$W_1$は接触面の圧力、潤滑、湿潤、酸化皮膜等の有無により大きく変わる。

氏は、アーク放電による摩耗量$W_2$は余程アークが激しくなければ問題にはならないとし、$W_3$については次の要因を挙げている[48]。

（ⅰ）アーク発生によるすり板温度の上昇により、潤滑効果が低下する。
（ⅱ）潤滑効果の低下のため融着または粘着を起こし、粘着点付近の機械的強

---

[46] 岩瀬勝：昭和20年運輸省、当時鉄道技術研究所主任研究員、新幹線のパンタグラフすり板開発を担当、後電車線研究室長、日本工業大学教授
[47] 『高速鉄道の研究』、（財）研友社、昭和42年、p.435
[48] 岩瀬勝『パンタグラフ集電と摩耗（Ⅱ）』、鉄道技術研究報告、No.73、1959年、p.8

度の弱い層が破壊され剥がされる。

(ⅲ) (ⅱ) によって面が荒れると、一層潤滑効果が低下する。

すり板の開発に使われた摩耗試験機は図 10-3-1 に示すようなもので[49]、

- ・円盤に固定される模擬トロリ線は周長 3m 強で、部分的に上下に数 mm 移動させて架線の不整を模擬できるようになっている。
- ・摺動接触時の圧力変動を与えることができる。
- ・すり板を摺動方向直角に動かしながら摺動できる。
- ・すり板はばねで支持されパンタグラフの作用を模擬できる。
- ・試験速度は最高 120km/h。

となっていた。

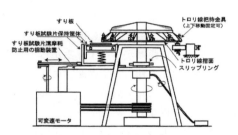

図 10-3-1　すり板摩耗試験機（出典：文献 49）

### 10.3.2　新幹線用すり板の開発

岩瀬はフランス国鉄が昭和 30 年に記録した 331km/h 走行について、

「データによると電源電圧は 1500V、但し試験時は 1700V、集電電流約 4500A で離線率 25％ 程度であり、高速走行というのは集電が如何に大変かというムードを関係者の間に高めたことは間違いなかった。」

と、高速集電が注目され始めた当時の様子を記している[50]。

また、

「当時は 200km/h を超える速度ではどのような集電状態になるかは想像するしかなかった。少なくともフランスの 331km/h の試験結果は、この集電状態の予想に多大の影響を与えたことは確かであった。即ち、パンタ

---

49　岩瀬勝「パンタグラフ集電と摩耗（Ⅰ）」、『鉄道技術研究報告』No.53、1959 年、p.7
50　岩瀬勝『集電技術ア・ラ・カルト』、（財）研友社、平成 10 年、p.44

グラフの離線は相当に激しくアーク放電によるすり板のダメージは激しいであろうことが強調された。」
と述べている[51]。

そこで新幹線のすり板に要求される性能として、
（ⅰ）　耐摩耗性
　　少なくとも東京 - 大阪間 7、8 往復、走行キロで 7～8,000km は補修することなく運転できること。
（ⅱ）　機械的強度
　　高速であることを考え、衝撃強さは $1.5 kg \cdot m/cm^2$ 以上で加熱されたときの強度が十分であること。
とされ、図 10-3-1 の試験機を使い、31 種の材料に対して絞り込みが行われている[52]。

その結果、3 種類の候補
　・銅系焼結材料（NT-1）
　・銅系鋳造材料（NT-2）
　・鉄系焼結材料（NT-3）
が選定され、在来線の交流電化区間での試用・改良試作を経た後、昭和 37 年 6 月からモデル線の試作編成に取り付けられた。

しかし、前記のようにモデル線では走行距離が少ないためすり板の優劣比較はできず、結局営業車両の慣らし運転を経て使用すり板が選定されている。

開発目標は走行キロ 5,000km、できれば 7,000km であった。慣らし運転では、在来線用のすり板を使った場合、1,000km で溝状の摩耗ができ使用に耐えなくなるような事象も出現した。そのため、もし試作すり板が途中で破断すれば架線切断事故になり得ることから、関係者は心中ビクビクものであったとのことである。新しいすり板開発の難しいところである。

結局目標をクリアしたのは NT-3（鉄系焼結合金）のみであり、これが営業列車用のすり板に決定された。

---

[51]　岩瀬勝『集電技術ア・ラ・カルト』、（財）研友社、平成 10 年、p.45
[52]　『高速鉄道の研究』、（財）研友社、昭和 42 年、p.439

### 10.3.3 開業後の変更

開業後1年ぐらい経って、すり板の変更を迫られる異変が発生した。架線のブースタセクション箇所（図10-1-18参照）を中心に、削り取られたトロリ線の切削片が線路に多数落ちているのが見つかったのである。トロリ線の張力低下が原因であったことが後でわかることになるが、これを契機に鉄系より柔らかい銅系すり板を要請する声が架線保守側から上がり、岩瀬グループは新しい銅系すり板の開発にとりかかっている。トロリ線の切削はトロリ線の切断に直結する非常に危険な現象であり、保守側の危機感がうかがわれる。

架線構成を正しく維持しているのは各線条の張力である。セクション箇所は架線構造と振動特性が変化する保守上の要注意箇所であるが、線条張力が落ちて架線の形が変わるとさらに弱点箇所になる。まして200km/hの速度であり、加えてブースタセクションは極めて特殊な構造になっていた。

開業後、集電系で多くの事故が発生することになるが、当時は張力変化がトロリ線にどれくらいダメージを与えるかは正確にはわかっておらず、したがって線条張力もさほど厳密には管理されていなかったものと思われる。

岩瀬は、

> 「トライボロジー（摩擦学）的に考えればトロリ線が銅である限りはすり板材料としては銅系材料は摩擦摩耗の観点からは好ましくないことは半ば常識である。」

と言っており[53]、銅系すり板の投入には慎重であった。同種金属間では親和性の強さから凝着が起き、摩擦で表面が剥がれるいわゆる「共金（ともがね）現象」があることから、すり板、トロリ線双方に摩耗が多くなることを危惧したのである。

したがって、新しく出来た銅系焼結合金すり板の投入も、まずはひとつのパンタグラフのみで使って様子を見るなど極めて慎重に進めている。もし異常摩耗が発生したら、最悪の場合大きな架線事故になりかねないからである。

岩瀬は、

> 「運転所に詰めて固唾を飲んで情報を待ったものである。ところがあに図らんや、その銅系試作すり板の摩耗は極めて少なかったのである。安心するやら不思議に思うやらで、俄には信用できなかったのを思い出す。そこで試作銅系すり板パンタの数を段々に増やして行くことにした。

---

[53] 岩瀬勝『集電技術ア・ラ・カルト』、（財）研友社、平成10年、p.58

……すり板を変えたことによって、トロリ線の摩耗にどのような影響を与えるかには重大な関心があった。銅系のすり板が増えるに従ってトロリ線の摩耗は段々に増大し始めていた。この傾向は始めから予測していたことであった。ところが、ここで予測外のことが起こりつつあったのである。」
と述べている[50]。

記述が長くなるので要約すると、
（ⅰ）　銅系すり板を増やしていくと、今まで使っていた鉄系すり板の摩耗が徐々に減ってきた。
（ⅱ）　鉄系すり板がなくなってすべてが銅系すり板になったら、銅系すり板の摩耗が増えだした。
（ⅲ）　銅系すり板が増えるとトロリ線の摩耗は増え続けた。
であった。

　このうち（ⅱ）と（ⅲ）は理解できるが（ⅰ）は不思議な現象である。そこでこの現象を確認するため及びトロリ線の摩耗増大を抑えるため、またすり板使用のあり方を定めるために岩瀬グループは再度鉄系すり板へ戻すことを行っている。そして上記現象が逆方向に起きること、すなわち偶然ではないことを確認している。

　結論は、鉄系すり板65％、銅系すり板35％の混用が最良で、すり板寿命は一躍2倍以上の15,000～17,000kmに達し、トロリ線の摩耗も銅系すり板による悪影響が現れない範囲に抑えられる状態に至っている。

　このすり板の混用比率は昭和43年以降13年続き、その後は速度向上、パンタグラフ数の削減などに伴い銅系は姿を消し、耐摩耗性を強化した鉄系だけが使用されるように変わっていった[54]。上記現象は学問的には説明できていないとのことであるが[55]、集電摩耗の不思議さと同時に新しいすり板導入には余程注意が必要であることを教えている。

## 10.4　開業後の問題

　本書の範囲は基本的には開業までであるが、架線系は開業8年後の昭和47年山陽新幹線の岡山開業時点でシステム変更されているので、以下にその経緯

---

[54] 宮平祐生、土屋広志『パンタグラフすり板の摩耗を低減する』、RRR、Vol.71、No.2、鉄道総研、2014年2月
[55] 岩瀬勝『集電技術ア・ラ・カルト』、(財)研友社、平成10年、p.59

を簡単に見ておくこととする。

　昭和29年の三島‐沼津間の試験からほぼ10年を経て、200km/h超で走行可能な集電系ができあがり、第9章で述べたDT-200台車とともに高速走行の前提が整った。

　次の課題は強風、豪雨、降雪、寒冷、酷暑等の環境変化に耐え、安定した連続長距離運行が可能な鉄道に仕上げていくことである。車両にとっても地上設備にとっても開業は耐久試験の始まりとなった。

　開業後はA編成に変わってB編成が、き電、集電、信号、通信系の診断をする電気試験車として使われることとなり、昭和39年7月からB編成で全線にわたり集電試験が行われ、その回数は翌年3月末までの間に38回に上っている[56]。粂沢はそのデータを基に、トロリ線の水平度が出ていない、トロリ線にクセ（小さい曲がり）がある、セクション構成の整正度が良くない等多くの手直しを保守部門に要請している。また架線の張力調整や風による架線浮き上がりを防止する金具を改良する必要性も説いており、工事、保守要員の意識が高速集電に追いついていない様子がうかがえる。

　このような状況のなかで集電系の最初の大きな事故が開業後2か月半たった昭和39年12月18日に起きている。平塚付近のブースタセクションで架線引止め碍子が破損し、垂下した架線が電車の前頭部に当たったためパンタグラフ6個がすべて破損し、架線は約3kmにわたって断線垂下した。この結果14時間にわたって運行不能となっている[57]。

　表10-4-1は開業から昭和59年度末までの間に発生した合成コンパウンド架線の断線事故件数である[58]。

　高速走行時に架線が切れればパンタグラフが破損し、壊れたパンタグラフは列車が止まるまでの数kmにわたり架線を破壊するため、仮復旧して徐行で列車を通せるようになるまで半日以上はかかる。運転再開後もダイヤの乱れは続くのでその影響は計り知れない。このような事故が18年間で25回も起きている。

　原因は架線金具が外れパンタグラフに衝撃し断線に至った、捻りセクション

表10-4-1　合成コンパウンド架線断線事故件数
（出典：文献58）

| 線条種別 | 回　数 |
|---|---|
| 吊架線 | 10 |
| 補助吊架線 | 4 |
| トロリ線 | 11 |
| 合計 | 25 |

＊開業〜昭和59年度

---

[56] 『東海道新幹線に関する研究（第6冊）』、鉄道技術研究所、昭和40年3月、p.22
[57] 『新幹線十年史』、日本国有鉄道新幹線総局、昭和50年12月、p.339
[58] 岩田秀夫『新幹線・架線事故との闘い』、鉄道電気1985年10月、（社）鉄道電化協会

## 10.4 開業後の問題

箇所のトロリ線が急速に摩耗した、線路分岐箇所の上部のトロリ線が疲労破断した等である。

山陽新幹線の架線方式、ヘビーコンパウンド架線(註)の開発を進めた有本は、

> 「合成コンパウンド架線はばね（合成素子）を用いてばね定数の不等をを皆無にし、ばねで誘発される振動をダンパによって防いでおり、パンタグラフの振動をゼロにしたと言う意味で終極架線とも言われた。即ち功あって罪なきを期したのである。しかし現実に使用してみると問題点が現れ、罪もなかなか深いということが分かってきた。」

と述べている[59]。

ばね定数の均一化を図った合成コンパウンド架線の柔軟性、言い換えればパンタグラフによる押上量の大きさは多数パンタグラフ走行による架線金具の緩み、電線の疲労につながり、また風による架線の浮き上がりはパンタグラフと架線金具の衝撃のチャンスを増やした。加えて上述の捻りセクションではトロリ線とパンタグラフが衝撃しトロリ線が急速に摩耗してしまった、ということであろう。

モデル線やそれに続いて行われた営業線での試験では、大きな押上量によるダメージの蓄積や強風下での系の挙動などを把握することはできない。開業時に系の脆弱性がわからなかったのは止むを得ないだろう。

このようなことから、山陽新幹線の集電系については16両250km/h運転を想定し、ばね定数均一化に特化した架線の弱点を改める観点から、ばね定数不等率はゼロではないが小さい値に留め、ばね定数の値自体を上げる方向で検討され（10.1節②（ⅰ）、p.208）、昭和41年9月新横浜−小田原間に普通コンパウンド架線2組並べたダブルコンパウンド架線を仮設し16両編成の列車で試験が行われている。

集電研究委員会第4専門委員会の後身にあたる集電力学委員会[60]の報告書は、

> 「第4専門委員会は、新しい大容量架線方式を検討した結果、ダブルコンパウンドカテナリー方式が適当であるとの判断にたち仮設試験研究を実施して、
> ・押上がり量の絶対値が確実に小さい。
> ・160km/h付近で共振類似の現象が見られるが、その振幅は特に

---

[59] 有本弘『こだまからひかりへ』、大阪電業（株）、昭和51年、p.50
[60] 集電研究委員会第4専門委員会は、昭和42年度から集電力学委員会（委員長藤井澄二東大教授）となった。

問題となるほど大きくない。
　の諸特性を確認した。
　　（集電力学）委員会も以上により判断して、山陽新幹線の大容量高速架線
　としてダブルコンパウンド架線が基本的に優れていると推奨した。」

と記している[61]。

　結局ダブルコンパウンド架線ではなく、同じ考えに立ったヘビーコンパウンド架線が採用され、昭和47年に岡山開業を迎えることになる。山陽新幹線では、き電方式もBTき電方式からATき電方式に変更された（したがって、捻りセクションもなくなった（16.4節参照））。パンタグラフ間をケーブル接続することによって、パンタグラフ数も削減できるようになった。以降、集電系の事故はほぼなくなることになる。この架線構造変更の経緯については他著をご覧いただきたい[62]。

　合成コンパウンド架線は、平成元年に姿を消すまで保守陣営の懸命の努力に支えられ25年間使われた。

　BTき電方式、多数パンタグラフ列車という条件下では安定性に問題はあったが、合成コンパウンド架線とPS200パンタグラフは200km/h超を可能とした最初の集電系として高速鉄道の歴史に残る集電系であったと言えるだろう。

> （註）　ヘビーコンパウンド架線は合成コンパウンド架線で用いた合成素子を廃し、従来のコンパウンド架線の吊架線張力（1トン）を2.5トンに、補助吊架線とトロリ線張力（各1トン）を1.5トンに上げ、総張力5.5トンとして（合成コンパウンド架線は総張力3トン）、平均ばね定数を大きくした高張力架線。張力アップに伴い線条も太く（したがって重く）なり、ヘビーの名称となったが重量化を目的としたものではない。

＊

　架線はパンタグラフ通過によって振動し、それが前後に伝わり一部は反射する。後続パンタグラフは振動している架線の影響を受けつつ新しい振動を起こし、架線とパンタグラフは益々複雑な振動状態になる。高速でも離線しない集電系を追求することは、このような振動下で架線とパンタグラフ間の接触力がどうなるかを知ることであるが、この現象の解析的一般解を求めることは困難なことである。藤井理論はこの複雑な現象のうち、高速化の関門となった架線

---

[61] 『山陽新幹線電車線構造に関する研究』、（社）鉄道電化協会、昭和43年3月、p.2
[62] 有本弘「高速度用架線構造」、『鉄道技術研究報告』No.704、1970年3月；有本弘『こだまからひかりへ』、大阪電業（株）、昭和51年；『鉄道電化と電気鉄道の歩み』、（社）鉄道電化協会、p.181、など

支持点周期で発生する接触力変動を説明したもので、架線質量や架線振動の伝播現象は棚上げされている。

その後集電系の振動をより実際に近い形で模擬するため、昭和44年に江原信郎[63]によりコンピュータによるデジタルシミュレーション手法の基本が完成し、その後鉄道技術研究所において改良が加えられ高速集電系開発の有力な手段となった。また高速化に伴い顕在化する架線のハンガー周期の接触力変動の解析などが進み[44,45]、1列車当たりのパンタグラフ数が2個となったことと相まって300km/h超の現在の安定した集電系が出来上がることになる。

---

[63] 江原信郎：当時東京大学大学院生（藤井研究室）、後明治大学教授

# 第 11 章　高 速 軌 道

　高速列車に不可欠なロングレールについては、新幹線建設が決まった昭和33年には温度伸縮、座屈強さの機構が解明されていたことは第3章で記した。また列車によって軌道各部に生じる振動やその機構に関する軌道力学の進歩があったことを記した。
　これらを背景に新幹線の軌道構造を決定した松原健太郎[1]は、ロングレールの導入を前提としたうえで、

> 「新幹線の軌道構造については、当初 200km/h の高速運転の場合、有道床構造では道床の流出が大きく、保守が追いつかぬのではないかとの意見もあってアスファルト道床あるいは無道床構造が検討され、何種類かの試作試験も行われた。しかしその後道床破壊の計算により、レール締結装置、レール、マクラギなどの設計を改良すれば、200km/h の高速でも道床の沈下、崩れの状態は現在線程度に改善され得ることがわかり、またビブロジール（軌道に繰返し荷重を載荷できる加振装置）その他の試験、およびモデル線の実物試験でこのことが確認された。……」

と述べている[2]。
　軌道については多くの事柄が検討されているが、ここでは以下の項目について経過をたどることとする。
　（ⅰ）　軌道構造をどうするか
　（ⅱ）　モデル線での軌道の変形、振動測定
　（ⅲ）　モデル線での座屈試験
　（ⅳ）　車輪フラットによる衝撃の評価
　（ⅴ）　レール溶接破断時の安全性確認
　（ⅵ）　橋梁上にロングレールを敷設する場合の諸条件

---

[1]　松原健太郎：昭和16年鉄道省、当時国鉄新幹線局軌道課長、後国鉄副技師長、鉄道技術研究所副所長
[2]　松原健太郎『新幹線の軌道』、（社）日本鉄道施設協会、昭和44年、p.25

## 11.1 軌道構造の決定

### 11.1.1 軌道破壊理論

　星野も記念講演で述べたように、軌道は列車によって生じるダメージを修復しながら使うようにできているので、その課題は建設費、保守費を合わせたコストパフォーマンスである。

　軌道構造が決まれば建設費は計算できるが保守費は簡単ではない。佐藤裕は第3章で述べた軌道力学をベースに、列車通過によって軌道に生じる軌道破壊量を列車の重さ、速度、通過回数、軌道構造などの関数として表す軌道破壊理論を立て、これにより未知の速度領域であった新幹線においても適切な設計をすれば従来構造の軌道が適用できることを明らかにした。

　軌道破壊理論の組立は次のようになっている[3,4,5]。
（ⅰ）軌道破壊の尺度として軌道破壊係数 Δ を定義し、これを荷重係数 L、構造係数 M、状態係数 N の積で表す。

$$\Delta = 荷重係数 L \times 構造係数 M \times 状態係数 N$$

（ⅱ）荷重係数 L は列車によって軌道に加わる力の影響を表す係数で、これは車両の形態、通トン数、速度によってきまるから L を次式で表す。

$$L = 車両係数 K \times 通トン数 T \times 列車速度 V$$

　車両重量が同じでも軸ばねから下の重量が大きい方が軌道に与える影響が大きい。車両係数 $K$ はこれを考慮する係数であり、

$$K = \frac{1}{n}\sum_{n}\frac{1}{1+\xi\eta} \text{ で表される。}$$

　ただし、$n$：車両数
　　　　　$\xi$：車両のばねで決まる係数。
　　　　　$\eta$：ばね上重量のばね下重量に対する比。

　$K$ は新幹線旅客車両 0.24、貨物車両 0.28 としている[6]。
（ⅲ）構造係数 M は軌道構造によって軌道破壊の程度が異なることを表す

---

[3] 『東海道新幹線に関する研究（第1冊）』、鉄道技術研究所、昭和35年4月、pp.1/11
[4] 『高速鉄道の研究』、（財）研友社、昭和42年、pp.77/84
[5] 佐藤裕『軌道力学』、鉄道現業社、昭和39年、pp.53/67
[6] 『東海道新幹線に関する研究（第1冊）』、鉄道技術研究所、昭和35年4月、p.2
　星野陽一、佐藤裕「軌道構造の動力学的設計」、『鉄道技術研究報告』No.149、昭和35年8月、p.6

係数で(この係数が大きいほど軌道破壊が進みやすい)、次のように3つの要素の積で成り立つとする。

$$M = 道床圧力\ P_b \times 道床加速度\ \ddot{y} \times 衝撃係数\ S$$

$P_b$ はレールに一定の車輪荷重が載った時のその直下の道床圧力、$\ddot{y}$ は一定の車輪衝撃に対する道床加速度、$S$ は同一車両、同一速度でも軌道構造の相異によって衝撃が異なることを表す係数である。

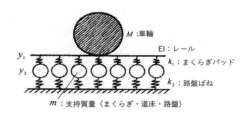

図 11-1-1　軌道の振動計算モデル(出典:文献5)

道床加速度 $\ddot{y}$ については、図 11-1-1 の軌道モデルにおいて車輪を一定の高さから落下させたときの計算から、$k_1$、$m$ との間に

$$\ddot{y} \propto \sqrt{k_1}\frac{1}{\sqrt{m}}$$

の関係があること、また 37kg、50kg、119lb、132lb レールを敷設し、軌道試験車を使って軸箱に生じる振動加速度を測定した結果によると、衝撃係数 $S$ とレール曲げ剛さ $EI$、レール支持ばね定数 $k$ (レール締結部およびまくら木支持部)との関係は、

$$S \propto \frac{1}{\sqrt{EIk}}$$

となることから、結局構造係数 $M$ は

$$M \propto \frac{P_b\sqrt{k_1}}{\sqrt{mEIk}}$$

と表せることが明らかになっている。

## 11.1 軌道構造の決定

表11-1-1 代表的軌道構造の構造係数(出典:文献5)

| 軌道構造 | | | 構造係数 M |
|---|---|---|---|
| レール (kg) | まくら木 (本/25m) | 道床厚さ (mm) | |
| 50 | PC48 | 300 | 0.72 |
| 50 | PC44 | 250 | 0.89 |
| 50 | PC39 | 250 | 1.03 |
| 50 | 木48 | 250 | 1.05 |
| 50 | 木44 | 250 | 1.16 |
| 50 | 木41 | 250 | 1.28 |
| 50 | 木39 | 200 | 1.48 |
| 37 | 木37 | 200 | 2.49 |
| 37 | 木37 | 150 | 2.69 |
| 30 | 木37 | 200 | 3.43 |
| 30 | 木37 | 150 | 3.74 |
| 55 | PC48 | 300 | 0.51 |
| 55 | PC44 | 250 | 0.71 |

(50kg、PC44本/25m、200mmのMを1.00とする)

表11-1-1は代表的な軌道構造について計算した構造係数を、50kgレール、まくら木PC44本/25m、道床厚さ200mmの場合を1とした比率で示している。

(iv) 状態係数Nは経年による特性の不均一性、道床への土砂混入度、レール継目の数などの影響を表す係数であるが、定量化は難しいため軌道構造ごとの保守費を検討する際には適用されていない。

### 11.1.2 保守費の算定

さて、荷重係数や構造係数が保守費用とどのような関係になっているかであるが、在来線においては豊富な実績から換算軌道km（本線km＋準本線及び側線km×1/3）当たりの保守要員数 $Y$ は $T$ を通トンとすれば

$$Y = a + b_1 PLM + b_2 T$$

$L$、$M$ は荷重係数、構造係数
$P$ は線区によって保守水準が異なることを表す保守係数（保守水準が高ければ大きい数字になる）

であることがわかっていて、これをもとに $L$、$M$ と保守費の関係を導くことができる[7]。

しかし、新幹線においては在来線の保守方式とは異なるため（作業を機械化し定期的に修繕する方式）、上記による保守費算定方法が適用できない。このため定期修繕方式に長い歴史をもつドイツ国鉄1級線の実績をもとに保守費の算定が行われることとなった[8]。

---

[7] 『高速鉄道の研究』、（財）研友社、昭和42年、p.79

### 11.1.3　新幹線軌道構造の検討

（ⅰ）　荷重係数の試算

　表 11-1-2 はドイツ 1 級線と新幹線の荷重係数の試算である[8]（ドイツの荷重係数を 1 としている）。新幹線は貨物列車も含み 3 段階の通トンを想定した試算になっている。

表 11-1-2　荷重係数試算（出典：文献 7）

| | | 車両係数 $K$ | 年間トン $T$（万 t） | | | 速度 Vkm/h | 荷重係数 $L = KTV$ | | |
|---|---|---|---|---|---|---|---|---|---|
| | | | 1969 | 1972 | 1975 | | 1969 | 1972 | 1975 |
| 新幹線 | 旅客 | 0.18 | 2,200 | 2,400 | 2,600 | 148 | 2.40 | 2.71 | 3.08 |
| | 貨物 | 0.22 | 800 | 1,000 | 1,300 | 100 | | | |
| ドイツ | 旅客 | 0.24 | | 650 | | 85 | | 1.00 | |
| | 貨物 | 0.28 | | 1,050 | | 63 | | | |

表 11-1-3　構造係数試算例（出典：文献 7）

| | | | ドイツ1級線 | 標　準 |
|---|---|---|---|---|
| 軌道構造 | レール | kg/m | 49 | 50 |
| | マクラギ　種別 | | B 55 | B 50 |
| | 　　　　　間隔（$\alpha$） | cm | 60 | 63 |
| | 　　　　　片側支持間面積（$B$） | cm² | 2,210 | 2,210 |
| | パッド　バネ常数（$D_1$） | t/cm | 300 | 100 |
| | 道床　厚（$d$） | cm | 35 | 30 |
| | 道床係数 $C = \dfrac{10d}{15}$ | kg/cm³ | 23 | 20 |
| 道床圧力（輪重1t） | 道床沈下係数　$D_2 = BC$ | t/cm | 52 | 43 |
| | レール支承体沈下係数　$D = \dfrac{D_1 D_2}{D_1 + D_2}$ | t/cm | 44 | 30 |
| | レール圧力　$P$ | t | 0.420 | 0.390 |
| | 道床圧力　$P_b = \dfrac{P}{B}$ | kg/cm² | 0.190 | 0.180 |
| 道床加速度 | 支持質量　（$m$） | kg | 576 | 552 |
| | 道床加速度　$\ddot{y} \infty \sqrt{D_1} \cdot \dfrac{1}{\sqrt{m}}$ | | $72 \times 10^{-2}$ | $45 \times 10^{-2}$ |
| 衝撃係数 | 単位レール支持沈下係数　$k = \dfrac{D}{\alpha}$ | kg/cm² | 734 | 556 |
| | レール剛性　（$EI$） | kg·cm² | $377 \times 10^7$ | $366 \times 10^7$ |
| | $\beta = \sqrt[4]{\dfrac{k}{4EI}}$ | cm⁻¹ | $1.48 \times 10^{-2}$ | $1.36 \times 10^{-2}$ |
| | 衝撃係数 $S \infty \dfrac{1}{EI\beta^2}$ | kg⁻¹ | $1.21 \times 10^{-6}$ | $1.60 \times 10^{-6}$ |
| 構造係数 | $M = P_b \cdot \ddot{y}_2\ \ S = P_b (\sqrt{D_1} \cdot \dfrac{1}{\sqrt{m}}) \cdot (\dfrac{1}{EI\beta^2})$ | | $M_D$ $1655 \times 10^{-10}$ (1.28) | $1293 \times 10^{-10}$ (1) |

---

[8]　『高速鉄道の研究』、（財）研友社、昭和 42 年、p.80

また、当時のドイツ国鉄1級線の旅客列車の平均速度 85km/h に対し、新幹線は3倍の荷重を受けると予測されている。

(ii) 構造係数の試算

軌道構造はレール3種類（50、60、70kg/m）、まくら木種別2種類、締結ばね定数2種類（100t/cm、50t/cm）を組み合わせた12種類について構造係数を試算している[9]。

表 11-1-3 は、ドイツ国鉄1級線の軌道の締結装置ばね定数 300t/cm を 100t/cm とし、道床厚さ 35cm を 30cm とした場合の試算で、これにより構造係数が約 22%（1.28 から 1 に）小さくなることを示している。

(iii) 最適軌道構造および経費試算[10]

次に与えられた列車条件（したがって荷重係数）のもとで建設費＋保守費が最小になる軌道構造を最適軌道構造と呼び、ドイツ1級線の保守方式に新幹線の保守水準を適用し、昭和 44、47、50 年における最適軌道構造を求めている（表 11-1-4）。

表 11-1-4　最適軌道構造に対する経費試算（出典：文献8）

| 年　　度 | | | 昭 44 | 昭 47 | 昭 50 |
|---|---|---|---|---|---|
| 年間通トン | | | 3,000万 t | 3,400万 t | 3,900万 t |
| 構造係数 M | | | 0.66 | 0.62 | 0.58 |
| 手間経費<br>(1km当り) | 資　本　費 | | 106万円 | 107万円 | 108万円 |
| | 保　守　費 | | 67万円 | 68万円 | 70万円 |
| | 計 | | 173万円 | 175万円 | 178万円 |
| 軌道構造単位<br>(1km当り) | レ　ー　ル | | 52kg/m：5,610 円 | 54kg/m：5,830 円 | 56kg/m：6,050 円 |
| | マクラギおよび道床 | | 10,500 円 | 10,500 円 | 10,500 円 |
| | 初期投資費 | | 16,110 円 | 16,330 円 | 16,550 円 |
| 保守周期 | 総修繕工事 | | 1.5 年 | 1.5 年 | 1 年 |
| | 更新工事 | | 15～20 年 | 15～20 年 | 15～20 年 |

表 11-1-5 は、以上のような検討結果を踏まえ決定した新幹線の軌道構造を当時の東海道本線の軌道（表中の標準と表記）と比較して示したものである[11]。

---

[9] 星野陽一、佐藤裕「軌道構造の動力学的設計」、『鉄道技術研究報告』No.149、昭和 35 年 8 月、p.18
[10] 『高速鉄道の研究』、(財) 研友社、昭和 42 年、pp.83/84
[11] 松原健太郎『新幹線の軌道』、(社) 日本鉄道施設協会、昭和 44 年、p.27

表 11-1-5 新幹線と東海道本線の軌道構造（出典：文献 11）

| | | 計　算　内　容 | | 新幹線 | 標準 |
|---|---|---|---|---|---|
| 荷重係数 $L$ | | 車両特性比 | | 0.77 | 1 |
| | | 通トン比 | | 1 | 1 |
| | | 速度比 | | 2 | 1 |
| | | $L$ の比 | | 1.54 | 1 |
| 構造係数 $M$ | 軌道構造 | レール | $kg/m$ | 53.3 | 50.4 |
| | | マクラギ形式 | | $2T_a$ | 2 号型 |
| | | （PC）間隔　$(a)$ | $cm$ | 58 | 58 |
| | | 片側支持面積 $(B)$ | $cm^2$ | 2,300 | 2,240 |
| | | パッドばね常数 $(D_1)$ | $t/cm$ | 90 | 100 |
| | | 道床厚さ　$(d)$ | $cm$ | 30 | 25 |
| | | 道床係数　$(C)$ | $kg/cm^3$ | 20 | 16.7 |
| | 道床圧力（輪重 1t） | 道床沈下係数 $D_2 = BC$ | $t/cm$ | 46 | 37.3 |
| | | レール支承体沈下係数 $D = D_1D_2/(D_1+D_2)$ | $t/cm$ | 30.4 | 27 |
| | | レール圧力　$P$ | $t$ | 0.369 | 0.372 |
| | | 道床圧力　$p_b = p/B$ | $kg/cm^2$ | 0.161 | 0.167 |
| | 道床加速度 | 支持質量　$(m)$ | $kg$ | 607 | 404 |
| | | 道床加速度　$\ddot{y}\infty\sqrt{D_1}\cdot 1/\sqrt{m}$ | | $39\times 10^{-2}$ | $50\times 10^{-2}$ |
| | 衝撃係数 | 単位レール支承体沈下係数 $D/a$ | $kg/cm^2$ | 525 | 466 |
| | | レール縦剛性 $(EI_x)$ | $kg\cdot cm^2$ | $749\times 10^7$ | $366\times 10^7$ |
| | | 衝撃係数 $S\infty\dfrac{1}{\sqrt{EI_xD/a}}$ | | $632\times 10^{-9}$ | $767\times 10^{-9}$ |
| | 構造係数 | $M = P_b\cdot\ddot{y}\cdot S = P_b\sqrt{D_1}\dfrac{1}{\sqrt{m}}\dfrac{1}{\sqrt{EI_xD/a}}$ | | $396\times 10^{-10}$ | $641\times 10^{-10}$ |
| | | $M$ の比 | | 0.62 | 1 |
| | | $L\times M$ の比 | | 0.95 | 1 |

松原は、

> 「これによると新幹線の破壊の外力は、主として速度の項が効いて、（荷重係数が）現在線の 1.54 倍となっているが、軌道構造は現在線の 1/0.62=1.61 倍強固となっており、軌道の破壊程度は、現在線とほぼ同様の設計になっている。」

と記している[11]。

　講演会で星野が「現在の 2〜2.5 倍の速度で走る超高速列車に対しては現在の（軌道）構造は全く不適格であることが予想される」と述べたように、当時は耐久力のある新型構造でないと無理だと考えられていた。しかし、その後軌道力学をベースに構築された軌道破壊理論により従来構造が適用可能であるこ

とが明らかになり、このことが昭和 39 年の開業を可能としている。

軌道においても、新幹線建設が決まる前から行われていた基礎研究が大きな役割を果たしたことがわかる。

## 11.2 モデル線における振動、応力の測定

モデル線ではレール・まくら木・道床の上下振動加速度、レールとまくら木間の圧力（レール圧力）、レール沈下、レール下のパッドの圧縮量、レール曲げ応力、レール締結装置のばね応力が測定され、次の結果を得ている[12]。

（ⅰ） 一般軌道区間のレール

振動加速度データはおおよそ速度ともに増大する傾向を示しており、従来の研究結果を裏付けている。

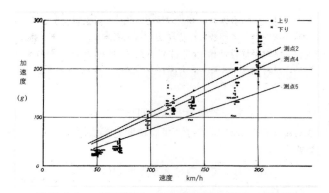

図 11-2-1　一般軌道のレール振動加速度（出典：文献 12）

　加速度の値は 200km/h で 200g（測点 2）、150g（測点 5）と開きがあるが、これは近くにある溶接継目の影響と思われる（図 11-2-1）。

（ⅱ） まくら木、道床の加速度もレール加速度と同様の傾向であるが、まくら木から道床への減衰率は 1/2 程度、レールからまくら木への減衰率は 1/40 ～1/60 と非常に大きくなっている。

（ⅲ） レール圧力、応力も従来の見解どおりで速度依存性はない（図 11-2-2）。応力値も $4kg/mm^2$ を超えていないので問題はない。

---

[12] 『高速鉄道の研究』、（財）研友社、昭和 42 年、p.86

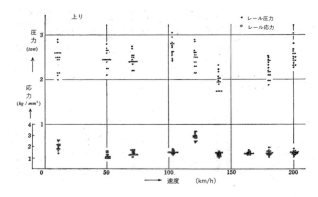

図 11-2-2　列車速度とレール曲げ応力、レール圧力（モデル線）（出典：文献 5）

（iv）　その他
　・レール沈下、レールとまくら木間の変位も速度依存性はなく、大きさは前者が 1.4〜1.6mm 程度、後者が 0.3mm 程度であって予想どおりである。
　・締結装置ばねの応力も速度依存性はなく、軌間外 $6〜7\,kg/mm^2$、軌間内 $3\,kg/mm^2$ 程度で、2 トン程度の横圧が作用したことを示しており妥当な値である。
（v）　直結軌道についても一般軌道とほぼ同様であった。
（vi）　伸縮継目、分岐器については、組立精度や溶接仕上げに注意をすれば特に問題はない。
　以上のように、高速においても特に大きな問題は出ておらず、ほぼ設計どおりの機能が確認されている。

## 11.3　座屈試験 [13]

　新幹線軌道の座屈強度を確認するため、3.1.3 節で述べた座屈研究の結果を踏まえ、昭和 39 年 4 月モデル線において実物軌道を座屈させる試験が行われている。
　試験は、冬季 −5℃ で設定したロングレール 1,500m を 300m ごとの 5 区間に分け、各区間に
　　・まくら木を一定量露出させる。

---

[13]　松原健太郎『新幹線の軌道』、（社）日本鉄道施設協会、昭和 44 年、pp.111/113

・まくら木肩部のバラストを緩めて道床横抵抗力を4kg/cm程度に減らす。
・初期軌道狂いを加える。

などにより軌道を弱体化し、移動式アセチレンバーナーでレールを50～85℃に加熱する方法で行われた。その結果、このように弱体化した軌道においても、レール軸圧80～90トンまで座屈しないことが確認されている。

一方新幹線のロングレールはすべて、
・20～30℃の間で設定される。
・レール温度変化は最大40℃、最大軸圧は65トンにとどまる。
・安定した軌道では道床横抵抗力は8kg/cm以上確保でき、この場合最低座屈強度は30％の安全率を見ても90トンとなる。

ことから、保守に十分注意することにより新幹線軌道は座屈に対して安全であるということが確認されている。

## 11.4　車輪フラットによる衝撃

滑走によって生じたフラット車輪の運動を佐藤裕は次のように説明している。

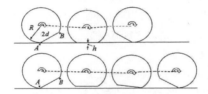

図 11-4-1　フラットのある車輪の転がり（出典：文献14）

低速のときは図11-4-1の図上のごとくA点でレールに接したまま回転しフラットの深さまで落ち込んで衝撃を与えるが、高速になると図下のようにフラットの深さまで落ち込まず浮き上がった車輪がB点で着地して衝撃を与えると考えられる。

この車輪が浮く限界速度$V_{cr}$は、$R$を車輪半径とすれば

$$V_{cr} = \sqrt{R\mu}、\quad \mu = \frac{\text{ばね下重量}+\text{ばね上重量}}{\text{ばね下重量}} \cdot g \quad (\text{g は重力加速度})$$

で求められる[14]。

---
[14] 佐藤裕『軌道力学』、鉄道現業社、昭和39年、p.32

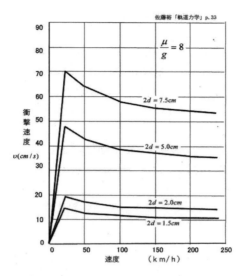

図 11-4-2　フラットによる衝撃速度の推定（出典：文献 14）

この仮定に立って車輪がレールに衝撃するときの上下方向衝撃速度を求め、走行速度との関係を図示したのが図 11-4-2 である。

これによると、フラットによる軌道の変形は約 20km/h まで急激に増加し、その後は低下することになる。

これを確かめる試験がモデル線で昭和 38 年 12 月、フラット長を変えて行われている。図 11-4-3 は、フラットによるレール衝撃応力 $S$ とフラットがない場合の応力 $s$ の比 $s/S$ の速度特性を示している。

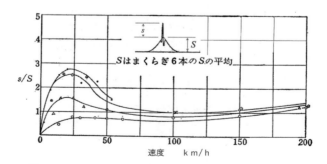

図 11-4-3　フラットによるレール衝撃応力（出典：文献 14）

図から 20km/h 付近に極大値があり、100km/h 前後まで低下し 200km/h ではやや上がっている。

このような結果から、大きなフラットができたときは列車の回送速度は 5km/h の低速が望ましく、止むを得ない場合は 100km/h 前後とすべきで 20〜40km/h の範囲を避けるべきとされた[15]。

## 11.5　レール溶接破断時の安全性確認

佐藤裕は、

> 「新幹線においては原則として全線にロングレールが敷設されるので、レール溶接口数の総計は約 8 万口となる。
> ……このようにレール溶接口数が非常に多数となるので、これらの折損発生頻度を検討し、また万一折損箇所を列車が走行した時の安全性についても検討することが極めて重要であるので現車試験が行われた。」

と記している[16]。

新幹線の安全性を確認するうえで重要な試験であり、モデル線でしかできない試験である。

破断箇所で問題になるのはレールの横方向のズレ（図 11-5-1 の q）であり、

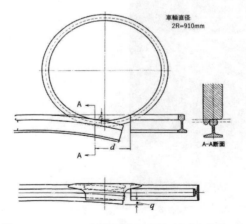

図 11-5-1　レール破断箇所での走行（出典：文献 16）

---

[15] 『新幹線 50 年史』、（公財）交通協力会、平成 27 年、p.95
[16] 『高速鉄道の研究』、（財）研友社、昭和 42 年、pp.92/95

車輪踏面とレールの位置関係からこの食い違い限度は 4mm であると計算されている。そして、破断したレール端を 4mm 変位させる横圧は実験の結果 2 トンとなった。

モデル線試験に先立ち、研究所内で予備試験が行われている。

装置は軌道狂いと車両振動の関係を 1/5 模型で調べるもので、ロータ直径は 3m で輪周 10m の軌道をもっている。この装置の片レールに 5mm 及び 8mm に相当する左右食い違いを作り、さらに台車の前軸に 1 トン及び 6 トンに相当する横圧を作用させ転走させた結果、実速度 80〜100km/h では脱線しないことが確認されている（図 11-5-2）[17]。

モデル線での試験は昭和 39 年 3 月、上り線ロングレールを海側で 1 か所切断し遊間約 20mm を作り、C 編成（6 両）を使って行われた。

試験中の万一の脱線防止策として、レール切断点を中心に 10m の安全レールを敷設し、速度 60〜200km/h にわたって走行を繰り返し切断箇所のレール変位、レール応力等を測定している。

図 11-5-3 は、モデル線において電車がレール切断箇所を走行したときに生じたレール横変位と横圧を示している。図からわかるように、平均値に 3 σ を加えてもレール横変位は 1.4mm 程度であり、横圧も 1 トン程度であった。ま

図 11-5-2　軌道狂い実験装置
（出典：文献 17）

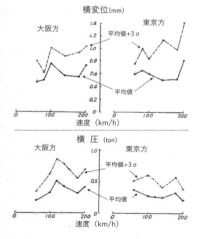

図 11-5-3　レール切断箇所走行時のレール変位、横圧
（出典：文献 17）

---

[17] 『東海道新幹線に関する研究（第 5 冊）』、鉄道技術研究所、昭和 39 年 4 月、p.56

たレール、レール締結装置の応力も問題がない値であったことから、レール切断箇所での 200km/h の列車走行は特に問題はないと結論している[18]。

## 11.6 ロングレールと橋梁桁座配置

3.1.2 節では一般区間のロングレールの伸縮について記したが、ロングレール中に橋梁桁がある場合は桁が温度伸縮するので状況が変わってくる[19]。

図 11-6-1 において、レールは桁にふく進抵抗 $r$ で結合されているとすると、桁が伸びるとふく進抵抗を介してレールを引き延ばすことになるが、桁の右はロングレールの不動区間なので不動区間に向けてレールは押し付けられることになってレール軸圧が高まる。軸圧は桁の可動端付近で最も高くなり、そこから右の不動区間内で徐々に下がっていく。

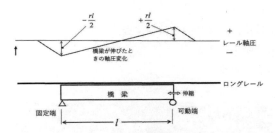

図 11-6-1　桁伸縮によるレール軸圧変化（出典：文献 19）

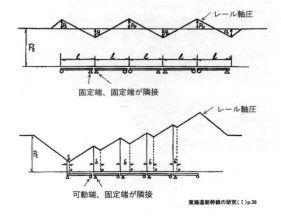

図 11-6-2　桁の固定端、可動端配置（出典：文献 20）

---

[18] 『高速鉄道の研究』、（財）研友社、昭和 42 年、p.95
[19] 深沢義朗、大西璋「橋上ロングレール」、『鉄道技術研究報告』No.229、昭和 36 年 7 月

一方、左の方は不動区間からレールを引くことになるのでレール軸圧は下がり、固定端付近で最も低くなる（図 11-6-1）。

このような現象に対して、桁座の強度、桁前後の軌道強化、桁座配置、長さが異なる桁が連続する場合、ロングレールの伸縮区間に桁がある場合、長大桁の場合等について検討が行われた。例えば、桁座の配置については在来桁のように可動端と固定端が隣接するように配置すればレール軸力は累積するが（図 11-6-2 下）、固定端と固定端が隣接するように配置すれば累積しないこと（同図上）、長大桁に対しては場合により桁端に伸縮継目を設けて軸力を開放する必要があること等の結果を得ている[20,21]。

以上の他、軌道関係での研究項目は
- ・レールの断面形状、材質の決定
- ・レール弾性締結装置、コンクリートまくら木の開発
- ・分岐器、伸縮継目の開発
- ・レール溶接法、溶接部の非破壊検査法の開発
- ・高速軌道検測車の開発

など多岐にわたっている。

図 11-6-3　昭和 38（1963）年 4 月、道床疲労試験機
（写真提供：（公財）鉄道総合技術研究所）

---

[20] 『東海道新幹線に関する研究（第 1 冊）』、鉄道技術研究所、昭和 35 年 4 月、pp.36/43
[21] 『高速鉄道の研究』、（財）研友社、昭和 42 年、pp.95/98

# 第 12 章　車両の強度

　車両各部の強度、軽量化、形状と空気抵抗等については第 2 章で記したように多くの技術進展があり、これらの上に立って新幹線車両が実現していくことになる。

## 12.1　軽量・高強度・気密化車体の製作 [1]

### 12.1.1　試作車両

　標準的な在来旅客車は長さ 19.5m、重量 7～9 トンであるが、新幹線車両は長さを 25％増、幅を 20％増（容積 50％増）としたうえで十分な強度と剛性をもたせ、なお重量を 8 トンに抑えるというものであり、その製作は難題であった。

　最初に設計された案は電源車を含む 4 両 1 単位で客車長は 27m であり、これに対して吉峯法による強度確認が行われた。最も厳しい案は構体長 26.5m で枕梁中心間隔を 21m とした場合であったが、計算したところこのタイプは曲げ剛性が低すぎることがわかり、吉峯は枕梁間隔 19m 案と 17.5m 案を提言している。

　その結果、昭和 35 年 12 月試作 0 号車と称した試験用の構体（構体長 24.5m、枕梁間隔 19m）が完成し、再度強度計算と静荷重試験が行われた。この結果、初めて大型軽量構体に対する設計法が確立し、モデル線を走る試作車両 1～6 号車が製作されることとなった。

　完成した試作車両は昭和 36 年末に静荷重試験が行われ、強度・剛性が確認されている。

### 12.1.2　車体の気密化

　モデル線走行試験は昭和 37 年 6 月から始まったが、車体関係で新たにわかったことのひとつにいわゆる耳ツン現象がある（15.2.4 節参照）。

　そこで、5 号車を厳重に目張りして走行試験を行ったところ効果があることが確認されたが、一方で、気密化された車体は空気圧による繰り返し負荷を受けることになった。車体には内外の気圧差に耐え得る圧力容器的な強度問題はかつてなく、耳ツン対策は構体強度に大きな影響を与えることとなった。

---

[1] 『高速鉄道の研究』、(財) 研友社、昭和 42 年、pp.171/174

気圧変化に対する構体の強度試験は車外が－500mm水柱の負圧設定で行われた（15.5.2節参照）。－500mm水柱は1㎡当たり500kgfの負圧であるから、高さ2.3m、長さ25mの車両側面には28トン強の負圧がかかることになる。対策試験は昭和38年3月、前記試作0号車の中央付近3スパンを切り出し、中にビニールの大袋を収め、これに空気を送り込んで500mm水柱まで加圧する方法で行われている。その結果溶接部等に強度上の問題があることがわかり、その対策は量産車に反映された[2]。

また窓ガラスも気密化に伴い強化され、A編成、C編成のトンネル内すれ違い試験で十分な強度があることが確認されている。

### 12.1.3 静荷重試験

量産車の静荷重試験（垂直荷重、前後圧縮、ねじり、曲げ・ねじり固有振動数等）は昭和38年10月に行われ、所定の強度・剛性上の要求、すなわち定員の2倍の乗客を乗せ、上下振動加速度0.1gを受けながら安全に走行でき、緩衝器受けから100トンの圧縮荷重を受けた場合でも台枠等に塑性変形を生じない、また製作会社から車両基地への輸送時、あるいは基地等における検修時に不整支持されても（一支点が浮いて3点支持になっても）外板にシワを残さない等を満たしていることが確認されている（図12-1-1、12-1-2）。

図12-1-1　量産車の静荷重試験（出典：文献1）

---

[2] 『高速鉄道の研究』、（財）研友社、昭和42年、pp.191/194

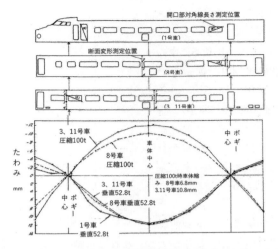

図 12-1-2　垂直・圧縮負荷時の車体のたわみ（出典：文献1、P.187）

　以上の経過をみてみると、昭和20年代に始まった基礎的な研究、歪みゲージと構体強度計算法が新幹線車体開発の大きな力になっていることがわかる。

　吉峯による強度計算法は、昭和37年G-15計算機がG-20に更新されたことにより、その後の雪害対策としてのボディーマウント方式や山陽新幹線車両の構体設計に力を発揮することになる。

## 12.2　車軸の強度

　鉄道の安全を考えるとき、車軸の重要性については議論の余地はないだろう。わが国における車軸強度の研究は昭和初期の池田正二による嵌合部の疲労強度に関する研究が最初とされている[3]。

　その後昭和24年、車軸への適用に先立ち主電動機軸に折損対策として高周波焼入れが試用され、翌年車軸への適用が始まっている。

　高周波焼入れ法は、高周波電流が導体の表面に集まる特性（表皮効果）を利用し、車軸に表面硬化と圧縮残留応力をもたらす金属焼入れ法である。圧縮残留応力は、引張によってできる傷口を閉じる作用があるため疲労強さが向上するとされている。

　昭和29年には、2.1節で述べたようにスリップリングを介して歪みゲージに

---

[3]　『高速鉄道の研究』、（財）研友社、昭和42年、p.208

よる車軸の応力測定が可能となり、初めて走行中の応力実態がわかるようになった。以後、小田急SE車の高速試験（昭和32年）、改造モハ90型電車高速試験（同32年）、こだま形電車高速試験（同34年）、架線試験車「クモヤ93000」の高速試験（同35年）等において測定が行われ、これらで得られたデータに基づいて合理的な設計がされるようになっていった。

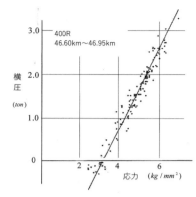

図12-2-1　横圧と車軸圧入部近傍応力（「こだま号」、昭和33年10月）（出典：文献4）

図12-2-1は車輪横圧と車軸曲げ応力の測定結果であるが、横圧が大きくなれば車軸の応力が比例して大きくなることを示している[4]。

また、図12-2-2は速度と輪重変動の関係を示しているが（$P_d$ max, $P_d$ min, $\overline{P}$ は動的輪重最大値、同最小値、平均輪重、$\sigma$ は標準偏差）、この図は速度が200km/hになると、動荷重が静荷重の±160％程度になり得ることを示唆している[5]。

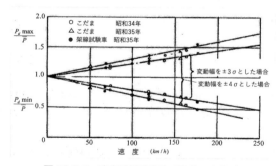

図12-2-2　速度対軸重変動（出典：文献5）

このようなデータから200km/hに対して、
・走行時輪重は静止時輪重の1.7倍
・横圧は静止時輪重の0.5倍
と想定し、この結果車軸に生じる応力の最大値を $\sigma_{max} = 6.6 kg/mm^2$ と予想して

---

[4] 『東海道新幹線に関する研究（第1冊）』、鉄道技術研究所、昭和35年4月、p.81
[5] 『同上（第2冊）』、鉄道技術研究所、昭和36年4月、p.10

いる[6]。

一方、東京近郊線電車の車軸応力と傷発生の状況から、現行車軸材を用いる場合は最大応力値は $7kg/mm^2$ 程度が無難であると判断されており、上記の値がこの範囲内に入っていること、そして高周波焼き入れによる効果（大幅な強度向上）を合わせれば、新幹線車軸には十分な強度をもたせ得るとの見通しを得ている[7]。

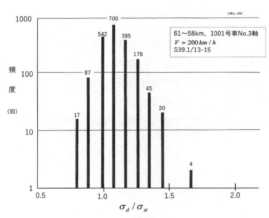

図 12-2-3 モデル線での車軸曲げ応力（出典：文献 8）

図 12-2-3 は、モデル線で 200km/h 走行時の車軸曲げ応力測定結果を頻度表示したものである[8]。横軸は輪重、横圧によって生じる動的応力 $\sigma_d$ と静荷重時の応力 $\sigma_{st}$ ($= 2.35kg/mm^2$)[9] の比であり、この結果は車軸応力が十分余裕のある範囲に収まっていることを示すものである。

以上のような検討経緯、モデル線での試験結果から、車軸は製造方法に著しい欠陥のない限り傷は入らないとの結論に至っている[10]。

車軸研究グループの中村宏[11]は車軸の耐用キロ数について、

「車軸は 5 年で約 250 万キロ走ることになり、約 $10^9$ 回の繰り返し応力に

---

[6] 『東海道新幹線に関する研究（第 2 冊）』、鉄道技術研究所、昭和 36 年 4 月、p.160；『高速鉄道の研究』、（財）研友社、昭和 42 年、p.211
[7] 『東海道新幹線に関する研究（第 1 冊）』、鉄道技術研究所、昭和 35 年 4 月、p.87
[8] 『同上（第 5 冊）』、鉄道技術研究所、昭和 39 年 4 月、p.274
[9] 『同上（第 4 冊）』、鉄道技術研究所、昭和 38 年 4 月、p.165
[10] 『同上（第 5 冊）』、鉄道技術研究所、昭和 39 年 4 月、p.279
[11] 中村宏：昭和 36 年国鉄、当時鉄道技術研究所主任研究員

なる。実物大試験片に対しての疲労強度に関しては、$10^8$ 回程度までの資料がわずかある程度であり、またこれまでの実際の車軸の繰り返し数も $10^9$ 回を超えたものはあまり無いから $10^9$ 回以上の繰り返しに対する疲労強度を推測することは現段階では困難と思われる。その上、250万キロ走行することは貨車車軸の 50〜70 年に相当し、またこの程度もてば十分経済的に成立すると思われるので、さしあたりは 250 万キロで廃却することを考えたほうが良いと思う。」

と述べている[12]。

一方、車軸に入った傷の検知については、昭和 25 年に超音波垂直探傷により 2〜3mm の傷がわかるようになり、次いで 33 年には超音波斜角探傷で 0.5〜1mm の傷が発見可能となり、その後磁気探傷が導入され新幹線では約 0.1mm の傷も探知できるようになっていった[13]。

車体強度関係では、この他に台車、車輪、歯車の強度等が確認されている。

---

[12] 『東海道新幹線に関する研究（第 4 冊）』、鉄道技術研究所、昭和 38 年 4 月、p.280
[13] 『高速鉄道の研究』、(財) 研友社、昭和 42 年、p.209

# 第 13 章　車両振動・乗り心地

## 13.1　空気ばねの開発

### 13.1.1　空気ばね開発・導入の経緯

　車体に振動を伝えないためには、台車ばねのばね定数を小さくすれば良いが、鉄道車両は多数連結するため、満車と空車のレールからの高さをある限度内に収める必要がある。このため金属ばねではあまりばね定数を低くできないが、空気ばねは高さ調整弁によって荷重状態に関係なくばね高さを一定にできるので、ばね定数を思い切って小さくできる。このことが鉄道車両に空気ばねが適している理由である。

　松平は、回顧録で空気ばねの開発経緯について次のように述べている[1]。

　　「……車両用空気ばねの研究は鉄道技研で昭和 30 年から開始された。その当時既にアメリカでは自動車用空気ばねが開発され、有名なグレイハウンド・バスに使用されたということを雑誌の記事で知ったが、その技術上の詳細は不明であった。

　　そこでわれわれ独自の考えで鉄道車両用空気ばねの開発に取り組み、幾多の研究・試作・試験を経て、昭和 33 年にはその実用化に成功し、当時の東京 − 博多間の寝台特急列車「あさかぜ」および東京 − 大阪間の特急電車「こだま」に採用され好成績を収めた。

　　この成功によって、その後の優良列車用の車両には必ず空気ばねが採用されることになり、空気ばねは日本の鉄道車両の大きな特徴の一つになったのである。

　　……この時代の空気ばねは 3 段ベローズ形で、台車の枕ばねとして従来のコイルばねと置き換えて使われた。

　　この種の空気ばねの上下方向の挙動については、当時十分な研究が行われ、静的なばね定数のほか、ばね本体と補助タンクとの間の空気通路に設けた絞りの効果を入れた動的ばね定数や減衰係数が正確に計算され、台車のばね系の設計に有効に使用されるようになっていた。

---

[1]　松平精「東海道新幹線に関する研究開発の回顧 − 主として車両の振動問題に関して −」、『日本機械学会誌』第 75 巻、第 646 号、昭和 47 年 10 月

……当時の空気ばね台車には、左右振動の緩和に従前どおりの揺枕吊りリンク装置が使われていたが、次の段階としてこのリンク装置をやめて、空気ばね自身に横方向のばね作用をさせようという試みが登場した。

　　昭和 35 年ごろからはこの形の台車が試作され、それに並行して空気ばねの横方向の挙動に関する研究が盛んになった。そして新幹線の試作台車もこの形にすることが決められた。」

　しかし、初期のベローズ形空気ばねは横方向の変位に大きな非線形性（外力とばねの伸縮量が正比例しない）とヒステリシス（外力を元に戻してもばねの状態が元に戻らない）が存在し、とても満足できるようなものではなかった。そこでこの欠点を直すために後述する改良が加えられ、新幹線用試作車にはこの改良型のベローズ形空気ばねが採用されたが、なお問題は残ったままであった。

　その後この欠点は、昭和 37 年に新しい発想のダイヤフラム形空気ばねが開発されるに及んで根本的に改善されるに至っている。この形のものではヒステリシスはほとんどなくなり、新幹線の営業車にはこのタイプの空気ばねが採用されることとなった。

　実際に空気ばねの開発にあたった国枝は、

　　「空気ばね装置を持った車両は続々と登場するようにはなったが、空気ばねに関する研究はほとんど全てが実験であって、空気ばね車両の設計においても一定の指針はなく、すべて先ず作り実験的に改良していく経過をとっている。しかし実験はかなり多く繰り返されてもそれによって明らかにされる範囲は限られていて、空気ばねの特徴を必ずしも完全に生かしているとは言い切れない例が多かった。」

と述べている [2]。

　このような状況にあった空気ばねは国枝の解析によってその特性が明らかになり、使用目的に合った最適設計が可能となっていった。

### 13.1.2　ベローズ形空気ばねの特性

（ⅰ）　静特性 [3]

　図 13-1-1 は補助タンクをもつベローズ形空気ばねの構成図である。

　標準状態（$x = 0$、ばね内圧力 $P_0$、容積 $V_0$）から空気ばねが力 $P$ を受けて

---

[2]　報告概要（「空気ばね車両の上下振動の理論と実験」『鉄道技術研究報告』）、No.6、1958 年
[3]　『東海道新幹線に関する研究（第 1 冊）』、鉄道技術研究所、昭和 35 年 4 月、pp.113/115

## 13.1 空気ばねの開発

変位 $x$、圧力 $P$、容積 $V$ に変わるとして $P$ と $x$ の関係を求めれば、ばね定数は $dP(x)/dx$ で求まる。

図において空気ばねの受圧面積を $A$、内容積を $V$、内圧を $p$、補助タンクの内容積を $V_t$、大気圧を $p_a$ とすれば、

$$P = (p - p_a)A \tag{13.1.1}$$

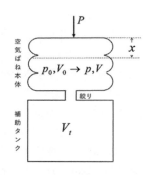

図 13-1-1 空気ばねの原理
（出典：文献 3）

で、左辺は外力、右辺は変形後の受圧面積にばねの内外圧力差をかけたものである。この $A$、$p$ が $x$ の関数になるので、結局外力 $P$ は $x$ の関数になり空気ばねの形によって決まることになる。

国枝は、結果のみを記せば

$$P = \left(\frac{p_0}{1 - x/H_{eo}} - p_a\right) A_0 \left(1 + \frac{\pi x}{nD_0}\right) \tag{13.1.2}$$

ただし、$A_0$、$V_0$ は $x=0$ のときの状態、$D_0$ はベローズの変形前の有効受圧面の直径、$n$ はベローズのふくらみの段、$H_{eo} = (V_0 + V_t)/A_0$

を導いた（章末補足 6 参照）。

図 13-1-2 は、寝台特急「あさかぜ」の空気ばねの静特性である。(13.1.2)式による理論値と実測値がよく一致していること、補助タンクによってばね定数が一定値になることがわかる。

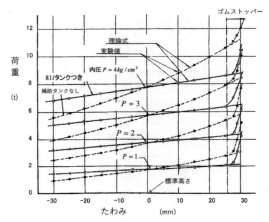

図 13-1-2 ベローズ型空気ばね（「あさかぜ」用）の静荷重特性
（出典：文献 3）

（ⅱ）動特性[4]

静特性は車体重量による空気ばねの沈み量を決めるが、空気ばねが下から振動を受けた場合、車体に伝わる振動がどうなるかを決めるのが動特性である。

図 13-1-3 において、$p, V, w$ は空気ばね本体の内圧、内容積、空気の比重とし、
$p_t, V_t, w_t$ をタンク内のものとする。

図において、変位 $x$ が変動すると空気は本体とタンク間の絞りを通って移動するが、その際流速に応じて抵抗を受けるので減衰効果が生じ、また、ばね定数も加振変位の振幅と周波数の影響を受ける。し

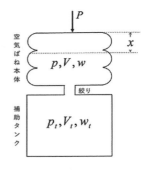

**図 13-1-3** 空気ばねの原理
（出典：文献 4）

たがって、空気ばねとその上に乗る質量との共振関係や加振変位の質量への伝わり方も加振の変位と周波数、空気ばね本体およびタンクの容積、絞りの大きさによって複雑に変化することになる。

国枝はこれらの関係を明らかにし、空気ばねの最適設計を可能とした。

氏は、

「空気ばねの動力学的特性に関する理論解析を行い、動的ばね定数、ばねとタンク間の絞りによる減衰係数、絞りの最適寸法の計算法などを明らかにした。これらの解析結果はすでに"こだま"や"あさかぜ"などの空気ばね系の設計に応用され、多くの試験台上試験や現車試験で計画通りの結果を示すことが明らかにされているので、一応実用上の問題はなく、今後の新幹線台車の空気ばね系の設計に対しても指針となり得るものと考える。」

と述べている[4]。

途中の数式は、省略し結果のみ引用すれば $x$ と $P$ の関係を以下のように示している[4]。

加振変位を

$$x = x_0 \sin \omega \cdot t \tag{13.1.3}$$

としたとき、空気ばねの応答は

$$P = P_0 + Kx + C\dot{x} \tag{13.1.4}$$

と表せる。

---

[4] 『東海道新幹線に関する研究（第 1 冊）』、鉄道技術研究所、昭和 35 年 4 月、pp.116/123

右辺第1項は空気ばねの静荷重、第2項はばね定数 $K$ のばね力、第3項は減衰係数 $C$ の減衰力を表している。

ただし、係数 $K$、$C$ は次のように加振振幅 $x_0$、加振角周波数 $\omega$ を含む大変複雑なものとなっている。

$$K = K_0 \left\{ 1 + k_\beta - \frac{C_t}{1+(C_t\omega\tau)^2} \right\} \tag{13.1.5}$$

$$C = K_0 \frac{C_t^2 \tau}{1+(C_t\omega\tau)^2} \tag{13.1.6}$$

ただし、$K_0 = \gamma p_0 \frac{A_0^2}{V_0}$ 、$C_t = \frac{V_t}{V_0+V_t}$、$P_0 = (p_0-p_a)A_0$、$k_\beta = \frac{p_0-p_a}{\gamma p_0}\frac{V_0 D_0}{A_0^2}\frac{\pi^2}{n}$

$$\tau^2 = \frac{1}{2}\frac{1}{(C_t\omega)^2}\left\{ \sqrt{1+4\left\{\frac{8}{3\pi}C_t^2\frac{V_0 w_0^2}{\gamma p_0}RA_0 x_0\omega^2\right\}^2} - 1 \right\}$$

$A$ は空気ばねの有効受圧面積(荷重を内圧で割ったもの)とし、添字0は変位が加えられる前の標準状態を表す。

$\gamma$ はポリトロピック指数で等温変化では1,断熱変化で1.4であるが、1Hz程度以上の振動に対しては断熱変化とみなしてよい[5]。

特別な場合として、$\omega=0, \gamma=1$ とおけば静的なばね定数を与えることになり、

$$K = p_0 \frac{A_0^2}{V_0+V_t} + (p_0-p_a)\frac{\pi^2}{4}\frac{D_0}{n} \tag{13.1.7}$$

を得る。これは補足6の(H6.9)式とは $p_0$ と $(p_0-p_a)$ の係数が違うように見えるが、表現が違うだけで同じである。

(13.1.4)~(13.1.6)式によって、空気ばね本体、補助タンクの大きさ、絞りの大きさによって振動が車体にどう伝わるかが計算できるようになり、昭和33年秋、これらを反映した3段ベローズ形空気ばねが特急「こだま」、「あさかぜ」に導入され乗り心地は大きく改善された。

しかしこの時点では、台車は従来の枕ばね(コイルばね)を空気ばねに置き換えただけで、横振動に対しては揺れ枕吊り機構を備えていた。

(iii) 横方向の特性[6]

空気ばねの横剛性を利用することにより、構造が複雑で摩擦、摩耗がある揺

---

[5] 『東海道新幹線に関する研究(第1冊)』、鉄道技術研究所、昭和35年4月、p.116
[6] 『高速鉄道の研究』、(財)研友社、昭和42年、pp.300/303

れ枕吊り機構を廃する試みが始まり、昭和34年にその最初の電車用台車DT90が試作され[7]、昭和36年には新幹線の台車もこの方式の採用が決まっている。

しかし、当時の空気ばねの横方向特性は図13-1-4に示すように非線形性とヒステリシスが大きく、車体が横方向の力を受けて変位すると、その力がなくなっても完全には元に戻らないなどの現象が生じ、またヒステリシスによる損失のため耐久性に不安があった[8]。

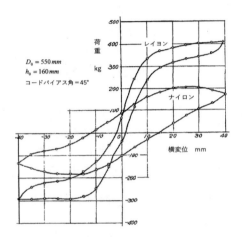

図 13-1-4　初期のベローズ形空気ばねの横特性
（出典：文献8）

この荷重特性の非線形性とヒステリシスはベローズのせん断変形によって起こるものであり、これらの欠点を克服する努力が行われている。
その結果、ベローズが傾きやすいように面板に傾斜をつけ、せん断変形しにくいようにコードプライ数を増やした改良ベローズ形が誕生した。

その特性は図13-1-5に示すように、ヒステリシスはまだ幾分多いが直線性はかなり改良されており、モデル線の試作車にはこのタイプが導入されている。

---

[7] 国枝正春「電車用空気ばね装置付試作台車 DT90 走行振動試験」、『鉄道技術研究所速報』No.60-29、昭和35年2月
[8] 『高速鉄道の研究』、（財）研友社、昭和42年、p.301

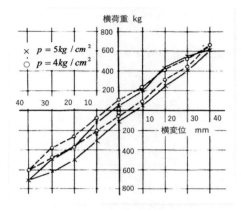

図 13-1-5　改良ベローズ形の横方向荷重変位特性
（出典：文献 8）

### 13.1.3　ダイヤフラム形空気ばねの登場

　上記のように、ベローズ形空気ばねは改良され特性もかなり良くなったが、欠点は根本的に解決したわけではなかった。

　そこで、全く別の考えから図 13-1-6 に示すような断面をもつダイヤフラム形空気ばねが、住友金属工業と住友電工によって考案された[9]。

　図には書いていないが、下部は絞り弁を通して補助タンクにつながっており、上下方向のばね作用の原理はベローズ形と同様である。

　一方、横方向のばね作用の原理はベローズ形と全く異なっている。図 13-1-7 に示すように、内筒が右に移動すると左右のゴム膜は図のように変形する。この場合、右から左へは $pl_1$ に比例する力が働き、左から右へは $pl_2$ に比例する力が働くので、結局 $(l_1 - l_2)$ に比例する力がばね力として作用する。$\delta_y$ が小

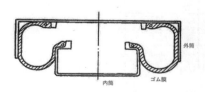

図 13-1-6　ダイヤフラム形空気ばねの断面（出典：文献 9）

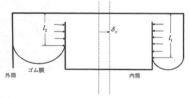

図 13-1-7　ダイヤフラム形空気ばねの横方向動作原理（出典：文献 8）

---

[9] 『東海道新幹線に関する研究（第 5 冊）』、鉄道技術研究所、昭和 39 年 4 月、p.347

さい範囲では $(l_1-l_2)$ は $\delta_y$ に比例するので、結局変位に比例した復元力が得られることになる。

また、ばね定数は図 13-1-8 の角度 $\alpha, \beta$ によって制御することができる。

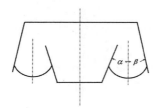

図 13-1-8　ダイヤフラム形空気
　　　　　ばねのばね定数制御
　　　　　（出典：文献 9）

図 13-1-9 は、ダイヤフラム形空気ばねの横方向荷重 - 変位特性である。ベローズ形に比し優れた特性を示しており、新幹線量産車にはこのタイプが搭載されることとなった。

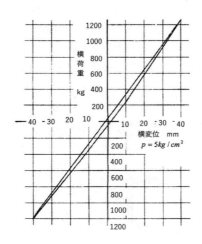

図 13-1-9　ダイヤフラム形空気ばねの横荷重変位特性
　　　　　（出典：文献 8）

## 13.2　乗り心地判定基準

　乗り心地に関する最初の実験は昭和33年9月に小田急電鉄と共同で行われており、このときは列車の加減速時に受ける感覚について調査されている[10]。

　次に行われたのが曲線通過の際の超過遠心力に関するもので、昭和36年7月、乗り心地採点者60人に対し曲線中の速度をいろいろ変えた試験が行われている[11]。

　この試験では乗り心地の評価は、曲線通過中に感じる曲線外方あるいは内方への押し付け感や横方向の動揺感について行われ、

　　0：全く感じられない。　　1：気をつけると感じられる。
　　2：はっきりと感じられる。　3：やや不快に感じられる。
　　4：非常に不快に感じられる。

で採点されている。

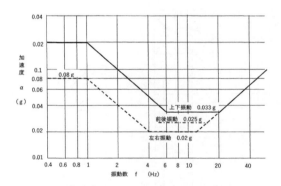

図 13-2-1　乗り心地基準（文献13）

　3回目の官能検査は、昭和37年3月に制動時と曲線通過時に対して大学生50人が評価している[12]。

　これらの試験結果をもとに、海外の状況等を加味して作られた乗り心地基準が図13-2-1に示すものであり、新幹線の乗り心地判定はこの基準によっている[13]。

---

[10]　『東海道新幹線に関する研究（第1冊）』、鉄道技術研究所、昭和35年4月、p.44
[11]　『同上（第3冊）』、鉄道技術研究所、昭和37年4月、p.21
[12]　『同上（第4冊）』、鉄道技術研究所、昭和38年4月、p.20
[13]　同上、p.244

図中の上下、左右および前後方向のそれぞれの線上の振動は同じ乗り心地を表し、これを乗り心地係数1とする。現車試験の経験によると乗り心地係数

　　　1以下：非常に良い。　　1～1.5：良い。　　1.5～2：普通、
　　　2～3：悪い。　　3以上：非常に悪い

であり、新幹線は1.5以下を目標としている[14]。

## 13.3　量産車の乗り心地

　図13-3-1、13-3-2はモデル線における量産車C編成（6両）の乗り心地を表している[15]。

　図13-3-1（200～210km/h時の乗り心地）が示すように210km/h以下では各車両とも乗り心地係数が大部分1.5以下となっており合格点に達している。

　しかし、図13-3-2（230～246km/h時の乗り心地）では左右振動で2～3、上下振動で1.5～2となって目標値を超える測点が出ている。今後さらに乗り

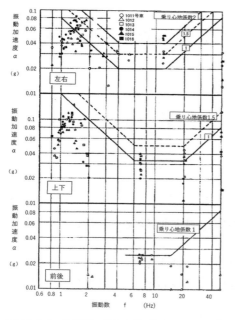

図13-3-1　量産車の乗り心地（200～210km/h）
　　　　　（出典：文献15）

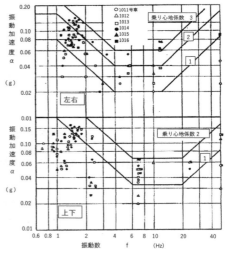

図13-3-2　量産車の乗り心地（230～246km/h）
　　　　　（出典：文献15）

[14]　『東海道新幹線に関する研究（第4冊）』、鉄道技術研究所、昭和38年4月、p.244
[15]　『同上（第5冊）』、鉄道技術研究所、昭和39年4月、p.356

心地を向上させるためには

- 左右振動：振動数 1.5〜2Hz の動揺と 5〜6Hz および約 12Hz の高周波波振動
- 上下振動：振動数 7Hz 付近の車体曲げ振動

を考慮すべきであるとしている。

図 13-3-3 は昭和 20 年代から新幹線鴨宮モデル線までの電車の振動の状況をまとめたもので、記念講演会で松平が示した昭和 32 年までの変遷（図 6-2-12）をモデル線まで含めたものである。これらは、この間の鉄道車両技術の進展がいかに大きかったかを示している。

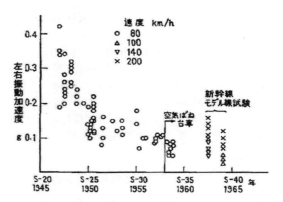

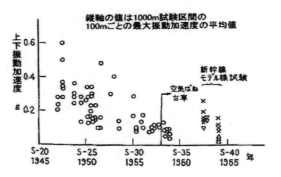

図 13-3-3　電車の振動の大きさの変遷（出典：文献1）

図にはモデル線のデータが縦に 2 列あるが、左側が試作車両（A 編成、B 編成）、右側が量産車（C 編成）の状態を表しており、両者の主な違いは蛇行動対策の深度化と空気ばね特性の差と思われる。

図 13-3-4　鴨宮試験車両
（写真提供：（公財）鉄道総合技術研究所）

■補足6■

標準状態（$x=0$、ばね内圧力 $P_0$、容積 $V_0$）から空気ばねが力 $P$ を受けて変位 $x$、圧力 $p$、容積 $V$ に変わるとして $P$ と $x$ の関係を求める。この関係がわかればばね定数は $dP(x)/dx$ である。

図 H6-1 において空気ばねの受圧面積を $A$、内容積を $V$、内圧を $p$、補助タンクの内容積を $V_t$、大気圧を $P_a$ とすれば、

$$P = (p - p_a)A \qquad \text{(H6.1)}$$

で、左辺は外力、右辺は変形後の受圧面積にばねの内外圧力差をかけたものである。

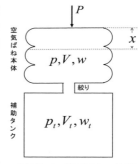

図 H6-1 空気ばねの原理
（出典：文献3）

変形する前の状態は、諸量は添字 0 をつけて表すと、空気ばねの圧力と容積の関係から

$$p_0(V_0 + V_t) = p(V + V_t) \qquad \text{(H6.2)}$$

である。

空気ばねに力を加えると、ベローズが変形し受圧面積と内容積が変化するがその変化は $x$ の関数になる。

図 H6-2 に示す 2 平面に挟まれた円形ゴムベローズが上から押されたときの変形を考える。

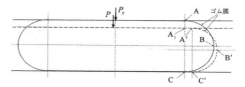

図 H6-2 空気ばねの変形（文献3）

空気ばねを押すとゴム膜は上下の面板に押し付けられつつ有効受圧面積が変化する（ゴム膜が上下の面板に接している点が A → A′ に、C → C′ に移る）。

変位する前のゴム膜 ABC の長さが変位後の $A_1$ A′B′C′C の長さに等しいと仮定して有効受圧面積の変化 $A - A_0$ を求める。
$D_0$ を変形前の有効受圧面の直径とすれば $A_0 = \dfrac{\pi}{4} D_0^{\ 2}$ であり、$\delta = \overline{A_1 A'}$ とおけば変形後の有効受圧面積 $A$ は

$$A = \pi \left(\frac{D_0}{2} + \delta\right)^2 = \pi \left(\frac{D_0^{\ 2}}{4} + D_0 \delta + \delta^2\right) \approx \pi \left(\frac{D_0^{\ 2}}{4} + D_0 \delta\right)$$

となる。したがって、
$$A - A_0 = \pi D_0 \delta \tag{H6.3}$$
である。一方図から、
$$\overline{ABC} = \pi \cdot r_0、\overline{A_1A'} + \overline{A'B'C'} + \overline{C'C} = 2\delta + \pi \cdot r$$
ただし、$r_0, r$ は変形前、変形後のゴム膜のふくらみ半径

であり、ゴム膜の長さは等しいから
$$\pi \cdot r_0 = 2\delta + \pi \cdot r \tag{H6.4}$$
であり、また $2(r_0 - r) = x$ であるから、これを (H6.3) に代入すれば $r = r_0 - x/2$ となり、$\delta = \dfrac{\pi}{4} x$ を得る。これを (H6.2) に代入すれば
$$A - A_0 \approx \frac{\pi^2}{4} \frac{D_0}{n} x \tag{H6.5}$$
ただし、$n$ はベローズのふくらみの段数

となる。また内容積については $x$ の高次項を省略すると
$$V - V_0 = -A_0 x \tag{H6.6}$$
である。

(H6.1) を (H6.2)〜(H6.6) を使って書き直すと
$$P = (p - p_a)A = \left(\frac{p_0}{1 - x/H_{eo}} - p_a\right) A_0 \left(1 + \frac{\pi x}{nD_0}\right) \tag{H6.7}$$
ただし、$H_{eo}$ はばねの有効高さで
$$H_{eo} = (V_0 + V_t)/A_0 \tag{H6.8}$$
である。

標準高さにおけるばね定数 $k_0$ は (H6.7) を $x$ で微分して
$$k_0 = \left(\frac{dP}{dx}\right)_{x=0} = \frac{p_0 A_0}{H_{eo}} + \frac{\pi(p_0 - p_a)A_0}{nD_0} \tag{H6.9}$$
を得る。

# 第14章 ブレーキ

質量 $M$、速度 $v$ の列車を止めることはその運動エネルギー $Mv^2/2$ を吸収または消費することであり、その受け手は通常は粘着ブレーキと列車の走行抵抗である。粘着ブレーキでは車輪が滑走しない範囲でしかかけられないから粘着ブレーキの能力は粘着係数[1]に左右されることになる。

## 14.1 ブレーキ方式の決定

東海道新幹線の計画時は、160km/h 以上の高速域における粘着係数は全く未経験で予想ができなかったため、当初は粘着ブレーキに加えて風圧ブレーキ（図6-2-3参照）、電磁レールブレーキ等の非粘着方式の併用も検討され基礎的な試験も行われている[2]。

電磁ブレーキについて言えば、図14-1-1に示す装置による試験で、ブレーキ力と諸条件(電磁石の形状や磁極の配置、励磁電流の大きさ・周波数、空隙、速度)との関係について基礎的なデータを得ているが、実際の台車に取り付けて有効なブレーキ力を得るためには鉄心を大型に

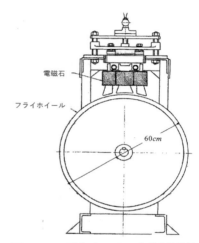

図 14-1-1　電磁ブレーキの基礎試験装置
（出典：文献2）

する必要があり、かつレールとの間隙を高速時にも安全かつ適正に保つ必要がある。そうなると、従来の台車構造に影響を与えることにもなりかねず、ブレーキだけの問題ではなくなってくる。一方で、踏切がなく見通しがよい新幹線では在来線のようにブレーキ距離を短くする必要がないことから、結局粘着ブレーキのみの方式が採用されることとなった[3]。

---

[1] 粘着係数は粘着限界（車輪・レール間の粘着力が車輪に加わるトルクについていけなくなり空転や滑走を始める限界の粘着力）を静止時の輪重で除したもの。
[2] 『東海道新幹線に関する研究（第1冊）』、鉄道技術研究所、昭和35年4月、p.148
[3] 電磁レールブレーキはその後951形試験車（昭和44年）に搭載され試験されたが、ばね下重量が増え著大輪重発生の原因になるので実用化されなかった（『新幹線50年史』p.222、（公財）交通協力会、平成27年）

粘着ブレーキは電気ブレーキと摩擦ブレーキによることとし、摩擦ブレーキにはディスクブレーキ方式が採用されることとなった。

新幹線では車輪の踏面形状は走行安定性上非常に重要な事柄であるので、踏面に制輪子を摺動させたり、車輪温度を上昇させたりすることは極力避けねばならないとの理由からディスクブレーキ方式が採用されている[4]。

発電ブレーキとディスクブレーキの役割分担は、
（ⅰ）通常の停止あるいは減速ブレーキの場合には、発電ブレーキで50km/hまで減速し、それ以下ではディスクブレーキのみで減速停止を行う。
（ⅱ）非常ブレーキには両者を併用する。
（ⅲ）緊急時および故障で発電ブレーキが作動しない場合はディスクブレーキのみで減速、停止を行う。

とされた。

ディスクブレーキにとっては（ⅲ）のケースが最も過酷となるが、この場合ディスクブレーキが吸収すべきエネルギーは6,700kcalで、容量は535kWと見込まれている[5]。この容量をもたせるため、多数の枚数が必要でありその取付け場所について種々検討された結果、結局車輪両側面に固定することとなった。

## 14.2 粘着限界、ブレーキ減速度

車輪にブレーキトルクを加えていくとそれに対応して粘着力も増加するが、一定の値になると滑走が起き粘着力は低下する。最大ブレーキ力を生むこの限界の粘着力（粘着限界）が200km/h付近でどうなるかの見当をつけ、高速時からのブレーキ距離を予測するため、最初に実験装置による粘着力測定が行われている（昭和34年）。

装置は直径400mmの円筒2個を幅20mmで接触させ、一方を軌条輪に、もう一方を車輪としたもので、速度（最高250km/h）、輪重（最大20kg/mm）、表面状態（乾燥、湿潤）を変えることができる。

図14-2-1は横軸に滑走が始まった速度、縦軸に粘着係数をとった実験結果の例であり、高速域まで異常な現象は起きず粘着係数は連続的に減少する様子を示している（ただし、接触面圧力は実物より小さい）[6]。

---

[4] 『高速鉄道の研究』、（財）研友社、昭和42年、p.319
[5] 6,700kcalを535kWの容量で吸収すると、約52秒かかることになる。
[6] 『東海道新幹線に関する研究（第1冊）』、鉄道技術研究所、昭和35年4月、p.131

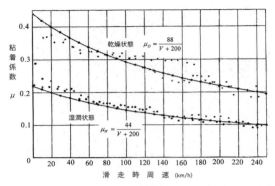

**図 14-2-1** 初期の実験装置による粘着係数の測定（出典：文献 6）

輪重を変えた試験も行われているが、結果はほぼ同様であった。

そして、湿潤時の粘着係数が乾燥時の約 1/2 になっていることから表面状態の影響が極めて大きいことがわかる。

この実験から、乾燥時、湿潤時の粘着係数 $\mu_D$、$\mu_W$ について次の実験式が得られている。

$$\mu_D = \frac{88}{V+200} \tag{14.2.1}$$

$$\mu_W = \frac{44}{V+200} \tag{14.2.2}$$

（$V$ の単位は km/h）

以上によって、粘着限界は 200km/h 領域まで特異な現象は発生せず連続的に減少することがわかったが、上記試験機は車輪と軌条輪との接触部が現車の場合に対して 1/4 に縮尺されていて実物に適用することができない。

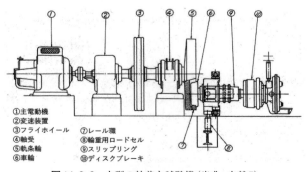

**図 14-2-2** 大型の粘着力試験機（出典：文献7）

そこで、昭和 34 年度末に接触部の比率が 1:1 になる図 14-2-2 に示すような大型の粘着試験機が設置され、これによって現車にも適用できる粘着係数を求めている[7]。

その結果、軸重 6 トン、湿潤時に対する粘着係数の実験式として、

$$\mu_W = \frac{46.7}{V+147} - 0.027 \tag{14.2.3}$$

を得ている。

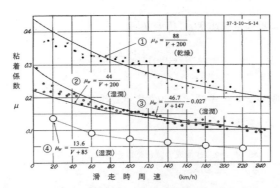

**図 14-2-3** 大型試験機による粘着係数（出典：文献 8）

図 14-2-3 は、この試験装置によって得られた結果および次に述べる (14.2.5) 式による計算値を図 14-2-1 に加えたものである（③の曲線が大型試験機のデータから得た実験式によるもの、下方の白丸が (14.2.5) 式による計算値）[8]。

ここまでで高速域での粘着係数がわかったが、現車では様々な要因が加わるため、実験装置で得られた数字をそのまま使うことはできない。そこで現車に対しては従来の実験式、経験値などを踏まえ、上記 (14.2.2) 式に近い特性を乾燥時の特性とし、湿潤時はさらにその 1/2 とした計算式

$$\mu_D = \frac{27.2}{V+85} \tag{14.2.4}$$

$$\mu_W = \frac{13.6}{V+85} \tag{14.2.5}$$

によることとしている[9]。

---

[7] 『東海道新幹線に関する研究（第 2 冊）』、鉄道技術研究所、昭和 36 年 4 月、p.234
[8] 『高速鉄道の研究』、（財）研友社、昭和 42 年、p.338
[9] 同上、p.339

次に、ブレーキをかけてから止まるまでの距離（ブレーキ距離）を求めている。これにはブレーキ装置による減速度に加え、走行抵抗による減速度を合わせ考えねばならないが、走行抵抗 $R$ については従来の経験を踏まえ（15.3 節参照）、

$$R = (1.6 + 0.035V)W + CV^2 \qquad (14.2.6)$$

ただし、$V$ = 速度 km/h、$C = \dfrac{1}{2}\rho C_x F$、$C_x = 0.46 + 0.0025l$、$l$ = 列車長 m、$F$ = 車体断面積（8.88m$^2$）、$W$ = 列車重量トン、$\rho$ = 空気密度

とし、これによる列車減速度 $\beta_R$ ($km/h/\sec$) を

$$\beta_R = 0.03178 \dfrac{R(kg)}{W(ton)}$$

として、B編成のブレーキ減速度、列車減速度は表 14-2-1 のように計画された[10]。

表 14-2-1　B編成の減速度計画値（出典：文献 10）

| 速度帯<br>(km/h) | 常用ブレーキ（NB） | | 非常ブレーキ（EB） | | 走行抵抗による<br>平均減速度<br>(km/h/s) |
|---|---|---|---|---|---|
| | ブレーキ減速度<br>(km/h/s) | 列車減速度<br>(km/h/s) | ブレーキ減速度<br>(km/h/s) | 列車減速度<br>(km/h/s) | |
| 250〜210 | 1.4 | 1.92 | 2 | 2.52 | 0.52 |
| 210〜160 | 1.4 | 1.79 | 2 | 2.39 | 0.39 |
| 160〜110 | 1.84 | 2.1 | 2.62 | 2.86 | 0.26 |
| 110〜0 | 2.48 | 2.64 | 3.58 | 3.74 | 0.16 |

また、これらの減速度によるブレーキ距離、ブレーキ時間は、空送時間をハンドルブレーキ時は 2 秒、ATC ブレーキ時は 4 秒として計算されている。

## 14.3　ディスクブレーキの構成と材料

ディスクとライニングの材質の選定は、現車に近い状態で試験できるブレーキ試験装置によって行われた。

ディスクの材質は相手となるライニングとの関係、高温下の強度、耐摩耗性の観点から、化学成分の異なる鋳鋼系 2 種類、鋳鉄系 4 種類に対し検討され最

---

[10] 『東海道新幹線に関する研究（第 4 冊）』、鉄道技術研究所、昭和 38 年 4 月、p.30

終的に鋳鉄系が選ばれている。

ライニングは鉄系焼結合金、銅系焼結合金、レジン系合成材料、セラミック系の9種類が比較検討され、銅60～70％、錫5～15％を主体とする銅系焼結合金が選定された。鉄系ライニングは鉄系ディスクを損傷させることから排除されている。

図14-3-1　ブレーキ試験装置
（写真提供：（公財）鉄道総合技術研究所）

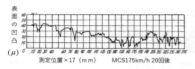 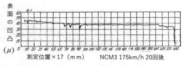

図14-3-2　ディスク表面粗さ（ライニング：銅系焼結合金）
左：鋳鋼系　右：鋳鉄系（出典：文献11）

図14-3-2はライニングに銅焼結合金を使ったときの鋳鋼系と鋳鉄系ディスクの表面状態を示しており、鋳鉄系は非常に荒れが少ないことがわかる[11]。

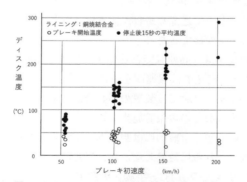

図14-3-3　ディスクの温度上昇（出典：文献11）

また、図14-3-3はディスクブレーキのみで停止させたときのディスク温度を表しており、200km/hから停止させると300℃まで上昇することを示している。

---

[11] 『高速鉄道の研究』、（財）研友社、昭和42年、p.325

図14-3-4 は、鋳鉄系ディスクと銅系焼結合金ライニングとの摩擦系数であり、概ね 0.3～0.4 の間にある。速度依存性は別の試験で確認されており、速度が下がればやや大きくなるが、50km/h 以上ではほぼ一定となっている。

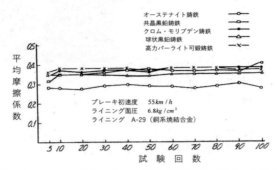

**図 14-3-4** ディスクとライニング間の摩擦係数（出典：文献 11）

## 14.4 モデル線試験[12]

試作編成による初期のブレーキ試験では
- 試験や練習運転が進み、電気ブレーキ失効下での緊急ブレーキ試験などディスクブレーキにとって過酷な走行が繰り返されるうちに、クラックや歪みを生じるディスクが出てきた。
- ブレーキ力の設定は、高速域で粘着係数が小さくなることを踏まえ表 14-2-1 に示すように高速では減速度を下げ、電気ブレーキについては電流の限度を逓減したが、試験では装置の不具合から電気ブレーキの電流が限流値をオーバーするなどの現象も発生した[13]。

などの事象が出ているが、全般的には想定外の事象は起きていないと言える。

ブレーキの試験はこれらに対処しながら、滑走防止装置の機能確認、粘着限界の確認、速度を変えての ATC・手動・緊急ブレーキの作動確認などが繰り返し繰り返し行われ[14]、結果は量産車に反映された。

しかし、モデル線におけるこれら一連の試験を見ると、
- 湿潤状態での粘着係数は 0.074～0.215 間に散らばっており速度との関係は

---

[12] 『高速鉄道の研究』、（財）研友社、昭和 42 年、p.340
[13] 『東海道新幹線に関する研究（第 4 冊）』、鉄道技術研究所、昭和 38 年 4 月、pp.27/34、p.261
[14] 同上、pp.268/271、281/283

図 14-4-1　新幹線モデル線区における試運転開始式（B 編成）
（写真提供：（公財）鉄道総合技術研究所）

確認できていない。
・随時行われた通常の練習運転では滑走固着が発生してしまい、タイヤフラットも相当数発生している。

などから、工事直後の試験線はレールの錆びや粉じんによって接触面の状態が一定でなかったことがわかる。

このため滑走防止装置が改善強化されることとなり、またディスクブレーキや電気ブレーキにおいては車輪踏面がレール面の汚れの影響をまともに受けるので車輪踏面清掃装置が各車輪に取り付けられることとなった。

滑走防止装置は滑走を検知すると一旦ブレーキを弱め、再粘着後にまたブレーキをかける装置であり、その入力は滑走の有無である。

滑走検知は台車内2軸間の差速を検知する方式に始まり、第1、第2次量産車では1車両内の2台車間の比較もできる方式となっている。しかし、依然として速度の高い領域では再粘着しないうちに再ブレーキがかかり連続滑走となることがあり、第3次量産車ではさらに検知機能を高め再粘着後 0.25〜1.0 秒後に再ブレーキを作用させるように改良されている。

## 14.5　量産車による試験

図 14-5-1 は、C 編成が空気ブレーキ扱いで停車した場合のディスク表面温度であるが、ブレーキ前からの温度上昇は 200〜290℃ と実験室における場合とほぼ同様の結果となっている[15]。

---

[15] 『高速鉄道の研究』、（財）研友社、昭和 42 年、p.327

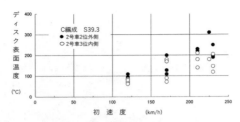

図 14-5-1　C編成のディスク表面温度（出典：文献15）

　図 14-5-2 は、開業 5 か月後に測定されたレール湿潤状態での粘着係数である[16]。測定値のばらつきが大きく、まだ接触面が安定していなかったことがうかがわれる。
　B 編成ではブレーキ距離が計画値よりかなり長くなったので、量産車ではブレーキ力の強化が行われた。図 14-5-3 は、量産車のブレーキ距離が計画値内に収まっていることを示している。

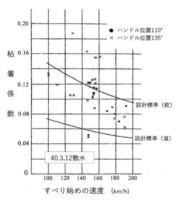

図 14-5-2　開業後測定された粘着係数（出典：文献16）

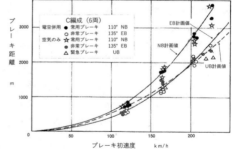

図 14-5-3　量産車のブレーキ距離（出典：文献15）

　ディスクに発生する変形、き裂については当面は使用限度を設定しながら営業運転に入ることとされている。
　以上のようにブレーキ関係は、モデル線試験開始当初はレール表面の錆びや汚損による不安定な粘着現象に手を焼いているが、対応策を講じつつ開業を迎えている。

---

16　『東海道新幹線に関する研究（第 6 冊）』、鉄道技術研究所、昭和 40 年 4 月、p.21

# 第15章　空気力学に関する事柄

　高速鉄道には飛行機や自動車とは異なる鉄道特有の空力問題が発生する。飛行機との違いは空を飛ぶか地表を走るかの違いであり、自動車との違いは長さの違いであり、トンネルとの断面比の違いである。従来の速度ではあまり問題とならなかった空力現象は、高速化に伴い図15-0-1に示すような現象が問題になる。このうち空力騒音と圧力波は開業後に問題となってきた現象である。

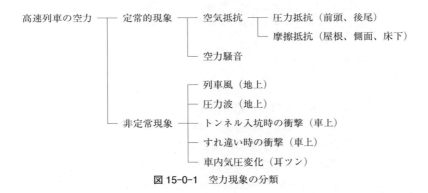

図 15-0-1　空力現象の分類

　まず空気抵抗であるが、高速時には走行抵抗の大部分を占めることになる空気抵抗は圧力抵抗と摩擦抵抗に分けられ、前者は前頭部（後尾部でもある）の形状で決まり、後者は車両の形状、表面の凹凸、列車の長さで変わってくる。
　トンネル突入時の過渡的現象は、列車長、車両とトンネルの断面比、トンネル長さで変わるが車両形状の影響も受ける。
　従来の速度ではあまり問題にならなかったため、これらの事柄に関する定量的知識は非常に乏しく、この分野の研究は実質的には昭和29年からの三木による風洞実験から始まったと言えるだろう。
　以下に、新幹線実現に至る過程で明らかにされたいくつかの空力問題を見てみることにする。

## 15.1 車体形状

　車両走行時には前面は風圧を受け（先頭の圧力抵抗）、後端は後方に引かれ（後部の渦流抵抗）、側面、底面、屋根面は一定の厚さの空気を引きずりながら走

ることになる。

　これらの抵抗を減らすためには頭部を流線形にする、車両断面積を小さくする、車両の継目を外幌にして滑らかにする、台車覆いを付ける、付加物（通風器やパンタグラフ等）は流線形にしてできるだけ小さくする等が必要となってくる。

　そして、これらの要素からなる車両の空気抵抗 $D$ は

$$D = \frac{1}{2}\rho v^2 C_x A \tag{15.1.1}$$

　　ただし、$\rho$：空気密度　　$v$：風速　　$A$：断面積　　$C_x$：抵抗係数
　　で表される（$C_x$ は上記の要素が作る抵抗係数の和）。

### 15.1.1　模型を使った風洞実験

三木は、

> 「列車のように長大な物体が粘性流体たる空気中を地面に沿って走行するような場合は、従来航空流体力学では取り扱いの対象とならなかっただけでなく、理論的解析が本質的に困難である。
> 　従って多くは実験的手段による外ないが、現車では車体外形を変えることも、また走行抵抗中の空気抵抗成分を分離することも容易ではない。そこで列車の縮尺模型を風洞という人工気流中に定置して、模型周りの流れの状態を調べ、或いは模型に働く力を測定すれば、流体力学上の相似法則によって現車にも適用可能のデータが得られる。即ち風洞では種々の車体形態につき風速を変化させて系統的に調べやすい。」

と鉄道車両における風洞実験の有用性を述べている[1]。

　列車の空気抵抗に関する風洞試験は、古くは鉄道技術研究所がまだ鉄道省大臣官房研究所であった昭和12年に行われている[2]。

　このときは図15-1-1に示すように前頭部の形、屋根上の通風器の有無、スカートの有無の4形態（縮尺1/25）について車両の抵抗係数を測り、No.1 を100とすれば No.2 は70％、No.3 は63％、No.4 は45％になるデータを得ている[3]。

---

[1] 成果概要[15]、p.30（「電車模型風洞試験報告（台車4報）」、『鉄道技術研究所速報』No.58-133、1958年）
[2] 東京帝国大学航空研究所に委託
[3] 「流線形車両模型の風洞試験成績について」、『業務研究資料』第25巻・第2号、工作局車両課・官房研究所第6科、鉄道大臣官房研究所、昭和12年1月、p.33

三木が運輸省の研究助成金を受けるきっかけになった「東京-大阪間4時間半の構想」が新聞に載ったのが昭和28年10月であり、氏はこの試験データを参考にしたと思われる。

助成金を受けて氏の風洞試験は昭和29年度から本格的に始まっている。

氏は「交通技術」誌で、

> 「高速列車では空気抵抗が非常に大きい問題になるので、構造的にみて実用できる範囲内で極力流線形にすることによって、一体どの位まで減少し得るかを知るために風洞模型試験を行った。
> ……風洞試験結果を現車に適用するのに都合のよいように、最近の電車、ディーゼル動車、電気機関車などのスタイルのもとをなしたと思われる湘南形を比較の基準に選び、前頭部を流線形に近づけた場合、パンタグラフの影響などを調べ、更に超特急を想定して通風器を取り払い、窓扉部の凹みを少なくし高さもレール面上3.2mと低くし、屋根側下部に丸みをもたせ、連結部は外幌にし、前頭部は一段と流線形に近づけ、台車前方に蔽いをつけたもの（以下SE形と呼ぶ）などについて試験をした。」

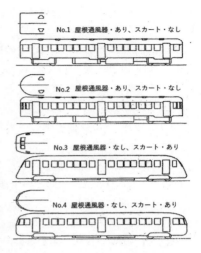

図 15-1-1　風洞試験の模型 昭和12年)
（出典：文献3）

と述べている[4]。

また試験の結果について、

> 「湘南形では台車の抵抗は40%を占めており、前頭部を普通欧米で行われている程度の流線型に近づければ70%くらいに減り、SE形になると実に35%までになし得る結果を得た。画期的な現象である。これにスカートをつけてももう減らず、また頭部を更に延ばしてみたが台車のカバーがないと効果は無かった。」

と述べ、今後の課題として、中間車両数の増加による抵抗増加、高速でトンネ

---

[4] 三木忠直「高速列車の空気力学的諸問題」、『交通技術』No.113、1955年11月号

ルに突入する場合や対向列車とすれ違うときの衝撃的風圧の増大などを挙げている。

模型風洞実験は昭和29〜36年の間に8回にわたり多くの人手をかけて行われ、報告書のページ数も膨大なものになっている[5]。

実験は大別すると、
（ⅰ）先頭部および後尾部の圧力抵抗、圧力分布
（ⅱ）車両表面の摩擦抵抗
（ⅲ）床下部の抵抗、地面との干渉
（ⅳ）付加部品の抵抗
（ⅴ）横風による抵抗、圧力分布

について行われており、昭和33年からは新幹線を想定した風圧ブレーキの実験が加わっている[6]。

図15-1-2　風圧ブレーキ模型
（出典：文献6）

模型は1/10（SH、SH´、SE、SE´、SE-SH、SK）と1/40（SE）で、1/10模型は車両形状と空気抵抗の関係を調べるために、また1/40模型は7両で列車長と空気抵抗の関係を調べるために使われている[7,8,9]。

各形式の役割は
・SHは規準になる湘南電車の模型
・SH´はSHの前頭部をドイツ内燃動車形にしたもの
・SEは前頭部を流線形にし車高を下げ、断面に丸みを持たせ、側にスカートを付け、空力的浮上りを抑えるため下方に傾斜した台車おおいをつけたもの（高速列車を想定）
・SE´はSEの前頭部をさらに長くし流線形化したもの
・SE-SHは比較のためにSEの前頭部を湘南形にしたもの
・SKは先頭部に機器を入れ運転席を2階にしたもの

---

[5] 「電車模型風洞試験報告（第2報）」、『鉄道技術研究所中間報告』No.7-132、昭和31年10月；「同（第3報）」、昭和32年7月；「同（第4報）」、昭和33年7月；「同（第5報）」、昭和33年8月；「同（第6報）」、昭和35年5月；「同（第7報）」、昭和36年4月；「同（8報）」、昭和37年4月；「同（8報続）」、昭和37年8月

[6] 三木忠直「高速鉄道車両に関する諸問題」、『日本機械学会誌』第62巻第480号、昭和34年1月

[7] 三木忠直「高速鉄道車両の空気力学的諸問題[1]」、『機械の研究』第12巻第7号、昭和35年

[8] 三木忠直、長谷川泰、井合滋「高速車両の空気力学的研究」、『日本機械学会誌』第61巻第478号、1958年11月

[9] 『東海道新幹線に関する研究（第1冊）』、鉄道技術研究所、昭和35年4月、p.36

であり、SEでは完全空調を想定して通風器は表面には出さず、前照灯、連結器も引っ込めている。

昭和32年7月に登場した小田急の3000形SE車の形状は29年度の風洞実験から使われたSE形模型を踏まえたものであり、新幹線開業時の0系車両はSK形を修正したものである。

図15-1-3は1/10模型、図15-1-4は風洞内の試験状態である。

図15-1-3　1/10模型　左からSE′、SK、こだま形、F形（SE-SHの先頭を平頭にしたもの）
（写真提供：田中真一氏）

図15-1-4　風洞内の1/10模型（SE型）
（出典：文献8）

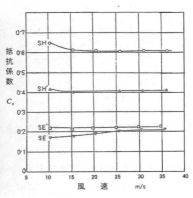

図15-1-5　風速と先頭車抵抗係数変化
（出典：文献8）

図15-1-5は風速に対する抵抗係数変化を示しており、約25m/s以上では速度依存性がないことから以降の実験では30m/sの風速で各要因による抵抗係数の比較が行われている。

図15-1-6は先頭車種別と抵抗係数の関係を示しており、SEがSHの1/3程度になっていることがわかる[10]。

---

[10] 『高速鉄道の研究』、(財)研友社、昭和42年、p.348

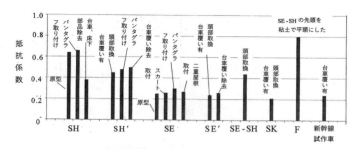

図 15-1-6　模型種別ごとの先頭車抵抗係数（出典：文献 10）

　図 15-1-7 は先頭車の抵抗係数の内訳である。先頭車のみなので SE においても圧力抵抗は全体の約半分を占めているが、編成が長くなると圧力抵抗以外の占める割合が大きくなってくるので、$C_{xef}$ を減らすには列車に引きずられる部分、すなわち境界層を薄くすることが必要になってくる。

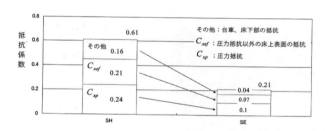

図 15-1-7　SH、SE の先頭車抵抗係数の内訳（出典：文献 8）

　図 15-1-8 は先頭車の後部でどれくらい境界層が厚くなっているかを示すもので、SH では側面で 130mm、屋根で 80mm に対し、SE では側面で 30mm、

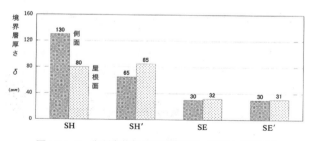

図 15-1-8　先頭車後部の境界層厚さ（出典：文献 11）

屋根で 32mm と薄くなっており、表面の凹凸が減少した効果が表れている[11]。

図 15-1-9 は、先頭近傍における境界層厚さの成長の様子を示している。SE 形の先頭部分を平頭にすると（●、▲のデータ）後方に向かって境界層が大きく拡大していることから、長編成列車でも頭部形状を流線形にすることが極めて重要であることがわかる。

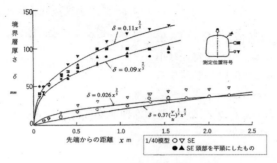

図 15-1-9　先頭形状と境界層厚さ（文献 11）

図 15-1-10 は、列車が長くなったときの境界層の成長状況である。後方に向かって境界層が厚くなっており、先頭からの距離を $x$、境界層厚さを $\delta$ とすればこの曲線は、

$$\delta = 0.24 x^{2/5}$$

で表されることを示している（□印が SE 形の 1/40 縮尺模型を使った風洞データ、◆印が 3000 形 SE 車の営業開始後に測定されたデータ）。

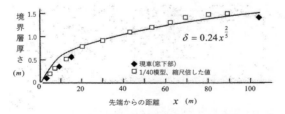

図 15-1-10　列車長と境界層厚さ（出典：文献 8）

以上のような実験結果に基づき、最も空気抵抗の少ない SK 型を基本としてモデル線用の試運転車両の外形が決定され、その 1/12 縮尺模型の先頭車に対

---

[11]　三木忠直「高速鉄道車両の空気力学的諸問題 [2]」、『機械の研究』第 12 巻第 8 号、昭和 35 年

し昭和36年末に風洞試験が行われている[12]（図15-1-11）。

試験の結果、新幹線先頭車模型の抵抗係数は図15-1-6に示したように0.24となっていた（SEは0.25、SKは0.21）。

この値はSEよりは少し小さいが、新幹線は断面積がSEの1.5倍で長さもあるので、抵抗値自体は小田急SE車より5〜6割大きくなると予想されている[13]。

図15-1-11　新幹線型先頭車両模型の風洞試験
（写真提供：（公財）鉄道総合技術研究所）

また、運転台の窓ガラスについては、曲面ガラスと平面ガラスの抵抗値は実質的には差がない結果となっている。

### 15.1.2　小田急3000形SE車現車試験（昭和32年9月）

昭和29年から始まった風洞実験は小田急3000形SE車として結実し、8両編成の現車試験が昭和32年9月に東海道本線で行われた[14]。

SE車は低車高・低重心、流線形、軽量、関節台車、ディスクブレーキを特徴とする新発想の車両である。初めての140km/h台の試験であることから測定項目は図15-1-12に示すように多岐にわたり、鉄道技術研究所総出の試験となっている。

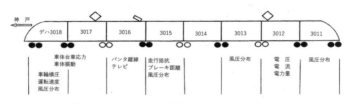

図15-1-12　編成と試験項目（出典：文献14）

空気力学関係では車体周りの流速分布や前頭部の圧力分布に加え、地上における列車風の測定も行われ、試験回数は予備試験、本試験合わせて延べ42回

---

[12] 『東海道新幹線に関する研究（第3冊）』、鉄道技術研究所、昭和37年4月、p.12
[13] 三木忠直、田中真一、夏井由郎「電車模型風洞試験（第8報）」、『鉄道技術研究所速報』№ 62-90　昭和37年4月、p.3
[14] 「SE車による高速度試験報告」、『鉄道技術研究所速報』No.58-17、昭和33年1月

に上っている。

　流速分布は車側や屋根上にくし形に並べたピトー管列を突き出し、風圧は車体製作時に先頭車頭部にあけられた13か所の静圧孔（直径1mm）によって測定されている。

　測定結果は、
（ⅰ）　境界層厚さ
・側面境界層厚さは1両目後部で600mm、編成の後方でも1m程度であり在来車の1/2～1/3程度であった。
・屋根上境界層の測定は架線に制約され、くし型ピトー管列を600mmまでしか出せず正確な測定ができていないが、上屋根は整形が不十分であり側面に比べてかなり厚くなっていると推測される。
・床下の流れは台車や吊り下げ機器類のため流れの乱れが大きく定量的な結論を得るには至っていない。
（ⅱ）　頭部、後頭部の圧力分布
・圧力分布に著しい負圧を生じる箇所がなく、流れが剥離しにくくなっていることが確認されている。また圧力分布は1/10模型による風洞試験結果と同様の傾向を示している。

であり、これらから屋根周りと車両連結部の整形が必要との結論を得ている。

## 15.2　非定常的な空力問題

### 15.2.1　トンネル突入時の空力現象

　新幹線建設が決まり、高速時の空力問題も期限内に答えを出さねばならない状況になった。

　幸い空気抵抗についてはSE車に至る三木グループの研究で見通しを得るに至っていたが、対向列車とのすれ違いやトンネル突入時等における過渡的な空力問題は未解明であった。

　そこでまず現象を見るため、現車において測定することになり昭和33年9月寝台特急「あさかぜ」、10月電車特急「こだま」に対して最初の測定が行われている（いずれも試運転列車）。

（1）　最初の測定
　隧道突入時、すれ違い時の圧力変動測定[15]（昭和33年9、10月）

---

[15] 伊東浩、川村敏雄「新編成あさあかぜ及びこだま試運転による高速列車風圧試験」、『鉄道技術研究所速報』No.59-36、昭和34年2月

当時は変化が速い過渡的な空力現象を測定する適当なセンサーがなく、研究室で試作されたようで、測定が軌道に乗るまでに試行錯誤を繰り返し苦労した様子が報告書からうかがえる。

測定は単線トンネル（新逢坂山、牧之原、東山）と複線トンネル（丹那）で行われており、次のような結果を得ている。

・単線トンネルでは、列車入坑直後に前面圧は入坑前の3.5〜4倍に急増し、激減する。以降変動しながら下がり続け、出坑の瞬間に幾分増加し、その後通常動圧に戻る（図15-2-1）。

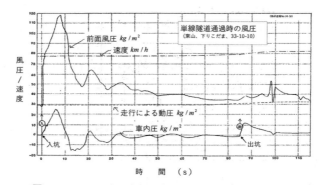

図 15-2-1　トンネル走行時の風圧測定例（出典：文献15）

・複線トンネルの場合は、入坑時の衝撃的風圧は走行動圧の2倍程度にとどまる。そして、この第1波以後の変動も、単線隧道の場合に比し単調である。
・トンネル区間外で対向列車とすれ違う際の衝撃的風圧は、列車前面よりも内軌側の窓部分が大きい。しかし、列車間の相対速度が170km/hに達しても約 $40\,kgf/m^2$（40mm 水柱）で運転保安上の問題にはならない。

この試験は、従来ほとんど知られていなかった隧道入坑時の過渡的風圧に関する最初の測定であった。

(2) 現象の理解

上記の結果に対して、流体力学の専門家で後に原特別研究室長を務めた物理グループの原朝茂[16]は、列車が隧道を通り抜ける間に列車が受ける圧力変動がどのようにして生じるかを次のように説明している[17,18]。

---

[16]　原朝茂：昭和11年海軍、元技術少佐、20年海軍航空技術廠から鉄道技術研究所に移籍、後原特別研究室長

[17]　『高速鉄道の研究』、(財)研友社、昭和42年、pp.360/361

[18]　『東海道新幹線に関する研究（第4冊）』、鉄道技術研究所、昭和38年4月、pp.12/14

## 15.2 非定常的な空力問題

- 列車がトンネルに入った時に起る空気圧変動の要因は2つあり、ひとつは列車がトンネル内で空気を圧縮することに起因する圧力変動、もうひとつはトンネル内にあった空気がトンネル壁と列車間の隙間を通って入口から吹き出るときに空気の粘性によって生じる圧力変動である。
- 列車がトンネルに突入すると、列車が排除する空気はどこかへ逃げなければならない。実際にはその大部分は列車と入れ代わりにトンネルの入り口から逆に外に向かって吹き出す。吹き出す空気の体積は、列車速度、トンネルと列車の断面積比によって変わるが、速度 200km/h の東海道新幹線の場合の吹き出し空気量は列車体積の約 80% である。
- 入口から吹き出さなかった空気は列車の前に圧縮される。したがって、列車速度が大きかったり、トンネル断面積が小さかったりすると前方に圧縮される空気の割合が多くなり、列車前方の空気の圧力上昇は大きくなる。
- 列車前方の空気は一度に全体が圧縮される訳ではなく、まず最初に列車直前の空気が圧縮され、圧縮された範囲は時間とともに前方に拡がっていく。この場合圧縮された部分と、まだ圧縮されていない部分との間にははっきりした境界があり、その境界（波面と呼ぶ）は音速で前進していく。
- 波面が前進してトンネルの出口に達すると、トンネル出口の所まで圧力の高い空気で満たされた状態になるので、次はこの空気が前方に向かって吹き出すことになる。
- 吹き出しにより膨張して大気圧に戻った部分とまだ膨張していない部分との間には境目、つまり波面があり、これが音速で列車の方に向かって後退していく。これは、波面がトンネルの出口で位相を 180° 変えて反射したことに相当する。
- 波面はさらにトンネル壁と列車の間の隙間の空気を膨張させながら後退していく。しかし、この場所の空気は最初から圧縮を受けておらず圧力の上昇は起っていないので、膨張によって圧力は大気圧以下に下がることになる。この低圧が客車内に侵入すると乗客は耳に圧力を感じることになる。東海道新幹線で最初強く感じるのはこの負圧である。
- 波面がさらに進んでトンネルの入口に達すると、波面はここで再び反転し、負圧になっている部分を逐次大気圧に回復させつつ戻っていく。
- このようにして、波面はトンネルの入口と出口の間を行きつ戻りつ反射を繰り返すので、乗客は何度も耳に圧力を感じることになる。
- 実際にはトンネル出入口で反射が行われるばかりでなく、列車の前頭部や後尾面でも部分反射（一部は透過）を行うので、時間の経過とともに現象は複

雑になっていく。そのうえ、実際には列車の最後尾がトンネルに入ったことによって生じる波面もあり、また複線の場合には対向列車の起こす圧力波がこれに重畳することになる。

原は上記の理解に基づき、図15-2-2に示す客室内の2つの気圧変動を説明している。

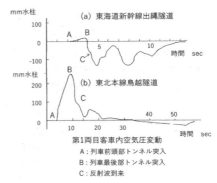

図 15-2-2　第1両目客車内の空気圧変動
（出典：文献17）

- 図 15-2-2 (a) はモデル線（複線）で気密でないB編成が 200km/h で出縄隧道（471m）に入ったときの室内の圧力変動を測ったもので、時刻Aでトンネルに突入し、Bで後尾車がトンネルに入り、Cでトンネル出口からの反射波が来ている図である。上述のように列車がトンネルに入ってから漸くして反射波による負圧が到来し、その後も何度も反射波がきている様子を示している。また車両側圧が負圧になっていることがわかる（室内の負圧は車両側圧が車内に入ったもの）。

- 図 15-2-2 (b) は東北本線の鳥越隧道（単線隧道、断面積 $17.5m^2$、1055m）に「やまびこ」5両編成が 79km/h で入ったときの車内の圧力変動記録である。時刻Aで先頭車が入り、Bで後尾車両が入り、Cで出口からの反射波が到来している。

- AからBへの大きな正圧は、列車と入れ代わりに隧道入口から空気を吹き出すために生じた圧力であり、この場合は反射波が到来しても (a) のような負圧にはなっていない。

- (a) と (b) は一見まるで別の現象が起こっているように見えるが、本質的には同一現象である。

- (b) の場合に (a) のような周期的な圧力変動が起きていないのは、鳥越隧道は断面積が狭く長いので摩擦が大きく反射波が減衰してしまうためと考えられる。これに反して出縄隧道の場合は断面積が大きく、短いうえに壁面の仕上げが非常に滑らかなのでほとんど減衰が現れていない。

- 図の (a) においてトンネル突入直後に小さい正圧（図中のAとBの間）が見えているのは粘性に起因する変化であり、(b) においてAからBに至る最初の急な立ち上がり部分は弱い圧力波によるものである。

(3) 突入時に起きる圧力変化の解析

## 15.2 非定常的な空力問題

続いて原は列車がトンネルに突入したときの列車前面の圧力変動の解析を行っている。

列車が隧道に入ると一般的には図 15-2-3 に示すように、岐点圧 $p_s$ は突入した瞬間に増加し（図中の G 点）、その後隧道入り口から空気を吹き出す圧力増加が続き、列車全体が隧道に入ってしまうか（入りきると隧道から空気を

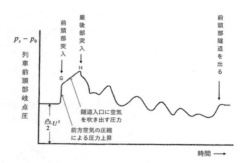

図 15-2-3 列車が隧道内を走行中の岐点圧経過の例（出典：文献 19）

押し出す必要がなくなりこのための圧力増加は消滅する）、あるいは列車の前方に生じる圧縮波が前進して行って隧道出口で反射し戻ってきて列車の前面に達すると（図中 H 点）急激に減少する[19]。

原は、最も圧力が高くなる時刻 G から H 間（まだ出口からの反射波が到来していない間）の現象を図 15-2-4 を使って解析している[20]。

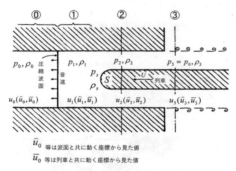

図 15-2-4 解析モデル（出典：文献 20）

手順は、
- 圧縮波面の前後について空気流の質量、運動量、エネルギーの釣合（⓪と①の関係）
- 列車前頭部における空気流の質量、運動量、エネルギーの釣合（①と②の関係）
- 列車前頭部直後と隧道出口間の空気柱に対する運動量の変化(②と③の関係)

の式を立て、これらを解き列車速度と各箇所の圧力変化の関係を求めるもので

---

[19] 『東海道新幹線に関する研究第（1 冊）』、鉄道技術研究所、昭和 35 年 4 月、p.92
[20] 『高速鉄道の研究』、（財）研友社、昭和 42 年、pp.360/364

ある。解析により得られた計算値は図 15-2-5 に示すように実測値とよく一致している（縦軸は $P_s - P_0$：列車先頭部の圧力と大気圧との差、横軸は突入速度）。

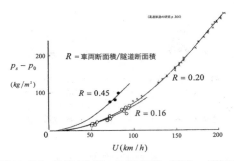

**図 15-2-5** 隧道突入時の岐点圧変化（出典：文献 20）

トンネル突入時の空力現象は、以上のように原が率いる物理グループによって解明されている。

(4) モデル線での測定
(ⅰ) トンネル突入時の圧力変化

図 15-2-6 は、モデル線で測定された出縄隧道での圧力変化である。

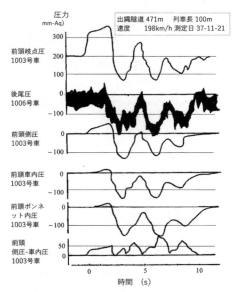

**図 15-2-6** モデル線での隧道突入時圧力変化（B 編成）
（出典：文献 21）

後尾圧力が黒塗りになっているのは、ここでは気流が乱れていて圧力が幅の範囲を不規則に振動しているためである。この測定結果は、4両編成の長さでは粘性による圧力上昇分は比較的小さく、圧力波の反射による変動が大きくなっていることを示している[21]。

前頭岐点圧の変化には、図15-2-3のG〜H点の変化が現れている。

### 15.2.2 すれ違い時の圧力変化[22,23]

すれ違い時の圧力変化は最も気になる事柄であり、その測定は次のように行われている。

- A編成（2両）とB編成（4両）による試験（昭和38年3〜4月）
- C編成（6両）とA＋B編成（6両）による試験（昭和39年3〜6月）
- 営業車（12両編成）による試験（昭和39年7月）
- 新幹線が京阪神急行電鉄に与える影響の確認（昭和39年7月）

図15-2-7は、A編成とB編成があかり区間（トンネルの外）ですれ違ったときの現象である。

すれ違う際の側圧変化は最大プラス85mm水柱、負圧がマイナス70mm水柱であり（この時の車両側面間の間隔は約820mm）、特に問題になる数字ではない。

一方、隧道内ですれ違うときの圧力変動は前述のように圧力波の反射が加わるため、あかり区間とはずいぶん違っている。

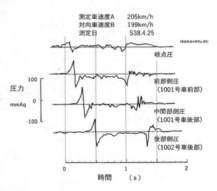

**図15-2-7** あかり区間ですれ違ったときの圧力変動（A編成、B編成）
（出典：文献22）

図15-2-8は、営業車（12両）が音羽山隧道（5,008m）内ですれ違ったときに測定された圧力変動である[24]。

すれ違い時（図中Cの箇所）に出ている大きな負圧は、トンネル突入により生じた圧力波の反射による圧力の谷と、すれ違い時の圧力の谷が重なり合ったものであり、12号車側圧では400mm水柱を超える大きな負圧が記録されて

---

[21] 『東海道新幹線に関する研究（第4冊）』、鉄道技術研究所、昭和38年4月、p.135
[22] 同上、pp.138-140
[23] 『同上（第5冊）』、鉄道技術研究所、昭和38年4月、pp.238-241
[24] 『高速鉄道の研究』、（財）研友社、昭和42年、p.385

いる。

これらの値はトンネルと両列車の相対的位置により波形、ピーク値とも違ってくるが、それまでの数多くの経験も含めて次のように集約されている。

- 側圧の最大値はプラス202mm水柱、マイナス471mm水柱程度以下である。
- 気密車内の最大値はプラス25mm水柱、マイナス110mm水柱程度である。
- 気密車内の圧力変動は緩やかで乗客に対する影響は極めて小さい。
- 運転台前面ガラスの応力値はプラス、マイナスとも最大 0.75kg/mm$^2$ 程度であり問題はない。

側圧の負圧 470mm 水柱は 1m$^2$ 当たり 470kgf であるから、高さ 2.3m、長さ 25m の車両側面には瞬間的ではあるが 27 トンの負圧がかかることになり、これに対して構体の強化が施されたことは第 12 章で述べた。

図 15-2-9 は、新幹線と京阪神急行電鉄がすれ違ったときの圧力変動である（車両側面間隔約 3m、相対速度 322km/h）。

側圧はプラス、マイナスともに最大 20mm 水柱程度で問題にならないくらい小さい。客室窓ガラ

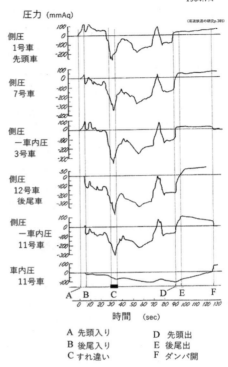

図 15-2-8 長大隧道内ですれ違ったときの圧力変動（出典：文献 25）

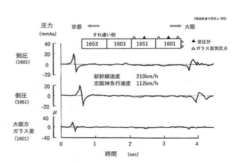

図 15-2-9 新幹線と京阪神急行電鉄とのすれ違ったときの圧力変動（出典：文献 25）

スの歪みは最大 35μst.（約 0.3kg/mm$^2$）であり、運転台窓ガラス（厚さ 5mm）の歪みは客室窓ガラス歪みの約半分で、いずれもガラスの破壊強度約 3kg/mm$^2$ に比べはるかに小さい値であった[25]。

### 15.2.3 列車風

地上作業員や駅ホーム上旅客の安全の観点から列車風の確認が行われた。

列車風は列車が引きずる空気層（境界層）によることから、境界層の実態調査が行われている。

(1) SE 車での測定（昭和 32 年 9 月）

先頭から 100m 後方で車側から約 1m 離れると風速は列車速度の 5％程度になる結果を得ている。

図 15-2-10　SE 車の速度向上試験（列車風測定）
（写真提供：（公財）鉄道総合技術研究所）

(2) 長大列車における列車風の測定[26]（昭和 33 年 11 月）

列車が長くなると境界層が厚くなり空気抵抗が増え、同時に列車が周囲に与える影響の範囲も広くなる。

しかし、長大列車に対する測定例がないことから、湘南型電車を 25 両連結し、車上と地上から車両周りの境界層内の速度分布と長さ方向の発達状況が測定された。

車上では車両側面から約 2m 突き出した 15 個のピトー管列により、1、10、11、20、24 両目で測定され（レールレベルから 2m）、地上では図 15-2-11 に

---

[25] 『高速鉄道の研究』、（財）研友社、昭和 42 年、p.386
[26] 「湘南電車 25 両編成による列車風試験」、『鉄道技術研究所速報』59-91、昭和 34 年 3 月。試験区間辻堂－茅ヶ崎間、走行速度 70km/h、90km/h。

示す位置の風速計により測定されている。

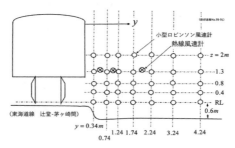

図 15-2-11　地上風速計配置（出典：文献 26）

　その結果、車上測定データでは、1 両目では車両から 70cm ぐらい離れれば列車風はほぼなくなり、24 両目では車両から 2m 離れた位置で車速の 20%ほどの列車風があること、また地上のデータからは、速度 95km/h の列車の場合、列車の先頭から 450m 後方では車両から 4m 離れた位置で車速の 10%強の列車風があることなどの結果を得ている。

(3)　160km/h 時の列車風測定（昭和 34 年 7 月）

　新幹線の実現を念頭に、昭和 34 年 7 月、「こだま号」の速度向上試験が行われた（図 15-2-12）が、このとき空力関係では車上、地上で 160km/h 時の列車風の測定が行われている。

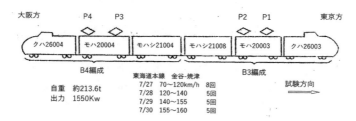

図 15-2-12　「こだま号」高速試験（出典：文献 27）

　車上では車側からピトー管列を車外に突き出す方法で 225mm までの境界層厚さが測定されており、車体側面の境界層の成長形状は SE 車や湘南形電車で得られた結果と同じであることが確認されている[27]。

　一方、地上では図 15-2-11 のように車側から 6.2m までの間に風杯型と熱線

---

[27]　「こだま号による高速度試験」、『鉄道技術研究所速報』No.61-50、昭和 36 年 2 月、p.192

型風速計を設置し列車風を測っているが、速度が上がって列車風の変化が速くなると風速計の応答性が問題になっている。すなわち、回転慣性と摩擦がある風杯型の風速形は元来平均風速を測るのに適したものであり、高速列車が起こす変化の速い列車風の測定には向いていない。一方、熱線風速計は元来微風を測定するのに適したものであって、列車風のように強い風に対しては精度が落ちるなどである[28]。

このようなことから、高速列車による列車風の地上測定値はバラツキが大きく、今後の数多くの測定結果による平均値に待たねばならないとしている。

図 15-2-13　新幹線速度向上試験
(写真提供：(公財) 鉄道総合技術研究所)

(4) モデル線での測定

熱線風速計に関する上記の問題点は解決していたようで、モデル線での測定には応答性の良い熱線型風速計が使われている。

図 15-2-14 は、モデル線の盛土上でレールレベル上 1.6m の高さで測定された列車風を表している。図の横軸は経過時間でⅠの時点は先頭が通過したとき、Ⅱは後尾が通過したときを表し、縦軸は列車速度 $U_0$ と風速 U の比である。測定値がばらつくことから、結局図のように多数の測定値を重ね合わせて線の重なり具合から平均的な傾向を読み取る方法をとっている[29]。

図からは、最大の列車風は後尾部が通り過ぎてから発生することがわかる。

図 15-2-14 では、軌間中心から 2.96m（車側から 1.27m）離れた位置で

[28] 同上、p.187
[29] 『高速鉄道の研究』、(財) 研友社、昭和 42 年、p.388

$U/U_0$ が最大 0.3 程度になっているので（図中の $y$ は軌間中心から横方向の距離）、この場所では速度が 210km/h（58m/s）のときの列車風は 18m/s 程度であることがわかる。

### 15.2.4 車内気圧変化対策[30]（耳ツン対策）

モデル線試験が始まって発生した新たな問題にいわゆる耳ツン現象がある。

耳の鼓膜は両側の気圧差を感じ、圧力差が大きくなると不快感から疼痛になる。しかし、鼓膜の奥の中耳の部分は耳管を通じて外気と通じており、鼓膜の両側に大きな圧力差が生じると、この耳管を通して圧力差を解消するようになって

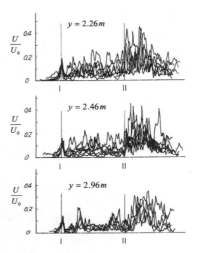

図 15-2-14　モデル線での列車風測定
（出典：文献 29）

いる。したがって、圧力変動の絶対値は大きくとも圧力の変化が速くなければ耳管の圧力調節機能により不快感は生じない。

(1) B 編成による気密効果試験

昭和 38 年 1 月、B 編成で 1 車両の空調装置を取り外し、内外に通じていると考えられる隙間をセロテープ等でふさぎ、出入り口の引き戸も目張りした試験が行われた。

図 15-2-15 は、そのときの車内の圧力変動を示している。

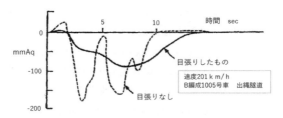

図 15-2-15　目張りしたときの室内気圧変動（出典：文献 30）

目張りは完全にはできないので幾分空気漏れがあり、圧力変化の絶対値は目

---

[30] 「東海道新幹線に関する研究（第 4 冊）」『総論』p.14、鉄道技術研究所、昭和 38 年 4 月

## 15.2 非定常的な空力問題

張り以前の約 1/2 までしか下がっていない。しかし、圧力変動の速度は非常に小さくなった結果、耳の不快感はほとんど気にならない程度になっている。

後に物理研究室長を務めた山本彬也[31]は車外に通じている車両の隙間と車内の気圧変化の関係を検討し、時間 $t=0$ のときの室内圧を $P_1$、時間 $t$ のときのそれを $P$（時間の関数）、車外の圧力を $P_0$（一定）、隙間の面積を $S$、室内容積を $V$ とし、圧力を $mmAq$、容積を $m^3$、隙間断面積を $cm^2$、時間を $s$ の単位で表せば、

$$\sqrt{|p_0 - p_1|} - \sqrt{|p - p_1|} = 2\frac{S}{V}t \tag{15.2.1}$$

の関係になることを導いている[32]。

この式から、図 15-2-15 の場合は車両に残っていた隙間は約 $S=85cm^2$ と計算され、営業車の場合もこの程度に作れば差し支えないだろうとしている。

(2) 量産車（C 編成）による気密試験

昭和 39 年 3 月に、気密化された C 編成の気密試験が行われている[33]。

図 15-2-16 は、C 編成がトンネルに入ってから出るまでの間の車外の圧力と車内の圧力変化を示している。

車外側圧は大きく変動しているが、車両は気密化されたので車内圧力の変動は非常に少なくなり、耳への不快感もなくなっている。なお、側圧の測定は車側灯を外し代わりに取り付けた静圧孔のある円板により行われている。

図の上から 2 番目の点線の車内圧変化は、気密化されていなかった B 編成の車内圧変動である[34]。

---

[31] 山本彬也：昭和 30 年国鉄、当時鉄道技術研究所主任研究員、後に物理研究室長、千葉工業大学教授
[32] 『高速鉄道の研究』p.374、(財) 研友社、昭和 42 年
[33] 『東海道新幹線に関する研究（第 5 冊）』、鉄道技術研究所、昭和 39 年 4 月、p.237
[34] モデル線試験終了後、B 編成は電気試験車に改造され昭和 49 年まで使われた。著者はこの試験車に乗る機会が多く、その都度感じた耳ツンはかなり激しいものであった。

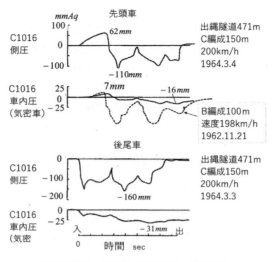

図 15-2-16　量産車の気密試験（文献 33）

## 15.3　走行抵抗

　走行抵抗は本来ならば加減速性能を論じるところに入るのがよいと思われるが、高速では空気抵抗が主体となるので本書ではここで記すこととした。

　新幹線の走行抵抗に関する研究は、まず電車の所要動力を見積もるために120km/h 以上の走行抵抗を推定する段階と、モデル線試作車および量産車において実際の走行抵抗を測定する段階に分けられる[35]。

（1）高速域での走行抵抗の推定

　平坦、直線、無風時の走行抵抗 $R$ （kg）の一般式は

$$R = (a + bV)W + CV^2 \tag{15.3.1}$$

ただし、$C = \dfrac{\gamma}{2}\rho(C_{x0}A + C_f SL)$、$W$：列車重量（t）、$V$：列車速度（km/h）、

　　　　$A$：車体断面積（m$^2$）、$L$：列車長（m）、$S$：車体周長（m）、

　　　　$\rho$：空気密度、標準状態（15℃、760mmHg）で $\dfrac{1}{8} kg \cdot sec^2/m^4$

　　　　$\gamma$：m/s を km/h に換算する係数

　　　　$C_{x0}$：形状抵抗係数で、車体前頭部、後尾部の形状で決まる空気の圧力抵抗、

---

[35] 『高速鉄道の研究』、（財）研友社、昭和 42 年、p.164

## 15.3 走行抵抗

　　　渦流抵抗による係数（図 15-1-7 の $C_{xp}$）
　$C_f$：空気摩擦抵抗係数で、車体表面粗さ（出入り口、窓、連結部、床下機
　　　器による凹凸）によって決まる定数（図 15-1-7 の $C_{xef}$ とその他）
　$a,b$：車両抵抗係数

　(15.3.1) 式の第 1 項 $(a+bV)W$ は車両抵抗と言われ、すべり・回転による摩擦、振動による軌道・走り装置の弾性変位に起因する抵抗などを表しており、車両抵抗係数 $a,b$ は実際に列車の加速あるいは惰行時の消費電力や速度変化から実験的に定まるものである。

　昭和 32（1957）年当時は、130km/h 以上の走行抵抗を計算できる算式がなかったため、湘南型電車で得られた値を基に車両抵抗を $(1.6+0.035V)W$ とし、

$$R = (1.6 + 0.035V)W + CV^2 \tag{15.3.2}$$

の実験式をから出発することとなった。
　ここで $C$ は

$$C = \frac{\rho}{2} A(0.46 + 0.00225L)$$

とされており[36]、B 編成（4 両）に対しては $A = 8.88 m^2$、$L = 100m$、$W = 240t$、$\rho = 8^{-1}3.6^{-2} kgh^2 km^{-2} m^{-2}$ を適用し

$$R = (1.6 + 0.035V) \cdot 240 + 0.02933V^2 \tag{15.3.3}$$

によって 200km/h 領域の走行抵抗を推定している。

### 15.3.2　実車による走行抵抗の測定

　モデル線試験が始まり B 編成、A+B 編成の走行抵抗測定が昭和 37 年 11 月から始まっている。

　図 15-3-1 は B 編成の走行抵抗値に (15.3.3) 式を重ねたもので、この結果から (15.3.2) 式が概ね妥当であり、定数 $a$ を微調整すれば営業車の走行抵抗の計算式として実用上差し支えないとの結論を得ている[37]。

　その後、開業を控えた昭和 39 年 7 月新大阪 - 京都間で営業車（12 両）の走行抵抗測定が行われ、計算式は $a$ を 1.2 とした

---

[36] 『東海道新幹線に関する研究（第 4 冊）』、鉄道技術研究所、昭和 38 年 4 月、p.30
[37] 『同上（第 5 冊）』、鉄道技術研究所、昭和 39 年 4 月、p.428

に修正され、高い速度に重点を置く場合は

$$R = (1.2 + 0.036V)W + CV^2 \tag{15.3.5}$$

とされている[38]（図 15-3-2）。

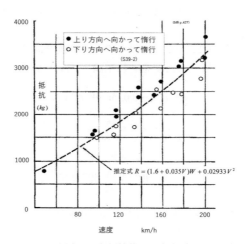

図 15-3-1　B編成の走行抵抗値と推定式（出典：文献 37）

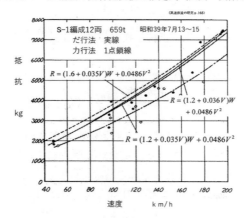

図 15-3-2　営業車（12両）の走行抵抗測定値と推定式（出典：文献 38）

---

[38] 『高速鉄道の研究』、(財) 研友社、昭和 42 年、pp.167

## (3) 空気抵抗の分離測定

走行抵抗を表す上記の式は従来の経験に基づいたものであるが、原朝茂はトンネル突入時の空力現象から空気抵抗のみを単独に測定する合理的な方法を見出し、計算式の精度を向上させている。

氏は、

> 「最近まで空気抵抗に関する定量的知識は非常に貧弱であった。その理由は一つには高速列車の問題が起こったのは最近のことであり、空気抵抗を問題にする必要があまりなかったことにもよるが、他の決定的な理由は列車の空気抵抗を測定する方法が無かったことによる。従来からも機械的抵抗と空気抵抗の和である全走行抵抗を測定することは容易であって、惰行時の減速度からも求められるし、また力行時の入力からも求めることもできる。
>
> このようにして得られた全走行抵抗を機械的抵抗と空気抵抗に分離する試みもなされた。即ち機械的抵抗は列車速度の1乗に比例し、空気抵抗は2乗に比例して増加する性質を利用して分離しようとするわけであるが、これは理屈上は可能であるが、実測値にはかなりの散らばりが避けられないので、非常に大きな誤差が入ることになり実際上不可能である。
>
> 現車による測定が不可能なら風洞による模型実験ではどうかということになるが、普通の風洞ではレイノルズ数にして実物の場合より2桁以上も小さくなるのでとても定量的に信頼できる値は得られない。その上地面に相当する面を列車模型に対して相対速度を持たせて動かしたり、車輪を回すということになると実験技術上極めて困難なことである。このような事情で従来は止むを得ず推定値を使うしかなかった。ところが列車がトンネル突入時のトンネル内の空気圧変動現象の研究の副産物として、この現象を利用すれば、間接的に列車の空気抵抗を極めて簡単に求められることが明らかとなった。」

と述べている[39]。

原理的には、図15-3-3に示すGからHに至る圧力変化の勾配から列車と空気の摩擦力を求めるものである。

原は図15-3-4において、

---

[39] 『高速鉄道の研究』、(財) 研友社、昭和42年、p.350

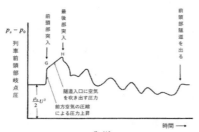
図 15-3-3 列車が隧道内を走行中の岐点圧経過の例（図 15-2-3 再掲）

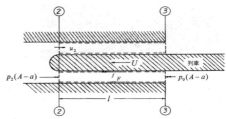
図 15-3-4 列車がトンネルに入ったときの解析モデル（出典：文献 41）

$P_0$ を大気圧、$P_2$ を②面における空気圧、$U$ を列車速度、$u_2$ を列車とトンネル壁の間を流れる空気流の対地速度、$\rho$ を空気の密度、$A, a$ をトンネル断面積と列車断面積、$S$ をトンネル周長、$l$ をトンネル内の列車長とすれば、列車側面の空気摩擦係数 $c_f$ は、

$$c_f = \frac{p_2 - p_0}{\rho U^2/2} \cdot \frac{A-a}{sl} / \left\{ (1+\frac{u_2}{U})^2 + (\frac{u_2}{U})^2 \sqrt{A/a} \right\} \tag{15.3.6}$$

で表されることを導いている[40]（$u_2/U$ は原が別に求めている[41]）。

上式は $p_2 - p_0$（実質的には $p_2$）を測定すれば $c_f$ が求まることを意味している。しかし、$c_f$ は列車の長さ方向の面積に対する値なので、断面積 $a$ に対しての抵抗係数に置き換えることにし、これを $c_{Df}$ とすれば、

$$c_{Df} a = c_f sl \tag{15.3.7}$$

(15.3.6)、(15.3.7) より

$$c_{Df} = \frac{p_2 - p_0}{\rho U^2/2} / \left[ \frac{R}{1-R} \left\{ (1+\frac{u_2}{U})^2 + (\frac{u_2}{U})^2 R^{-1/2} \right\} \right] \tag{15.3.8}$$

ただし、$R = a/A$

と表せる。

原は在来線、新幹線について多くの実測値から $c_f$ を

$$c_f = 0.0041 \text{（新幹線）、} 0.0063 \text{（在来線）}$$

とし、これを断面積を基準にとった抵抗係数 $c_{Df}$ に置き換え

---

[40] 『高速鉄道の研究』、(財) 研友社、昭和 42 年、pp.351/354
[41] 原朝茂「列車の空気抵抗の測定法」、『鉄道技術研究報告』No.430、昭和 39 年 3 月

## 15.3 走行抵抗

$$c_{Df} = 0.0045l \text{（新幹線）}、0.0079l \text{（在来線）}$$

を得ている。

$c_{Df}$ は車両の側面、屋根面、床下を含む抵抗係数であり、これに前頭部と後尾部の圧力抵抗を加えたものが列車としての抵抗係数になる。

氏は、三木らが行った試作車の 1/12 縮尺模型の風洞試験結果から圧力抵抗による係数 $c_{Dp}$ を 0.12 と換算し、さらに模型と実物の形状の差を考慮して $c_{Dp}$ を 0.2 と置き、その結果、空気抵抗 $D_a$ を

$$D_a = (0.2 + 0.0045l)\frac{\rho A}{2} \times V^2 \quad (15.3.9)$$

機械抵抗 $D_m$ を

$$D_m = (1.2 + 0.022V)W \quad (15.3.10)$$

ただし、$A, V, W, \rho$ は車両断面積（$m^2$）、速度（$km/h$）、列車重量（t）、空気の密度（$= 8^{-1} \cdot 3.6^{-2} kg \cdot h^2 km^{-2} m^{-2}$）

として全走行抵抗 $R = D_a + D_m$ の計算式の信頼性を高めている [42]。

図 15-3-5 は 12 両編成営業車の実測値に（15.3.9）、（15.3.10）式による計算値を重ねたもので、両者は良い一致を示している。

またこの図は、0 系 12 両編成では約 185km/h で機械抵抗と空気抵抗が等しくなり、それ以上では空気抵抗が機械抵抗を上回ることを示している。

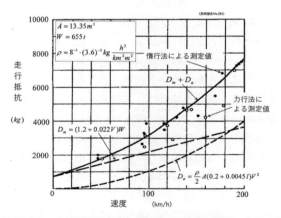

図 15-3-5 走行抵抗測定値と修正後の計算値（出典：文献 41）

---

[42] 原朝茂、大櫛淳、西村弁三「列車の空気抵抗」、『鉄道技術研究報告』No.591、1967 年 5 月

# 第 16 章　き電系（セクションアーク対策）

　商用周波による鉄道電化（以下、交流電化という）は昭和 10 年ドイツによる研究に始まり、戦後これを受け継いだフランスが昭和 26 年実用化実験に成功したのが始まりとされている[1]。わが国では昭和 28 年長崎惣之助国鉄総裁が訪仏の際、仏国鉄総裁から交流電化の有用性について説明を受け、帰国後設置した「交流電化調査委員会」から始まっている[2]。

　昭和 28 年 8 月に発足したこの調査委員会は副総裁を委員長に、運転、施設、電気、車両の各分科会の主査にそれぞれの局長があたり、分科会の下に設けられた多数の専門部会の主査をその分野の権威者である大学教授に委嘱するなど国鉄挙げてのビッグプロジェクトであり、その取組みからは鉄道電化のコストパフォーマンスを向上し鉄道の近代化をしようとする当時の熱気が伝わってくる[3]。

　主な技術課題は車両側は主電動機に交流型の電動機を使うか、あるいは車上で直流にして直流型の電動機とするかであり、地上側は沿線への通信誘導対策、一般三相電力網への影響軽減策、線間短絡や地絡事故時の安全対策、雑音に負けない信号保安装置等であった。

　交流電化は昭和 32（1957）年 9 月仙山線仙台 - 作並間、同年 10 月北陸本線田村 - 敦賀間で実現し、以降東北本線（昭和 34 年～36 年）、常磐線（同 36 年）、鹿児島本線（同 36 年）とその距離が延びていくことになる[1,2,3]。

　戦前の弾丸列車計画では直流 3,000V き電であったが、交流き電方式は高電圧であるため大容量の電力供給に適していることから東海道新幹線で採用されることとなった（開業時は 25,000V）。新幹線のき電システムは上記在来線における交流電化の実績に立って構築されたものである。

　さて交流電化による通信誘導障害は、き電系の一部にレールが含まれることに起因する。変電所から架線に入った電流は車両の主電動機を回転させた後、レールを通って変電所に戻る途中で大地へ漏れ出るため、電流による電磁誘導が行きと帰りで打ち消し合わなくなり、結果的に沿線の通信線路に電磁障害が発生することになる。全く無対策の場合にはレール電流の半分ぐらいが大地へ

---

[1] 持永芳文、望月旭、佐々木敏明、水間毅『電気鉄道技術変遷史』、オーム社、平成 26 年 11 月、p.44
[2] 新井浩一、濱寄正一郎、伊藤二郎、三浦梓、榎本龍幸、持永芳文『高速運転に適した交流き電システムの開発』、（社）日本鉄道電気技術協会、平成 22 年、p.2
[3] 関秋生「日本の交流電化開発小史」、『東海道新幹線 1964』交通新聞社、平成 26 年 4 月

漏れるとのことである[4]。

そこで、交流電化では車両からレールに流れた電流をなるべく早く架空電線に吸い上げて変電所に戻す工夫がされている。

東海道新幹線のき電方式として吸上げ変圧器（Booster Transformer、略称BT）方式が選択された経緯については他著[5]を見ていただくとして、以下にBT方式が抱えていた難題、ブースタセクションのアーク対策について記すこととする。

## 16.1 BT（吸上げ変圧器）き電方式

図16-1-1は、トロリ線Tから負荷（電車）に電気を流す回路の途中にBTが入っている図である（$Z_N$, $Z_R$はNF回路とレール回路のインピーダンス）。

負荷を通った電流$I_L$の帰路はNF側とレール側の2つあるが、$I_L$がBTの1次巻線を通っているので、トランスの電磁作用により帰路はトランスの2次側を通ることになる（$I_N = I_L$）。

すなわち、巻線比が1:1のトランスにおいては1次電流と2次電流が同じになることを利用して帰路をNF側に限定し、レールには流れないようにするのがBTき電方式の原理である。

このような機能を有する回路において、パンタグラフがセクションを短絡したときに電流回路がどうなるかを示したのが図16-1-2である。

この場合は、トロリ線を流れる$I_L$は短絡したセクションとBTの一次巻線とに分かれる（$I_S$と$I_N$）。短絡しているから$I_L$は全部セクションに流れる

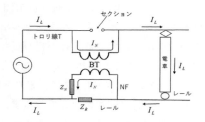

**図 16-1-1** BTき電方式の動作原理

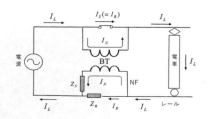

**図 16-1-2** BTセクション短絡時の電流経路

---

[4] 兎束哲夫「き電電流の探り方」、『RRR』Vol.65、No.1、鉄道総研、2008年1月
[5] 例えば、新井浩一、濱寄正一郎、伊藤二郎、三浦梓、榎本龍幸、持永芳文『高速運転に適した交流き電システムの開発』、（社）日本鉄道電気技術協会、平成22年、pp.24/26

のではないかと思われるが、トランスの2次側には$I_N$が流れる（$I_N = I_L \cdot Z_R / (Z_N + Z_R)$）ので1次側にも同量の電流が流れるということになる。図16-1-1では1次側巻線の電流が2次側巻線に電流を引っ張ってきたが、図16-1-2では2次巻線の電流が1次巻線に電流を引っ張ってきている。

そして、パンタグラフの進行に伴い短絡状態のセクションが開放されるときに$I_S(=I_R)$が遮断されアークが出ることになる。

## 16.2　BTセクションのアーク対策

BTき電方式が東海道新幹線のき電方式に決定され工事準備が進んでいた昭和36年5月、東北本線越河－貝田間で長大貨物列車がBTセクション通過時にパンタグラフから大きなアークが出ていることを巡回者が目撃し、調査の結果架線が損傷していることが判明した。また、上記アーク発生時の負荷電流は240Aであったことがわかった。

BTセクションのアークは従来から認識されてはいたが、当時は負荷電流が小さいため特に問題になっておらず、東海道新幹線のき電方式を決定する際も特に問題視されてはいなかったようである。

しかし、新幹線では1列車当たりの負荷電流は1,000A程度と格段に大きくなることから、アークによる架線とパンタグラフの損傷は不可避と判断され、早急に対策が行われることとなった[6]。

図16-2-1　模擬試験で観察されたアーク：
　　　　　速度40km/h（走行方向左から右）
　　　　　全負荷電流740A、遮断電流462A
　　　　　S37-12-23（出典：文献9）

---

[6] 新井浩一、濱寄正一郎、伊藤二郎、三浦梓、榎本龍幸、持永芳文『高速運転に適した交流き電システムの開発』、（社）日本鉄道電気技術協会、平成22年、p.27

## 16.2 BT セクションのアーク対策

　まず、第 1 次試験として、昭和 37 年 12 月モデル線において架線に 6kv の電源を供給し、モーターカー牽引のトロッコにパンタグラフを載せセクション遮断電流の大きさとアークの発生状況の関係を調べる試験が行われている[7]。

　図 16-2-1 は、その時のアークの様子であるが、改めてその大きさに驚かされる。

　図 16-2-2 は、この等価試験で得られた負荷電流の大きさとアークを引く区間長である[8]。負荷電流 400A を境として、アークの延びが急速に大きくなり消弧が困難となっている。

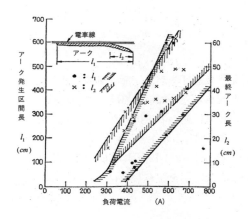

図 16-2-2　負荷電流とアーク長さ（等価試験）（文献 8）

　図 16-2-2 は、700A になると 3～7m の長さに延びることを示しており、試験で現場にいた人は長大アークが発する特有の音と光に恐怖感を覚えたはずである。

　BT セクションでの電流遮断の特徴は、

（ⅰ）　低インピーダンス、定電流回路の遮断であること。

（ⅱ）　遮断に伴い発生する高電圧（回路のインダクタンスに蓄えられたエネルギーによる）を抑える静電容量を開極間に挿入できないこと。

（ⅲ）　遮断は消弧作用の弱い大気中で行われ、かつ開極速度は 0.03m/s（列車時速 100km/h の場合）と、普通の遮断器開極速度約 2.5m/s に比し極めて遅いこと。

---

[7]　林正巳、水野次郎、三浦梓「東海道新幹線のブースタ・セクション対策（その 1）」、『鉄道技術研究所速報』No.63-170、1963 年

[8]　『高速鉄道の研究』、（財）研友社、昭和 42 年、p.497

であり、これらが長いアークを引く原因になっている[9]。

試験は上記第1次に始まり、開業時期が迫る昭和39年1月の第7次まで行われている。

昭和38年9月に実車両で行われた第2次試験では、速度100km/h時に12.9m長ものアークが発生している。

このようなアークによるパンタグラフすり板と架線の損傷は大きく、東京－大阪間約170か所（片道）のBTセクションを通過すればすり板は「東京～大阪1往復も危ない」と判断され早急な対策が必要とされた[10]。

仮にすり板が焼け切れなくても、BTセクション毎に数mのアークが出るようなことは許されることではない。

(1) 対策方法の決定

対策として7方式が検討されている[11]。

個々についての記述は避けるが、一部は消弧効果が少ない、一部は多頻度に対する信頼度に問題がある、一部は誘導障害の点で不可と判断されるなどで、最後まで残ったのが以下に述べる抵抗セクション方式であり、この方式が昭和38年11月最終的に採用されるに至っている[12]。

この間の試験経過は表16-2-1に示すとおりで、計画時には全く予想していなかったこの現象は開業時期を左右しかねない由々しき問題であったことがわかる[13]。

---

[9] 『東海道新幹線に関する研究（第5冊）』、鉄道技術研究所、昭和39年4月、p.591
[10] 新井浩一、濱寄正二郎、伊藤二郎、三浦梓、榎本龍幸、持永芳文『高速運転に適した交流き電システムの開発』、(社)日本鉄道電気技術協会、平成22年、p.29
[11] 『ブースタセクション消弧対策の研究』、(社)鉄道電化協会、昭和39年3月
[12] 『高速鉄道の研究』、(財)研友社、昭和42年、p.500
[13] 新井浩一、濱寄正二郎、伊藤二郎、三浦梓、榎本龍幸、持永芳文『高速運転に適した交流き電システムの開発』、(社)日本鉄道電気技術協会、平成22年、p.28

## 16.3 抵抗式セクションの抵抗値の決定

表 16-2-1　BT セクションアーク対策の経過（出典：文献 12, 13）

| 期日（昭和） | 試験概要　（場所はモデル線） | 記　事 |
|---|---|---|
| 37.12.23〜24 | 第 1 次<br>・モータカー　40km/h<br>・遮断電流 500A まで | ・負荷電流 385A 以上ではアークが許容限度より大きくなることが判明 |
| 38.7.31 | ・BT の吸い上げ線間隔を 3,6,9km に構成<br>・6 両編成 160km/h | ・高速度ではアークの遮断は良くなる<br>・吸い上げ線間隔 3km でもかなりのアークが出る |
| 38.9.9〜17 | 第 2 次<br>・実車両 50〜160km/h<br>・NF 直列コンデンンサの試験 | ・吸い上げ線間隔 3km、NF コンデンサ 2Ω で 700A 程度まで許容されそうだが架線、すり板の保守が問題になる |
| 38.10.2〜10 | 第 3 次<br>・実車両 50〜160km/h | ・架線、すり板の損傷調査銅すり板がやや優れていた |
| 38.11.5〜20 | 第 4 次<br>・抵抗セクション模擬試験 | ・ひねりセクションの原型が施工された |
| 38.11.29〜12.3 | 第 5・6 次<br>・抵抗セクション方式総合試験、NF コンデンサ有り、抵抗 5〜10Ω<br>・負荷 250〜1400A | ・試験回数 102 回の結果、架線、すり板ともに損傷は軽微であることが確認された |
| 39.1.21〜1.24 | 第 7 次<br>・ひねりセクションの実用部品での試験<br>・NF コンデンサあり、抵抗 5〜10Ω<br>・負荷 250〜1400A | ・抵抗値は 10Ω が適切である |
| 39.8.28〜29 | 米原〜京都間<br>・12 両営業列車、16 両試験車による抵抗セクションの総合試験 |  |
| 42.9.15〜16<br>42.9.24〜25 | 旧モデル線<br>・16 両試験車による多数パンタグラフ試験、逆行運転の検討他 |  |

## 16.3　抵抗式セクションの抵抗値の決定

図 16-3-1 は抵抗セクション方式において、セクションが短絡された時の電流経路を示している（図 16-1-2 と同じであるが、実際の設備に近づけた図になっている）。

$Z_T$ はトロリ線の、$Z_N$, $Z_N'$ は負き電線の、$Z_R, Z_R'$ はレールの自己インピーダンスを表し、$Z_{TN}$ はトロリ線と負き電線間の、$Z_{TR}$ はトロリ線とレール間の、$Z_{NR}, Z_{NR}'$ は負き電線とレール間の相互インピーダンスを表す(註)。

>（註）　自己インピーダンスは当該導体自身が持つインピーダンス。相互インピーダンスは磁力線を介して他の導体との間に相互に作るインピーダンス。

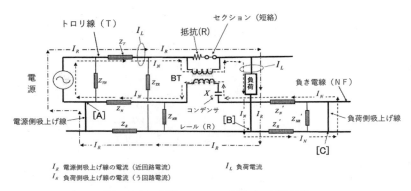

図 16-3-1　抵抗セクション短絡時の電流経路

セクション短絡時の電流 $I_R$（＝遮断電流）を小さくし、その分 BT に流れる電流 $I_N$ を大きくする役割を果たすのがセクション部に入っている抵抗 $R$ である。同時に抵抗 $R$ は、遮断される電流 $I_R$ を誘導性から抵抗性に近づけることによって遮断後のアーク発生を抑える役割を果たしている[14]。

BT の 2 次側に入っているコンデンサ $X_c$ も回路インダクタンスを打ち消すことによって遮断電流を低減させるものである。

それでは、$I_R$ は図 16-3-1 の諸定数とどのような関係にあるのだろうか。

三木忠直や松平精らとともに昭和 20 年末に海軍から鉄道技術研究所に移籍し、後に電力研究室長を務めた林正巳[15]は、図中 [A]～[B] の電圧を、

(1)　[A] 点→負き電線→ BT →コンデンサ→負荷側吸上げ線→ [C] 点→レール→ [B] に至る経路

(2)　[A] 点→電源側吸上げ線→レール→ [B] に至る経路

で求め、両者を等置することにより遮断電流 $I_R$ を求めている[16]。

結果のみ記せば、

$$I_R = \frac{Z_R' + Z_{NN} - X_c - 2Z_{NR}' - Z_{NR} - Z_\Delta}{R + Z_{NN} + Z_{RR} - X_c - 2Z_{NR}' - 2Z_{NR}} I_L \tag{16.3.1}$$

ただし、$Z_{NN} = Z_N + Z_N'$，$Z_{RR} = Z_R + Z_R'$，$Z_\Delta = Z_{TN} - Z_{TR}$

を得ている（章末補足 7 参照）。

---

[14] 『ブースタセクション消弧対策の研究』、(社) 鉄道電化協会、昭和 39 年 3 月、p.45
[15] 林正巳：昭和 18 年海軍、20 年 12 月海軍航空技術廠から鉄研へ移籍、当時鉄研主任研究員、後に電力研究室長
[16] 『東海道新幹線に関する研究（第 5 冊）』、鉄道技術研究所、昭和 39 年 4 月、pp.592/593

さらに

$$[Z_N] = Z_R' + Z_{NN} - 2Z_{NR}' - Z_{NR} - Z_\Delta$$
$$[Z_R] = Z_{RR} - Z_{NR} - Z_R' + Z_\Delta$$

と置けば

$$\frac{I_R}{I_L} = \frac{[Z_N] - X_c}{[Z_N] + [Z_R] - X_c + R} \tag{16.3.2}$$

となり、結局 $I_L$、$I_R$、$I_N$ は図 16-3-2 に示す等価回路を流れる電流であることを示している。

(16.3.1) 式で表される $I_R$ の値を求めるため、林グループは図 16-3-3 によって単位長あたりの各導体の自己インピーダンス、導体間の相互インピーダンスを計算し、図 16-3-1 において AC 間 3km、BC 間 1.35km の場合に対し、

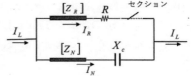

図 16-3-2　電流比の等価回路
（出典：文献 16）

$$Z_R = 0.43 + j2.0\ (\Omega) \qquad Z_N = 0.46 + j2.6\ (\Omega)$$
$$Z_{RN} = 0.172 + j1.19\ (\Omega) \qquad Z_{TR} = 0.095 + j0.632\ (\Omega)$$

などの値を得ている。

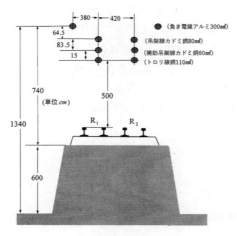

図 16-3-3　各導体の配置（出典：文献 17）

そして、これらをもとに（16.3.1）式から得られた計算結果は、$R=0$, $X_c=0$ の場合、遮断電流 $I_R$ は負荷電流 $I_L$ の78%となった。試験による実測値は74%であり、両者はよく一致しているので上記の解析が正しいことがわかる[17]。

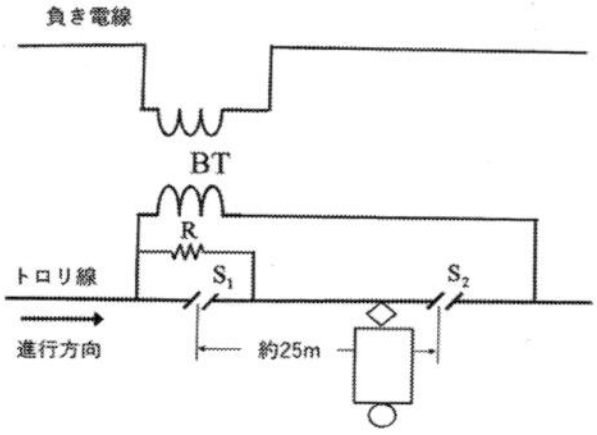

一方、抵抗セクションは図16-3-4のように抵抗を抱いた第Ⅰセクション（$S_1$）を既存のセクション（第Ⅱセクション（$S_2$））に追加する方法で構成されることになった。これを実現するための架線構成が図10-1-18である（p.220 参照）。

**図16-3-4** 抵抗式 BT セクションの構成

開業時の新幹線電車は2両1ユニット構成、パンタグラフ間隔50mであったので、$S_1$ と $S_2$ の間隔を25mとしておけばこの間には1パンタグラフしか入らず、したがって $S_1$ で遮断するのは常に1ユニット分の電流で高々120Aと小さい。

また、すでに $S_2$ を通過したパンタグラフはBT経由で電流を受けているが、この電流は後続パンタグラフが $S_2$ を短絡すると $R$ とBTに分流するので、$S_2$ で遮断するのは、（16.3.1）式で表される $R$ 経由の電流になりアークを小さくできるという仕組みである。

$R$ は $S_2$ の遮断電流を絞る目的であるから、抵抗値は大きいほうが望ましい。しかし、$R$ には1ユニット分の負荷電流（最大120A）が流れるので、パンタグラフが $S_1$ 通過した後にセクションに発生する電圧は、抵抗値が小さいほど小さく $S_1$ での消弧は容易になる。このように $S_1$ と $S_2$ の間には抵抗値において相反する事柄があるので、両者を勘案し抵抗値は10Ωと決定されている。

（16.3.1）式によれば、抵抗値10Ωの場合 $I_R$ は $I_L$ の20%になり、さらに $X_c$ を最適に選べば約5%にできると見込まれている[18]。

表16-1-2は抵抗セクションの効果を示している[19]。遮断電流は無対策時の6%になり、また瞬時回復電圧（遮断時に両極間に現れアークを継続させる過渡的な電圧）も大幅に減っている。

---

[17] 『東海道新幹線に関する研究（第5冊）』、鉄道技術研究所、昭和39年4月、pp595/597
[18] 同上、p597
[19] 『高速鉄道の研究』、（財）研友社、昭和42年、p.500

表 16-3-1 抵抗セクションの効果（出典：文献19）

| | ①：無対策 (%) | ②：NF コンデンサ方式 (%)（最適オーム数） | ③：直列抵抗方式 (%)（10 Ω） | ④：②+③併用 (%) |
|---|---|---|---|---|
| 遮断電流 $I_s$ | 100（85）＊ | 76（62） | 25.2（20） | 6（5） |
| 瞬時回復電圧 $V_r$ | 100 | 73 | 25.2 | 6 |
| 回復電圧 $V_s$ | 100 | 23 | 100 | 23 |

＊（ ）の値は負荷電流に対する%を示す。

　このように巧みにアーク問題を解決した抵抗セクションであったが、架線の1径間内に2つのセクションを切り込むことで、この部分はばね定数の均一化を旨とした合成コンパウンド架線の弱点箇所となり、営業開始後に多くの事故の原因になったことは10.4節に記したとおりである。

　き電グループを率いた林正巳は、BTセクションのアーク対策を、

「モデル線における第1次試験（昭和38年12月）を契機として、ブースタセクション消弧対策は焦眉の急を要する問題として関係者の関心を集めた。しかし、何分にも高調波を含む大電流の試験場が無いため、徒手空拳の間に半年が流れた。勿論この間種々の方式が提案されたが、ブースタ増設案と負き電線直列コンデンサ方式が有力であった。

　7月末、負き電線直列コンデンサ方式の等価試験（第2次試験）を強行し、アーク発生の点からは負荷電流700A程度は許容されるのではないかと考えられたが、すり板の損耗が大きく、改めてすり板損耗の試験（第3次）を10月上旬に行った。この結果、負き電線直列コンデンサ方式のみではすり板の損耗が大きく、保守・運転上不可と断定された。

　このため10月下旬から11月上旬にかけて並列ブースタ方式を机上検討し、これも通信誘導上不可であると断定された。これと並行して先に筆者が（林氏）考案した抵抗遮断方式が再検討され、既設セクションを利用しての等価試験を11月中旬に実施し明るい見通しを得た。これを第4次試験と称する。」

そしてセクション区間のトロリ線に抵抗を入れる方法について、

「……抵抗トロリ線が開発されていない現在、もう一つセクションを切る（作りこむ）必要に迫られたが、簡易ひねりセクションの開発に11月19日成功し、いよいよ解決近きを感ずるようになった。もしこれが失敗すれば既設セクションより75m離れた地点に本格セクションを設けることを

> 余儀なくされ、それでは工事上の制約から全線に亘っての抵抗セクション方式の適用が不可となり、遮断器方式の箇所が存在したであろう。
> ……次いで抵抗セクション方式の本格試験として第5次試験が11月下旬から12月上旬にかけて行われ、本方式を最終的に確認した。以上の第1次から第5次までの試験は全部走行中の列車を含んだ複雑な系統切り替えによる等価試験で、いわば軽業的な試験であった。」

と当時の状況を記している[20]。

また『新幹線50年史』は、

> 「ブースタセクションのアーク対策として、抵抗セクション方式の採用が決まったのは1963（昭和38）年11月であり、抵抗を挿入するためには特殊な構造のセクションを作り込む必要があり、緻密で多数の工事を短期間で実施することとなった。電車線路は、抵抗セクションのようにモデル線以降の実績で改良を加えていく部分があり、特に厳しい工程の工事となった。このため十分な調整ができず、営業開始直前の試運転では数度にわたり故障が発生したため、営業開始直前の9月21日、26日に約2400人を動員して電車線路の一斉点検を行い、10月1日には異常なく列車運行された。」

と、この架線構成の変更が大変無理な工程で行われたことを伝えている[21]。

## 16.4　AT（単巻き変圧器）き電方式への変更

BTき電方式は、上述のようにセクション部に弱点をもつ架線構造になったこと、その後騒音対策としてのパンタグラフ数削減（パンタグラフ間を接続しその数を減らす）に対応できないこと等から山陽新幹線以降は単巻き変圧器方式（ATき電方式）に変更されることとなった。

図16-4-1は、ATき電方式の電流の流れ方を示している（トロリ線にはBTき電のようなセクションがない）。ATの巻線2が電車に$I_2$を供給すれば、同じ鉄心上に巻かれている巻線1には巻線2によって発生した磁束を打ち消すような電流$I_1$が図のように流れなければならない（巻線1と巻線2の巻き数は同じなので$I_1 = I_2$である）。したがって、電車には$2I_1$が流れる。$I_3$と$I_4$につ

---

[20] 『東海道新幹線に関する研究（第5冊）』、鉄道技術研究所、昭和39年4月、p.610
[21] 『新幹線50年史』、（公財）交通協力会、平成27年3月、p.125

## 16.4 AT（単巻き変圧器）き電方式への変更

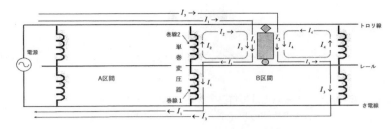

図 16-4-1　AT き電方式の電流経路

いても同じ関係にあるので結局電車には $2(I_1+I_3)$ が流れることになる。

　もちろん $I_2$ が $I_1$ より先に流れるということではなく、全体が同時に起きる現象である。AT き電方式は、図のように負荷のない A 区間のレールには電流が流れないことにより電磁誘導障害を軽減している。

　原理的にはこのようなことではあるが、実際の設備ではトロリ線、き電線、レールが自己インピーダンスをもち、またそれぞれの間には相互インピーダンスや浮遊容量があり、さらにはレールから大地に漏れる漏洩回路がある。そしてこれらの導体は単巻変圧器（AT）や保護線（PW）へ接続されるなどで複雑な多線条回路網を構成しており、それぞれに流れる電流の計算は手計算の範囲を越えてしまう。

　したがって、AT き電方式の特性計算が行われるようになったのは、コンピュータが使えるようになった昭和 40 年以降であり、計算機は Bendix G-20（昭和 37 年度設置）以降が使われている。最初は単線区間を対象とし、導体はトロリ線、き電線、レールの 3 導体の電流を計算するプログラムで日豊線、水戸線で行われた現地試験によって計算値の検証が行われている。

　その後、昭和 42 年から複線区間も計算できるように 12 導体（き電回路 8 本、通信線・遮蔽線 4 本）対応のソフトウエア KIDEC が開発され、追って軌道回路を含んだ複線用の KIDOC が、さらには連絡送電線を含めた KIDEC-R が開発され山陽新幹線の AT き電方式が実現することになる[22,23]。

　これらの計算は、き電回路と被誘導導体群をすべて小区間に分割し、各導体の断面について電圧、電流の回路方程式をたて、数十元ないし数百元の複素係数連立方程式の数値解を求めるものであって、コンピュータの発展なしには語ることはできない。

---

[22] 新井浩一、濱寄正一郎、伊藤二郎、三浦梓、榎本龍幸、持永芳文『高速運転に適した交流き電システムの開発』、(社) 日本鉄道電気技術協会、平成 22 年、pp.70/72
[23] 『鉄道信号発達史』、(社) 信号保安協会、昭和 55 年 4 月、p.294

■補足7■

(1) の経路では両点間電圧 $V_{AB}$ は、

$$V_{AB} = I_N(Z_R' + Z_N' + Z_N - X_c - 2Z_{NR}') + I_R(Z_{NR} - R) - I_I Z_{TN} \tag{H7.1}$$

である。

　右辺の第1項は $I_N$ とそれぞれの自己インピーダンス及びコンデンサにより生じる電圧、$I_N$ とレール・負き電線間の相互インピーダンスにより生じる電圧を表し、第2項は $I_R$ とレール・負き電線間の相互インピーダンスにより生じる電圧と BT トランス1次側電圧が2次側に現れた分（巻線比は 1:1）を表し、第3項はトロリ線に流れる負荷電流 $I_L$ とトロリ線と負き電線間の相互インピーダンスによる電圧を表している。

　一方（2）の経路では

$$V_{AB} = I_N Z_{NR} + I_R Z_R - I_L Z_{TR} \tag{H7.2}$$

である。

　右辺の第1項は負き電線電流 $I_N$ とレール・負き電線間の相互インピーダンスによる電圧、第2項はレール電流 $I_R$ と自己インピーダンスによる電圧、第3項はトロリ線に流れる負荷電流 $I_L$ とトロリ線・レール間の相互インピーダンスによる電圧を表している。

　そして

$$I_L = I_R + I_N \tag{H7.3}$$

であるから、

　上記3つの式から $I_N$ を消去し $I_R$ と $I_L$ について整理すると

$$I_R = \frac{Z_R' + Z_{NN} - X_c - 2Z_{NR}' - Z_{NR} - Z_\Delta}{R + Z_{NN} + Z_{RR} - X_c - 2Z_{NR}' - 2Z_{NR}} I_L \tag{H7.4}$$

ただし、$Z_{NN} = Z_N + Z_N'$, $Z_{RR} = Z_R + Z_R'$, $Z_\Delta = Z_{TN} - Z_{TR}$

を得る。

# 第17章　信号保安、進路制御

　キロサイクル波で軌道回路を構成したら列車制御に変革をもたらせるのではないかと考えて進められていた研究が、交流電化の軌道回路となり、また運転士の信号冒進予防対策として車内警報装置に適用されてきた経緯は第4章に記した。

　河辺一はこれらの経過を踏まえ、昭和32年5月の鉄道技術研究所創立50周年記念講演会で、

>「高速列車の信号保安装置としては、連続式ATCが不可欠であり、この実現にはAF軌道回路とA形車内警報装置を発展させ、車内信号にブレーキの自動制御を付加した方法を全エレクトロニクス方式で開発することが望ましい。」

と述べており[1]、新幹線のATC（Automatic Train Control、自動列車制御装置）はその考えで開発されていくことになる。

## 17.1　ＡＴＣ

　ATCの研究は、新幹線構想が浮上する前の昭和31年度から始まっている。「連続式自動列車制御装置調査研究報告書」[2]はその緒言で、

>「……120km/h運転に対しては乗務員の注意力のみに頼っている現行の信号保安装置では、人力の限界を越え危険性は頗る大となり到底安全は図られない。これに対しては既に電車区間においては車内警報装置が採用されているが、なお列車区間に於いても実地試験中であり、近く実用化される予定である。而し上記の如く120km/hの超スピード運転に対しては尚安全は求められないので、これが対策として連続式自動列車制御装置の調査研究が昭和31年8月10日付け文書を以て国鉄電気局長より（社）日本鉄道技術協会宛に依頼された。」

と記している。

　報告書は、昭和25年度初から31年末までの7年間に起きた乗務員の責任に

---

[1] 『新幹線50年史』、（公財）交通協力会、平成27年3月、p.103
[2] 『連続式自動列車制御装置調査研究報告書』、（社）信号保安協会、昭和32年3月

帰する国鉄の列車事故のうち信号冒進に類するものを集計しているが、その件数は

　　・列車脱線　　54件
　　・列車衝突　　12件
　　・列車接触　　 3件
　　　合計　　　　69件

に上っており、当時は実に大事故が年平均10件起きるという凄まじい状況であったことがわかる。

　このため調査委員会では、列車の速度向上と運転の高密度化を安全に達成するためには、車内警報装置から車内信号化、そしてその先の自動列車制御装置が必要との観点で議論が行われている。

　したがって、200km/h超の新幹線においては自動列車制御装置の導入は当然のことであった。

　その技術基盤となったAF軌道回路（キロサイクル軌道回路、交流電化区間に適用）とA形車内警報装置（直流電化区間に適用）について、河辺はこれらを新幹線に適用するための技術課題を、

> 「東京－大阪間3時間運転を実施する場合の列車形式は電車が適当であるように思われるが、この電車を交流電車でやると言うことになると、信号としてはなかなか大変である。と言うのは交流電化区間では、車上の受信用コイルに非常に大きい妨害電圧、しかも非常に歪んだ波形の妨害電圧が現れて信号の邪魔をするからである。従ってまずこの妨害電圧を抑える研究をしなければならない。
> 　……（A型車内警報装置は）信号の周波数とか車上の選別回路とかを一応直流電化区間用として設計してあるので、これらを交流電化区間用に変える必要があるが、これは将来の大きい研究課題である」

と述べており[3]、決して楽観していなかったことがわかる。

　その課題克服は次のような経緯をたどっている。

（ⅰ）　搬送波の変調方式をきめるため、振幅変調、周波数変調、パルス変調の3方式について、昭和34年3月仙山線において比較試験が行われ、振幅変調方式（DSB-AF式[4]）が選ばれている。（以下の記述に出てくる振幅変調、復調、DSB、SSB等については巻末資料3を参照していただきたい。）

---

[3] 『東海道新幹線に関する研究（第1冊）』、鉄道技術研究所、昭和35年4月、p.19
[4] DSB-AF式：両側帯波振幅変調方式、巻末資料3参照

河辺は、

> 「今回の供試機器はパルス式キロサイクル（軌道回路）の送信器および直流パルス式以外は全部ゲルマニウムトランジスタを用いたものであるが、機器の性能は安定しており、将来の信号のエレクトロニクス化に対してトランジスタが非常に有望であることを示していた。」

と記している[5]。

この装置は、昭和34年7月東海道線における「こだま」号高速度試験時に再度試験が行われ、速度照査器、論理機構の機能確認が行われている（ブレーキは連動させていない）[6]。

（ⅱ）　昭和34年度はブレーキ制御機能まで備えた7現示式のシステム（DSB-AF方式）が試作され、昭和35年2～3月仙山線でED45形機関車に搭載して車内信号までの試験が行われ[7]、続いて東海道線辻堂－茅ヶ崎間でクモヤ100形および101形電車に搭載し自動ブレーキを動作させる完全な形の第1回ATC総合動作試験が行われた[8]。この試験がわが国最初のATCによる走行試験となった（直流区間）。

（ⅲ）　上記7現示のDSB-AF方式は新幹線では妨害波に耐えられないことがわかり、以下に述べるような経過を経てSSB-AF（単側帯波振幅変調）方式にシステム変更され、その性能確認が昭和35年12月仙山線で行われている。

　このシステムはその後5現示に改造され、昭和36年9月北陸線において自動ブレーキまで連動させた試験が行われている（第2回ATC総合試験）[9]。交流電化区間での最初のATC走行試験である。

（ⅳ）　昭和37年度には実用システムがモデル線の地上・車上に設備され、昭和37年12月～38年1月にかけて第3回ATC総合試験が行われ、昭和38年11月には量産型装置について第4回のATC総合試験[10]が、昭和39

---

[5]　河辺一「自動列車制御装置基礎試験」、『信号保安』第14巻第4号、（社）信号保安協会、昭和34年4月

[6]　「こだま号による高速度試験」、『鉄道技術研究所速報』No.61-50、昭和36年2月

[7]　河辺一、奥村宏、中山孚光、板倉栄治、遊佐晃「自動列車制御装置（その1）」、『鉄道技術研究所速報』No.60-156、昭和35年6月

[8]　河辺、中山、伊藤、板倉、遊佐「自動列車制御装置基礎試験（その2）、車内信号および自動制御試験」『鉄道技術研究所速報』No.60-157、昭和35年6月

[9]　河辺、伊藤、板倉、遊佐、泉、野村、木藤「新幹線用自動列車制御装置総合試験」、『鉄道技術研究所速報』No.61-386、昭和36年12月

[10]　河辺、伊藤、泉、笠井「東海道新幹線9001（改造）形自動列車制御装置試験」『鉄道技術研究所

年3月には第5回のATC総合試験[11]が行われている。
(ⅴ) 開業直前の昭和39年8月、全線公開試運転に併せ最終的な第6回ATC総合試験が行われた。

河辺は、

> 「この試験においては、工事、取扱い等の不慣れに基づく誤りのほかは誤動作は一つもなく、その結果はきわめて良好であった。」

と記している[12]。

時系列的には以上のような経過をたどったATCではあるが、その主な技術開発要素は2つあり、ひとつは多種類の速度信号をレールに流れる非常に大きな妨害電流に負けずに車上に伝送する方法の開発であり、もうひとつはこの伝送を多数のダイオード、トランジスタを使った電子装置によって安全かつ安定に行うことであった。

以下に、これらの課題がどのように克服されたのかについて見てみよう。

### 17.1.1 電源同期SSB方式の考案

AF軌道回路の信号波、搬送波と雑音の大まかな関係は以下のようになっている。

図17-1-1は北陸線で使われた方式(両側帯波振幅変調方式:DSB方式)の場合の搬送波、側帯波の範囲と妨害波の関係を示している。

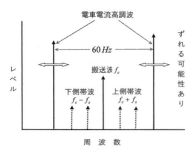

図17-1-1 DSBの場合の側帯波の範囲と妨害波の関係

---

速報』No.64-12、昭和39年1月
[11] 河辺、伊藤、清沢、泉、小陣「東海道新幹線用量産形ATC車上装置試験」、『鉄道技術研究所速報』No.64-79、昭和39年3月
[12] 『高速鉄道の研究』p.527、(財)研友社、昭和42年

## 17.1 ATC

　仮に5つの信号波を送るとすれば、必要な帯域は搬送波を挟んで100Hzは必要で[13]、そうすると図に示すように、この側帯波の範囲内に妨害波が最低でも1波入ってきてしまう。さらに電源周波数が変動するとその妨害波の周波数も変動する（電源周波数が±1Hz変動すると第15次高調波の場合は±15Hz変動する）ので除去することができず、妨害波の影響を受けて正しい復調ができなくなる。このように5波の伝送は妨害波に耐えられないと予想されていたが、念のため昭和35年3月仙山線で試験が行われ、やはり無理であることが確認されている。この試験結果について、新幹線ATC実現の鍵となった方式を考えた遊佐晃[14] は「信号保安」誌のなかで、

　　「東海道新幹線に使用を予定されているATC装置の基礎的な技術として、振幅変調式7現示AF軌道回路、車内信号が研究開発されてきた。ところが昭和35年3月仙山線で行われた現地試験の結果、単に従来のAF軌道回路装置を多現示にしただけの装置では、電気車電流による妨害波が極端に大きな新幹線には使用が困難であることがわかり、方式自体の根本的な再検討が要求されることとなった。」

と記している[15]。

　DSB方式を前提としていた新幹線のATCは、この段階で暗礁に乗り上げることとなったのである。
　この難問を解決する方策が、遊佐の発案した電源同期SSB方式である。
　遊佐は、

　　「DSBでは無理だとなって、それじゃどうするか、本当に胃が痛くなりました。
　　……3か月ぐらい考えました。妨害波から逃げるから駄目なんだ、いっそのこと妨害波に掴まってしまえ、という発想がパッと浮かんだんです。あまりにも高調波が動きますのでね。つまりおおもとの電車用の電源周波数を搬送波にしてしまえばと思いついたのです。」

と回想している[16]。

---

[13]　佐々木敏明編『鉄道信号の技術はこうして生まれた』、(社) 日本鉄道電気技術協会、平成21年、p.47

[14]　遊佐晃：昭和32年国鉄、当時鉄道技術研究所主任研究員、後門司電気工事局長

[15]　遊佐晃「電源同期SSB式AF軌道回路および車内信号」、『信号保安』第16巻第11号、(社) 信号保安協会、昭和36年

[16]　佐々木敏明編『鉄道信号の技術はこうして生まれた』、(社) 日本鉄道電気技術協会、平成21年、p.48

図17-1-2は、電源同期SSB方式の側帯波領域と妨害波の関係を示している。

SSB（搬送波を送らない）の場合は受信側で作る復調用搬送波の周波数を送信側の搬送波とぴったり一致させねばならないが、送信側と受信側で同じ電源を使っている場合は、その電源から作った高調波を搬送波とすることによりこの問題を解決できる。電源周波数の変動に連れて高調波の周波数が動いても、それを

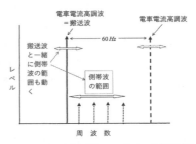

図 17-1-2　電源同期SSB方式の側帯波範囲と妨害波

搬送波にしているので隣り合う高調波までの範囲は60Hzで変わらない。したがって、電源同期SSBでは側帯波の帯域を安定的に50Hz（DSBの場合の100Hzに相当）とすることができる。

共通の電源によって両搬送波の同期をとっていることが、電源同期SSBの名前の由来である。

電源同期SSB方式とDSB方式の比較試験は昭和35年12月および36年3月に仙山線で行われ、SSB方式は信号電圧の約10倍の妨害電圧に耐えて異常なく動作することが確認され[17,18,19]、新幹線のATCは現実のものとなっていった。

電源同期SSB方式は電源の高調波を搬送波に採用しているので電源高調波では誤動作しない仕組みである。しかし、同じ交流でも電車電流とは別の電源から流れ込む電流（非同期妨害波）が帯域内に入ると、誤動作の原因になり得るのでその実態調査が2回行われている。

第1回目の調査は昭和37年2～3月在来東海道線で行われ[20]、第2回目は開業直前の昭和39年7～8月、新幹線車両によって全線の測定が行われている[21]。大阪近郊で新幹線と並行している国鉄線、京阪神急行線からの影響、富士川以東の50Hz区間での影響（新幹線は60Hz電源なので50Hzの高調波は非同期

---

[17]　河辺一、板倉栄治、遊佐晃、清沢三郎「自動列車制御装置基礎試験（その1）」、『鉄道技術研究所速報』No.60-331、昭和35年12月

[18]　河辺一、中山学光、板倉栄治、遊佐晃、清沢三郎「自動列車制御装置基礎試験（その2）」、『鉄道技術研究所速報』No.61-72、昭和36年3月

[19]　遊佐晃「電源同期SSB式AF軌道回路および車内信号」、『信号保安』第16巻第11号、（社）信号保安協会、昭和36年

[20]　河辺一、板倉栄三郎、遊佐晃、清沢三郎「非同期妨害調査試験」、『鉄道技術研究所速報』No.62-94、昭和37年4月

[21]　河辺一、清沢三郎「東海道新幹線非同期妨害測定試験」、『鉄道技術研究所速報』No.65-1005、昭和40年2月

妨害波になる）などが詳細に調査され、山手線、京浜東北線、東海道線が並走した時に浜松町付近で最も強い影響が見られることがわかったが、ATC の機能には問題ないと判断されている。

図 17-1-3 は ATC における先行列車との距離と車内信号表示、信号波（変調波）、列車速度の変化、搬送波の関係を示している[22]。

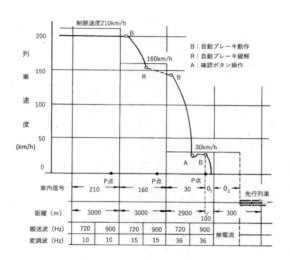

図 17-1-3　先行列車との距離と信号現示、列車速度、信号波（変調波）、搬送波の関係（出典：文献 22）

上り線の軌道回路には 720Hz（60Hz の第 12 次高調波）と 900Hz（同 15 次）の上側帯波が、下り線には 840Hz（同 14 次）、1020Hz（同 17 次）の下側帯波が隣接軌道回路ごとに交互に使われている。

### 17.1.2　ATC システムの安定性・信頼性

信号保安装置は故障したら安全側、すなわち赤信号を出して列車を止める考え方をとっており、北陸線で使用開始されたキロサイクル軌道回路もフェールセーフが徹底されたことは第 4 章で記した。しかし、キロサイクル軌道回路には真空管をはじめとする多くの電子部品が使われたことから新たな問題が起こることとなった。

---

[22] 『高速鉄道の研究』、（財）研友社、昭和 42 年、p.528

遊佐は「信号保安」誌の中で、

> 「交流電化を契機として信号技術のなかにエレクトロニクスが大幅に取り入れられるようになったが、機器の信頼性に対する考慮が充分に払われていなかったため、従来の機械信号装置とくらべて信号用電子材料の故障が多く、保守上問題となった。」

と述べている[23]。

また、

> 「信号設備の構成部分が少ない時代は、フェールセーフは簡単に実現できた。しかしエレクトロニクス信号は複雑な回路構成となり、数多くの部品を使うので、従来のフェールセーフ理論だけでは故障が多くなり実用的でない。どうしてもシステム全体の信頼度を上げることが前提となる。フェールセーフの考え方によれば、例えばトランジスタには導通故障と非導通故障があり、どちらに転ぶかわからないので直流でなく交流回路としてトランス結合にすればよい。しかしそういう積み重ねではどうしても信頼度が下がる。故障が多くて列車を止めてばかりいたら、どんなに安全でも使い物にならないのです。」

と説明している[24]。

エレクトロニクスの導入によって信号保安装置の部品数が飛躍的に多くなり、フェールセーフだけでなく部品数の多い機器を信頼度の観点で評価することが必要になってきたのである。

アメリカで信頼度の問題が起きたのは第二次大戦後であり、組織的な検討は昭和25（1950）年国防省内にできた委員会から始まったとされている。その後昭和30（1955）年に「電子機器信頼度諮問委員会（Advisory Group on Reliability of Electronic Equipment、通称 AGREE)」として官民合同の政府の諮問機関に再編成され[25]、昭和32年（1957）に出した報告書によって信頼性工学の方向付けがなされたといわれている[26]。

わが国の鉄道信号分野においては、キロサイクル軌道回路に対して初めて信

---

[23] 遊佐晃「信号保安装置におけるフェールセーフに対する一考察」、『信号保安』第19巻第2号、(社)信号保安協会、昭和39年2月
[24] 佐々木敏明編『鉄道信号の技術はこうして生まれた』、(社) 日本鉄道電気技術協会、平成21年、p.54
[25] 『エレクトロニクス信号機器の信頼度調査研究報告書』、(社) 信号保安協会、昭和36年3月、p.93
[26] 『鉄道信号発達史』、(社) 信号保安協会、1980年、pp.491/493

頼度分析が行われている。

図 17-1-4 は昭和 32 年 9 月～35 年 7 月の 35 か月間余の故障実績から計算した故障率 $\lambda$ を表している[27]。

図に示すように $\lambda$ は
・昭和 33 年は $\lambda = 1.07 \times 10^{-4}$
・昭和 34 年以降 35 年 10 月までは

$$\lambda = 0.44 \times 10^{-4}$$

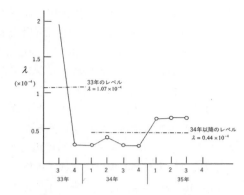

図 17-1-4　北陸線キロサイクル軌道回路の故障率（出典：文献 27）

となっている。

昭和 34 年以降の平均寿命 $\overline{T}$（＝ $\lambda$ の逆数）は、

$$\overline{T} = 1/\lambda = 10^4/0.44 = 22800h$$

であって、報告書は、この程度の機器（送受信機で真空管 9 本、電子部品数約 100）の一般的な平均寿命が約 1,000 時間に過ぎないことからすれば「恐るべき良い値である」と評価している[28]。

ちなみに、平均寿命 22,800 時間は連続使用で 2.6 年にあたる。

これらの分析は昭和 35 年ごろのことであるから、鉄道信号への信頼性技術の導入はわが国では先駆的であったと言える[29]。

以上のように信頼性技術の研究は昭和 34 年度から始まり、部外の専門家を招聘して（社）信号保安協会において精力的に続けられ[30]、新幹線の ATC、CTC をはじめその後実現した電子連動装置など鉄道信号のエレクトロニクス化の中心的役割を担うこととなった。

新幹線の ATC にはこれらの研究会での議論や提言を活かし、上述の SSB-AF 方式のほか、リレーのフェールセーフ駆動回路、軌道回路送信・受信ケー

---

[27] 『エレクトロニクス信号機器の信頼度調査研究報告書』、（社）信号保安協会、昭和 36 年 3 月、pp.39/42
[28] 同上、p.46
[29] 『鉄道信号発達史』、（社）信号保安協会、1980 年、pp.491/493
[30] 『エレクトロニクス応用の Switching Circuit の調査研究（昭和 34～35 年度）』、『エレクトロニクス信号機器の信頼度調査研究（昭和 35 年度）』、『保安度の数量的評価に関する研究（昭和 37～40 年度）』、『新幹線高速運転用信号保安装置の保守に関する調査研究（昭和 37～38 年度）』、『信号設備にエレクトロニクス導入の研究（昭和 38～40 年度）』、『信号設備の信頼性に関する研究（昭和 41～43 年度）』等

ブルの分離、ケーブル心線の混触検知、論理部への3重系多数決方式（2 out of 3）の採用、集中機器室方式の採用（環境の悪い沿線に電子機器を置かない）、ひとつの機器室全体を予備としてもつなどの安全性技術が採り入れられている。また開業に先立ち計画的にエイジングを行い初期故障を除いたことも、開業後の安定稼働に役立っている。

開業後、新幹線車両はパワーエレクトロニクス技術を導入することによって円滑な加減速制御や電力回生が可能となったが、その反面、電車電流の歪みはより複雑になりATCにとっての環境は悪化した。しかし電源同期SSB方式の対妨害波能力は高く安全安定輸送は揺らぐことはなかった。

非同期妨害によるATCの誤動作が発生したのは開業10年後の昭和49年9月であった[31]。新幹線の安全にかかわる大問題であり、このため再発防止策に加え、新たな速度段追加も可能となる方式、すなわち電源同期SSBの信号波を2つ組み合わせて1つの情報とする方式が開発された（電源同期SSB2周波組合せ方式）。

この方式は全国新幹線網の標準規格となり、昭和57（1982）年東北・上越新幹線に導入され、東海道・山陽新幹線にはATC設備の更新時期にあわせ昭和55（1980）～平成5（1993）年にかけて導入されている。

以上のように、開業以来長きにわたって新幹線の安全を支えた電源同期SSB方式は、平成10年代に入り近年のデジタル通信技術の進歩を採り入れたデジタル軌道回路が開発されるに及んでその使命を終えるに至っている。

## 17.2　CTC

CTC（Centralized Traffic Control、列車集中制御装置）は各駅の信号機、転てつ機等の信号設備を中央制御所から制御するものであり、装置としては遠方制御装置の一種であり、また一種のリアルタイムデータ通信装置である。

CTCはアメリカで開発され、昭和2（1727）年New York Central鉄道において64.8kmに設備されたのが最初とされており[32]、わが国では昭和29（1954）年に京浜急行電鉄久里浜線4.5kmに実施されたのが最初である。

国鉄線では昭和33（1958）年の伊東線（15.7km、5駅）が最初であり、次が昭和37（1962）年の横浜線（42.8km、11駅）であった。使用された符号通

---

[31] 佐々木敏明編『鉄道信号の技術はこうして生まれた』、（社）日本鉄道電気技術協会、平成21年、pp.114/129

[32] 『鉄道信号発達史』、（社）信号保安協会、1980年、p.214

信方式は信号用継電器を使用したもので速度は横浜線の場合 30 ボー[註]であった。各駅から中央装置に送る表示情報は小駅で 25、大駅で 67 あり全駅で 350 となったため、表示遅延を少なくするため、各駅ごとに中央設備との間に独立通信路を設けていた[33]。

(註) ビットは情報単位であり、ボーは 1 秒間に搬送波を変調する回数（図 17-2-1）で、図の例では 1000 ビット／秒で 2000 ボーになる。図のパターンは 3 値 FS（Frequency Shift, 周波数偏移）符号と呼ばれ、$f_c, f_1, f_0$ をそれぞれ 18kHz、20kHz、16kHz として東海道新幹線の CTC に用いられた。

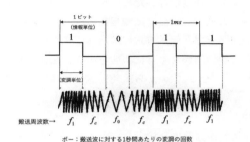

図 17-2-1　ビットとボー（出典：文献 3）

新幹線 CTC の開発は昭和 33 年に新幹線建設が決まると同時に開始され、基礎的な開発に 4 年、実用化開発に 1 年半、機器製作・設置工事に 1 年と計 6 年半かかっている。この間、昭和 36 年になって予算圧縮の必要性から CTC は約 2 年間にわたり凍結となり、予算が復活したのは昭和 38 年 6 月と開業のわずか 1 年 3 か月前であった。

新幹線 CTC の開発者であり後に信号研究室長、研究所長を務めた保原光雄[34]は、

「以後におけるメーカー、工事関係者の努力は並大抵のものではなかった。しかし関係者の偉大な努力によって予定通り竣工したことには深く敬意を払いたい。」

と述べている。

---

[33] 保原光雄、市川邦彦、平吹登、鳴島善次「高速度列車集中制御方式の研究」、『鉄道技術研究報告』No.265、1961 年、p.2
[34] 保原光雄：昭和 20 年運輸省、当時鉄道技術研究所主任研究員、後信号研究室長、鉄道技術研究所所長

以下に、氏の論文等からCTCの開発経緯をたどることとする。

### 17.2.1 基本設計

保原はこの前例のない大規模制御システムの基本設計を、次のように行っている。

(1) 中央装置への情報収集

最初に、駅装置配下の機器（信号機、転てつ機など）の状態情報をどのようなタイミングで中央装置に集めるかを決めている。従来の継電器を使ったシステムでは情報伝送速度が遅いため、現場の機器に変化が起きたときだけ中央に情報を送る方式であった（随時起動方式）。

しかし、電子回路を使う伝送方式では高速伝送が可能となることから、機器の状態変化の有無に関係なく常に状態を中央に伝送させるスキャニング方式を採用している。なお、中央から駅装置への操作指示は従来どおり随時起動方式である。

(2) 情報伝送速度

次に、必要な情報伝送速度を検討している。東海道新幹線は1駅あたりの情報量が多く、全駅で約2,000情報に上る。伝送エラーがあった場合は次の伝送で訂正されるが、その許容時間を1秒以内とすれば2,000ビット／秒の速度が必要になる。しかし、1回線で可能な伝送帯域幅を考慮して2,000ボー（図17-2-2の3値符号形式では1,000ビット／秒）を開発目標としている。

当時は欧米においてもエレクトロニック伝送で実用化されていたのは120ボー程度であったので[35]、文字どおり桁違いの2,000ボー実現に向けて開発が行われることとなった。

(3) 符号形式

中央装置と各駅装置がやり取りする情報は1、0のビット配列なので、各装置が情報を正しく読み取るためには各装置が同じタイミングでビット配列を見る（同期をとる）必要がある。

そのための方法はいくつかあるが、保原は新幹線のCTCに適している方式として図17-2-2に示すように、各ビットの前半に1または0信号を持たせ後半を無信号とする（ビットごとに切れ目となる休止信号をもつ）3値符号形式を採用している。

---

[35] 『高速鉄道の研究』、（財）研友社、昭和42年、p.549

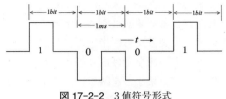

図 17-2-2　3 値符号形式

(4) システムの動作順序 [36]

　図 17-2-3 は、中央装置が駅装置の情報を表示する手順を示している。

　表示サイクルは、中央装置から下流回線に発せられる駅信号から始まる。

　駅信号を発した中央装置と駅信号を受けた各駅装置は、駅カウンターを 1 繰り上げる。

　カウンターが 1 のときは第 1 駅が選択されることとなり、第 1 駅は情報を上流回線に送り出し、中央装置はそれを制御盤上に表示する。

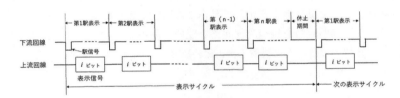

図 17-2-3　動作順序（出典：文献 36）

　駅から送りだすビット数は定められているので（図 17-2-3 の $i$ ビット）、その値に達すると中央装置は再び駅信号を発する。

　中央装置と各駅装置は駅カウンターを 1 繰り上げ 2 とし、第 2 駅が選択され以下同じことが繰り返される。

　中央装置は最後の駅（図 17-2-3 では第 n 駅）からの情報を受け取ると駅信号を発せず一定の休止期間に入り、この期間に中央装置と各駅装置のカウンターはリセットされ元に戻る。

　休止期間が過ぎると次の表示サイクルに入る。以下これを繰り返す。

　中央装置から駅装置へ制御指令が発せられると上記表示サイクルの休止期

---

[36] 保原光雄、市川邦彦、平吹登、鳴島善次「高速度列車集中制御方式の研究」、『鉄道技術研究報告』No.265、1961 年、p.3

間が終わった段階で制御サイクルに入り、まず中央装置から制御サイクルに入る旨の信号が発せられ、各駅装置はそれを受けて制御情報を受信する状態にセットされ、次いで中央装置から駅指定の符号が送られ、指定を受けた駅は続いて送られてくる制御情報を受け取り指示された操作を行う。

その後の符号伝送試験の結果などを踏まえ、実用システムではいくつかの変更が加えられているが基本的な動作は変わっていない。

### 17.2.2 実験装置の試作、試験

トランジスタ、ダイオードを使ったデジタル回路について保原は、

> 「当時一般に電子計算機の分野では高速動作をさせることに研究の主眼が置かれていたが、CTC の場合は高速である必要はなく、低速で充分である反面、電圧、温度等の悪環境下で安定に動作することが要求される。」

と記しているように[37]、まず基本となる4種類のデジタル回路を自作し、これに対して環境試験を行い、トランジスタの特性のバラツキをも考慮して雑音、温度変化、電圧変動に最も安定して動作する回路定数を確定している[38,39]。

次に、この回路定数を持つ論理回路を使い、昭和34年1～6月にかけて手作りによる装置の試作（中央装置1台、駅装置2台）が行われ、基礎試験が始まっている。

図 17-2-4　手作りの試作装置（文献：文献 43）

この装置は多数のトランジスタ、ダイオードを使った初めての試作品であり、その信頼性について保原は、

> 「試作機は昭和34年6月に完成し以後約2年間動作し続けたが、使用ト

---

[37] 『高速鉄道の研究』、（財）研友社、昭和42年、p.552
[38] 『鉄道信号発達史』、（社）信号保安協会、1980年、p.227
[39] 『高速鉄道の研究』、（財）研友社、昭和42年、pp.569/573

> ランジスタ836個、ダイオード3862個のうち不良となったものはトランジスタ5個、ダイオード2個でいずれも初期不良であり、その他の部品としては抵抗2個が不良となったのみで極めて良好であった。
> トランジスタはあらかじめ検査して約5％を不良品としてはねたことも効果があったと思われる。その後におけるトランジスタ生産技術の向上を考えると、トランジスタ論理回路の信頼性についての見通しは明るいと考えられた。[40]」

と安堵感をにじませている。

そして、昭和34年には長距離にわたる高速度符号伝送装置の試作が始まっている[41]。

試作は昭和34～36年度にかけて3回行われ、ケーブル回線とマイクロ波回線を使って種々の区間で伝送試験を行い多くのデータを得ている[42]。伝送速度を下げた試験も行われ（伝送品質が上がる）、その結果、伝送速度2000ボーと500ボーでは符号伝送誤り率に大差がなく、誤字率$1 \times 10^{-4}$を確保できること、中央装置から行う駅装置の制御については年1回以下、駅情報の表示については1日1回以下という誤情報伝達目標を満足することが確認されている[43]。

### 17.2.3 実用システム

以上のような経過を経て、実用システムは次のように仕上がっている。

（i）基本構成

符号伝送試験の結果、ある程度のパルス性雑音は避けがたいことがわかり、実用システムでは誤伝送対策を中心に、

・駅装置は、中央装置からの制御情報を正しく受け取った旨を返信する。
・駅指定をパルスによる順次繰り上げ方式から駅コード方式にする。
・制御サイクルを表示サイクルの途中に割り込ませる。
・表示信号、制御信号等のビット構成に冗長度を付加する。

などの設計変更が行われ、その結果全線を4区間（品川－三島、静岡－豊橋、名古屋－米原、京都－大阪）に分割してスキャンするシステムとされた。

---

[40] 『高速鉄道の研究』、（財）研友社、昭和42年、p.553
[41] 『鉄道信号発達史』、（社）信号保安協会、1980年、p.228
[42] 昭和34年9-10月、東北線白河－黒磯、ケーブル回線；35年7月、北陸線敦賀－田村、ケーブル回線；36年7月、東北線仙台－福島、マイクロ回線；37年1月、東北線仙台－郡山、マイクロ回線、など（『高速鉄道の研究』p.558）
[43] 『鉄道信号発達史』、（社）信号保安協会、1980年、pp.228/229

（ⅱ）　バックアップ

CTC は高度の信頼性を要求されることから、次のようなバックアップが設けられた[44]。

- 伝送路は、同軸ケーブル回線に対してマイクロ波回線をバックアップ回線とする。
- 符号伝送装置は予備系をもち、常用が故障したときは予備機に自動的に切り替わるようにする。
- 論理装置は 2 重系の場合、いずれの装置が故障したかの検出が困難であるから、主要回路を 3 重系として各系を同期運転させ多数決をとることとする。
- 電源装置も予備機を備える。

### 17.2.4　信頼度の予測と実績

鉄道信号設備にエレクトロニクス機器を導入する場合の信頼度の研究経過については ATC のところで触れたが、CTC についても使用に先立ち信頼度の予測が行われている[45]。

ただし、予測計算の基になる部品故障率については、当時はいまだ国内のデータがなかったため昭和 36 年にアメリカで発表された故障率[46]に準拠した数字を使い、回路基板、はんだ付け等の故障、使用環境の過酷度を加味して計算している。

その結果、システムとしての故障は月 17 件、機器単体の故障は月 57 件と予想されているが、トランジスタ 6 万個、ダイオード 25 万個を含み、合計部品数 61 万個の装置としては図 17-2-5 に示すように予測信頼度はかなり上位にランクされている。

---

[44]　『高速鉄道の研究』、(財) 研友社、昭和 42 年、p.567
[45]　同上、p.575
[46]　アメリカの D.R.Earles が 1961 年に発表した各種部品の故障率表、Earles の故障率表として知られている。

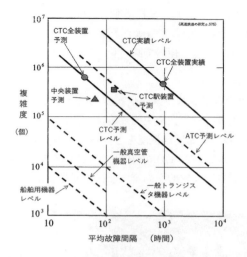

図 17-2-5　CTC 装置の信頼度レベル（出典：文献 45）

保原は、

> 「主要論理部を 3 重系、符号伝送部を 2 重系としたことによって、これ等の部分のシステム故障率は極めて小さく、システム故障の大半が 1 重系の故障によるものであり、故障事象が 1 情報の伝達にのみ関連するものがほとんであるから故障の重みは著しく軽減されている。これ以上のシステム対策は経費の点で不可能と考えられるので、機器の使用環境を改善し、部品故障の発生を極力小さくするとともに、保守要員の配置を合理化して故障復旧時間を短縮することに努力する方針を定めた。」

と記している[47]。

実用機は、開業前の昭和 39 年 8 月 15 日に使用開始に入っている。その後 13 か月間の故障実績は、故障部品数 41 個（3.2 個／月）、システム故障 9 件（0.7 件／月）でいずれも予測値の約 1/20 であった[48]。また誤字率については、回線が安定した昭和 40 年 4 月以降 7 か月間は $7\times10^{-5}$ で目標を上回る結果となった[49]。

保原は、

> 「実用機器の Complexity が予測時よりやや少なく、部品 46 万個（トラ

---

[47] 『高速鉄道の研究』、（財）研友社、昭和 42 年、p.575
[48] 同上、p.576
[49] 『鉄道信号発達史』、（社）信号保安協会、1980 年、p.230

ンジスタ3.5万個、ダイオード17万個、抵抗21万個、コンデンサ3.5万個、リレー4千個）であるから実績は（予測値の）1/15と見るべきであるが、この値を図に記入すると極めて高いレベルにあることがわかる。」
と述べている[50]（図17-2-5）。

このような大規模電子システムの信頼度予測は、上述のATCとCTCがわが国では初めてであり、その技術史的意義は大きい。

CTCは、その後自動進路制御機能をもつ運行管理システムCOMTRAC[51]と一体化していくことになる。COMTRACは昭和47年山陽新幹線岡山開業時に実現し、以後新幹線の安定的な高密度運転が可能となっていった。

図17-2-6　松平所長からATCの説明をお受けになる昭和天皇と皇后、後方は河辺室長（写真提供；清沢三郎氏）

---

[50] 『高速鉄道の研究』、（財）研友社、昭和42年、p.576
[51] 秋田雄志、長谷川豊『コムトラックはこうして生まれた』、（社）日本鉄道電気技術協会、平成23年

# 第5編　開業後の故障

# 第 18 章　開業後の故障

　図 18-0-1 は、開業後に発生した 10 分以上の列車遅れを列車 100 万キロ当たりの件数で示したものである[1]。

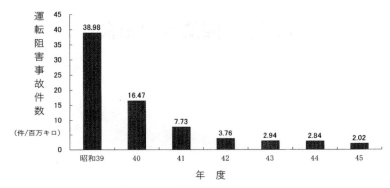

図 18-0-1　開業後の輸送障害の状況

開業直後の様子は、

> 「39 年度の運転阻害件数は 214 件で、列車 100 万キロ当たりの件数に換算すると 38.98 件となり、全国平均 32.77 件を上回っており、初期的な故障とともに降雪・降雨等の災害による車両および施設の故障に起因して、大幅に列車の運転を阻害するなどの事故が目立った。
> 　月別推移をみると 10 月は初期故障が最も多く、12 月 18 日新横浜・小田原間で送電故障が発生し 14 時間にわたって不通となったほか、1 月、2 月に入って雪害の影響を大幅に受けたが、3 月に入りようやく落付きを取り戻した。
> 　初期的故障の内容は、①車両故障（戸閉、集電装置）、②保安装置故障（軌道回路の短絡）、③送電故障（電車線関係の故障、特に振止め金具および電車線セクション）、がその大半を占めた。」

と記されており[2]、開業後の半年は在来線より列車遅れが多かったことがわかる。12 月 18 日の長時間事故は 10.4 節で記した事故である。

---

[1] 『新幹線十年史』、国鉄新幹線総局、昭和 50 年 12 月、pp.339/340, 361/362
[2] 同上、p.339

新幹線は、
　①　路盤（切取り、盛土）、高架橋、橋梁、トンネルなどの土木インフラ、その上の軌道、車両、エネルギー供給系（送変電、架線）、信号保安系、運行制御系、情報通信系、駅舎、切符販売装置などの設備・装置
　②　これらを運用し保全する多くの人たち
　③　どう運用し保全するかを決めたルール
から構成されている。

　モデル線での試験は、設備・装置として200km/h超で安全に走れることを確認したに過ぎない。つまり開業時は、降雨、降雪、強風、酷暑、極寒などの環境変化や日々の営業運転によるストレスの蓄積が、これらにいかなるダメージを与えるかについてはよくわかっていなかった段階である。

　また、軟弱地盤の上に構築された土構造物は盛土堤体そのものが完全に施工されていても、基礎地盤が安定するまでには一定の時間がかかるのは仕方がないことである。

　②については、乗務員を除きモデル線で200km/h超の高速がどんなものかを体験した人は極めて限られている。ほとんどの保守要員は営業前の試運転で初めて超高速に接したはずである。

　③については、未経験な事柄に対しては試行錯誤にならざるを得ない。

　このように考えれば、安定した列車運行には、本書が対象とした技術開発段階とはまるで違う多くのハード、ソフトの課題があることがわかる。

　図18-0-1は、初めて新幹線の運営にあたった人たちがこれらの課題を克服するために懸命に取り組んだ結果を示している。

　社会インフラとして信頼される新幹線は、日々運営にあたっている多くの人たちの妥協のない仕事への取組みに負っているのである。

　列車遅れが10分未満の輸送障害件数は図の件数よりははるかに多かったはずなので、関係者には全く気の休まる時はなかったと思われる。

　この時に始まり、関係者の昼夜にわたる取組みの結果、現在の新幹線の運行状態は世界に類のない安全で安定したレベルに達している[3]。

　新幹線を今の状態にまで育ててきた人達に改めて敬意を表する次第である。

---

[3] 例えば東海道新幹線は、2013年度は1日平均336本運行され、1列車当たりの平均遅れは自然災害によるものも含め0.6分であった（下前哲夫、森厚人「東海道新幹線電気設備50年の変遷」、交通と統計、No.35、（一財）交通統計研究所、2014年4月）。運行本数が増えるにしたがい1列車の遅れが多くの列車に波及することを考えれば、この数字は、運行管理体制を含め新幹線システムが高い完成度にあることを示している。

## 資料1. 摩擦とクリープ[1] (高速台車振動研究会資料)

B.S.Cain

レールの上を転がる車輪の運動については、それが純粋の転がり運動である限り、ここで考究する必要はない。しかしながら、車輪の運動は通常二つ以上の車軸が一つの台枠に取り付けられ、従って互いに平行のまま走りつつ、しかもフランジ衝撃によって運動方向を変えさせられると云う状態を強いられている。その結果、車輪には転がりと共に、僅かの滑りが生じる。この事は極めて重要であり、更に深く考究する為の基礎となるので、やや詳しく考察しよう。

車輪が急カーブを過ぎる時のように、ひどく滑る場合は摩擦係数は一般に25%と仮定される慣わしとなっている。実際の値はレールその他の状態によって変化し、良好な乾いたレールでは35%或いはそれ以上に達し、また湿った滑りやすいレールでは15%或いはそれ以下に落ちることもある。しかし、25%なる値は手頃な平均値を表す。

転がっている車輪がごく僅か滑る場合、即ち滑りの速度が転がりの速度に比し非常に小さい場合は、別の因子、即ち車輪とレールを組成する金属の弾性が介入する。このことは、非常に柔軟性に富むゴムを使えば容易に実現する事ができる。そして、ゴム車輪で真なる事は程度の差はあれ、鋼でも真である。

第 99 (a) 図に就いて考えよう。この図は変歪していないゴム車輪の側面に等間隔に半径 $OA$, $OB$, $OC$ 等を引いたものを表す。車輪が回転モーメント $T$ で捩られる時は、第 99 (b) 図の如く変形する。回転力 $T$ は第 99 (b) 図に示す力 $F$ と釣り合う。ゴムは $A'$、$B'$、$C'$、$D'$ の側では引き延ばされる。第 99 (a) 図において車輪とレールの接触面(この面上では車輪は停止している)の隣の小区域 $CD$ に注目しよう。今これが車輪の全周の $1/n$、即ち $2\pi r/n$ ($r$ = 車輪の半径)とすれば、$1/n$ 回転に接触点は $D$ から $C$ に動き、車輪は $CD = 2\pi r/n$ なる距離だけ転がる。故に云うまでもなく 1 回転には $2\pi r$ なる距離だけ転がる。

次に第 99 (b) 図に於いて、同じ区域 $C'$、$D'$ に注目するに、$C'$、$D'$ は圧縮によって縮んでいるので $1/n$ 回転に車輪は $CD$ 即ち $2\pi r/n$ より少ない距離 $C'$、

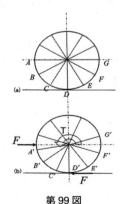

第 99 図

---

[1] B.S.Cain, Vibration of Rail and Road Vehicles, 1940, Chapter16, p150-155 "Friction and Creep" の項の全訳

$D'$ だけ転がるに過ぎぬ。故に1回転に転がる距離は $2\pi r$ より少ない。云いかえれば第99 (b) 図の車輪は $2\pi r$ なる距離転がるためには1回転以上回転しなければならぬ。明らかにこの余剰の回転は、圧縮されたゴムが接触面に巻き込まれる事に基づくものであって、圧縮が大きいほど大きい。このゴムの圧縮は回転力によるものであるから、余剰回転は回転力とともに増大する。即ち車輪が自由に転がるときは、1回転に $2\pi r$ 進むが、駆動輪の場合は、同じ距離進むには1回転以上廻り、その差は回転力に比例するのである。

この接触点の余剰の動きをクリープ (creep) と呼ぶ。一定のクリープを起こさせるに要する力は次式で与えられる。

$$\text{接触点における力} = f \times (\text{クリープ速度} \div \text{転がり速度}) \qquad (22)$$

この係数はクリープ係数 (creepage coefficient) と呼ばれ通常 $f$ で表され、力のディメンジョンを持つ。

同様に、転送する車輪がその面に直角な力を受ける時は、車輪の材料は力の方向に変歪し、転送方向と僅かの角度をもって接触面に巻き込まれる。その結果、車輪は力の方向に僅かにクリープし、クリープと転がりの比はやはり横の力に比例するから、この場合も (22) が適用される。

クリープ係数は転がり方向のクリープと、それに直角方向のクリープとでは必ずしも同一ではないが、実用に際しては一般的に同一であると仮定されている。それは (a) 現在これらの係数の値に就いてあまりよく知られていないこと、(b) 多くの場合この係数の数値をかなり変えても計算の結果に大して影響しないこと、及び (c) かく仮定することによって、計算結果の精度に何等実際上の不利を与えることなしに、式が甚だ簡単になると言う理由に基づく。

クリープ説は F.W.Carter 博士によって発展された。彼は転送方向のクリープの場合に対して、クリープ係数の理論値を計算した。Carter の式は次の如くである[2]。

$$f = 3500\sqrt{\text{車輪直径 (in)} \times \text{輪重 (lb)}}$$

筆者は、高速電気機関車に就いて、曲線路上で一つの軸を案内するに要する

---

[2] "The Running of Locomotives with Reference to their Tendency to Derail", F.W.Carter, The Institution of Civil Engineers 1930. "On the Action of a Locomotive Driving Wheel", Proceedings Royal Society, Series A, Vol.112, 1926, p.151

(訳者註) この式を車輪直径を cm、輪重を kg で表せば次のようになる。

$$f(kg) = 1480\sqrt{\text{車輪径(cm)} \times \text{輪重(kg)}}$$

資料1. 摩擦とクリープ（高速台車振動研究会資料） 345

横力を測定することによって、クリープ係数の実際の値を求めた。その軸の車輪はフランジのないものであった。測定した力は両側車輪合計のクリープ力であり、クリープ速度と転がり速度の比は機関車の中心線と軸道の接線との間の角度を測ることによって求めた。測定値は確かに散らばっているが、数が多く且合理的にまとまっている。それが Carter 博士のクリープ係数の理論値とよく一致していることは興味あるところである。筆者の測定値は、速度25～60m.p.h の範囲のものを第100図に、60～70m.p.h の範囲のものを第101図に集録してある。

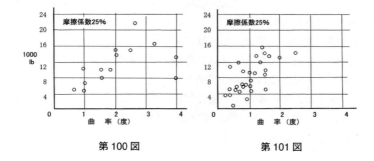

第100図　　　　　　　第101図

特に著しい速度の影響は見られない。これ等の図に於いてクリープ力は曲率（度）$^3$ に対してプロットしてある。

この機関車に対する（クリープ速度）／（転がり速度）の比はほぼ正確に曲率に比例するから、この図はクリープ係数が近似的に常数であることを示す。筆者の実測と Carter 博士の理論とがよく一致した事からクリープ係数の理論値は充分信頼して使用することができる。クリープ力には上限があることは明らかであって、それは車輪を滑らすに要する摩擦力を越えることはできない。

実際、少し考えてみれば、クリープから滑りへ徐々に移ることがわかる。今暫く第99（b）図に戻って、接触面から離れる部分が引張りを受けている事に留意する。実際の接触面を拡大して描くと第102図の如くで、P なる面域は接触面に巻き込まれた圧縮部分を表す。接触面の後端の引張力は Q なる部分に圧縮の代わりに引張を与え、滑りを起させる。

---

3　アメリカにおいては曲線を表すのに一定の長さの弦が曲線の中心において為す角 C° をもってする。弦の長さとしては100ft が普通であるが8°より大なると50ft を用い、16°より大なると25ft を用ふる。今曲線半径を $\rho$ とすると $\sin C/2 = 50\text{ft}/\rho \text{ ft} \fallingdotseq C/2 \times \pi /180$ 故 $\rho = (50 \times 2 \times 180)/C\pi = 5730/C$ (ft) 又は $\rho = 1746/C$ (m)

接触面に働く接線力が増すと、滑る部分 Q は次第に増し、遂には接触面全部に及び、運動は摩擦力に対する純粋の滑りになる。

　以上の論議によって明らかなように、クリープ理論は、クリープ又は滑りが転がりに比べて非常に小さい時の車輪の運動に対して使うのが正しいのであり、クリープ又は滑りによる摩擦力が計算されたクリープ力より小さい場合の車輪の運動に対しては、滑りの理論を使うのが正しいのである。実用の便宜上には、いずれの理論を使ってもよく、多くの場合、計算結果に余り大きな差異はない。又或る条件の下では、どちらか一方の理論が取扱いやすいので、この事がいずれを使用するかを決定することになる。

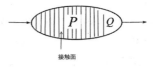

第102図

　幸に直線路における振動に対しては、クリープ理論が最も正しく、且これによって取扱がより簡単になる。反対に急カーブに於ける運動に対しては、滑り理論が正確であって、これによって最もよく説明される。半径の大きい曲線を高速で走る場合は、滑り理論が一般に用いられるが、このような場合には、摩擦係数を低めて一般に 15％ に取る事実は、摩擦力がクリープに還元している事を或る程度認めているのである。

（22-6-15　松平精　訳）

## 資料2. 架線パンタグラフ系の限界速度の考察
### （集電第四専門委員会資料）

東京大学　藤井澄二

### 1. まえがき

　前回の委員会で、列車の速度が120km/hぐらいになると急に離線率が高くなるという話が出た。この報告はそういうようにある速度で急に離線が多くなることがあるかどうか適当な仮定を置いて考察したものである。

　パンタグラフ、架線の考え方のひとつとして架線は固定した波を打っているものとし、それに対してパンタグラフがいかに追随し得るかを考えるのも一つの行き方で、これについては既に戸原氏が精密な考察を行っておられる。もう一つの考え方の方向は架線の変形をも考慮に入れることで、この場合には系が計算の手に負えなくなるほど複雑になることを避けるために、かなりの省略をしなければならなくなるが、しかし別の意味の限界速度があることがわかる。

### 2. 限界速度の基本的な考え方

　さてかりに架線がパンタグラフから受ける力によって押し上げられるものと考え、その押上量がパンタグラフから受ける力に比例するとしよう。速度が高くなると共に押上の不同によって生ずるパンタグラフの上下方向加速度は次第に大きくなり、またそれだけ架線は押上の不同

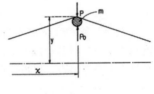

第1図

を増すことになる。ある限界速度では押上の不同のために起るパンタグラフの上下加速度によってパンタグラフから架線の受ける力が架線自身がたわみで支え得る力につりあわなくなり、架線が非常に大きくたわむということも考えられる。

　このことを簡単に示すために架線の上方へのたわみを $y$、架線の受ける力を $p$、パンタグラフの押上力を $P_0$、パンタグラフの等価質量を $m$、押上量を代表する量を $\delta$ とすれば

$$P = P_0 \pm \alpha \cdot m \cdot V^2 \delta$$

のような形で押上量の最大値が考えられよう。ここの $\alpha$ は適当な常数である。また架線系の上下方向の代表的なばね定数を $k$ とすれば

$$P = k\delta$$

なる関係がなければならない。この両式から$P$を消去して整理すれば

$$\delta = \frac{P_0}{k} \frac{1}{1 \pm \dfrac{2m}{k}V^2}$$

を得る。$V=0$では$\delta = P_0/k$で静的な力を得てたわむだけであるが、$V$が大きくなるに伴い$\delta$は大きくなり、

$$1 - \frac{2mV^2}{k} = 0$$

あるいは

$$V = \sqrt{k/2m}$$

では$\delta \to \infty$になり得る。つまりこのよう系ではある速度に達すると押上力$P_0$に無関係に大きな押上を起こすおそれがあることになる。

## 3. 基本式

以上の計算では$\alpha$が未知で定量的な判断が行えないのでもう少しこまかい計算をする。計算に際しては（1）架線の慣性は無視し、ある点における架線の押上量はその点で架線がパンタグラフから受ける力に比例するものとする。（2）パンタグラフは一定の押上力$P_0$で押し上げられており、かつ、ただ1個の等価質量であらわされるものとするとの仮定をおく。

パンタグラフが架線に与える力を$P$とすれば、架線の変位$y$は

$$y = P\varphi(x) \tag{1}$$

となる。ここに$\varphi(x)$は各点において架線が単位の力を受けた時の上下方向変位である。パンタグラフの等価質量が$m$で$P_0$なる押上力を受けているとすると

$$m\frac{d^2y}{dt^2} = P_0 - P \tag{2}$$

が得られる。ところで一方パンタグラフの走行速度を$V$とすると

$$\frac{d^2y}{dt^2} = V^2 \frac{d^2y}{dx^2} \tag{3}$$

なる関係がある。これを (2) に代入すれば

$$mV^2 \frac{d^2y}{dx^2} = P_0 - P$$

あるいは

$$P = P_0 - mV^2 \frac{d^2y}{dx^2} \tag{4}$$

を得る。この (4) を (1) に代入すれば

$$y = (P_0 - mV^2 \frac{d^2y}{dx^2})\varphi(x)$$

あるいは書き直して

$$mV^2 \frac{d^2y}{dx^2} + \frac{y}{\varphi(x)} = P_0 \tag{5}$$

となる。$1/\varphi(x)$ すなわち架線のばね定数が $x$ の周期函数であれば (5) において $P_0 = 0$ と置いたものは Hill の方程式と呼ばれる。いま一番簡単な場合としてばね定数が架線のスパン $l$ を周期とする函数

$$\frac{1}{\varphi(x)} = k(1 - \varepsilon \cos \frac{2\pi}{l} x) \tag{6}$$

であたえられるものとしよう。ここに $k$ は架線の平均の上下方向ばね定数で、$\varepsilon$ は 1 よりも小さい数である。すれば (5) は

$$mV^2 \frac{d^2y}{dx^2} + k(1 - \varepsilon \cos \frac{2\pi}{l} x)y = P_0 \tag{7}$$

となる。

## 4. 近似解による限界速度

(7) で $P_0 = 0$ とおいたものは Mathieu の方程式と呼ばれる。この方程式が係数間の関係いかんによって不安定な解を与えることはよく知られており、縦軸に $a = \frac{k}{mV^2} \frac{l^2}{\pi^2}$、横軸に $q = \frac{\varepsilon}{2} \frac{k}{mV^2} \frac{l^2}{\pi^2}$ をとって不安定領域を描いた線図がたとえば McLachlan, Ordinary Differential Equation p.114 にのっている。

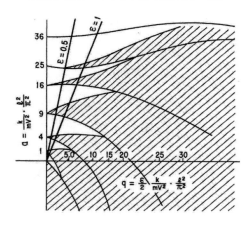

白は安定領域，斜線は不安定領域
第 2 図

　$\varepsilon$ の小さい時、$a = 1, 4, 9, 16 \cdots$ の附近に不安定領域があり、$a = 9$ 以上のものは $V$ のかなり低い速度に対応することになるが、$\varepsilon$ の小さい値に対してはその範囲も狭く、かつ抵抗の影響を受けて消えやすい。$a = 4$ および $a = 1$ 附近のものは幅も広く実験的にも出やすいが、この両者のうち $a = 4$ のものはより低い速度に対応し、かつこの振動はパンタグラフの押上力 $P_0$ によって生ずる架線の凹凸に直接に強制される形になるので、大きな振動になる可能性があると思われる。そこでこの $a = 4$ 附近に対応する速度を限界速度と呼ぶことにして、その近似解を求めてみよう。

$$y_1 = a_0 + a_1 \cos 2\pi x / l \tag{8}$$

とおく。これを (7) に代入すれば

$$-mV^2 a_1 \frac{4\pi^2}{l^2} \cos \frac{2\pi}{l} x + k(1 - \varepsilon \cos \frac{2\pi}{l} x)(a_0 + a_1 \cos \frac{2\pi}{l} x)$$
$$= -mV^2 a_1 \frac{4\pi^2}{l^2} \cos \frac{2\pi}{l} x + a_0 k + (a_1 - a_0 \varepsilon) k \cos \frac{2\pi}{l} x - a_1 \varepsilon \cos^2 \frac{2\pi}{l} x = P_0$$

となる。ここで

$$\cos^2 \frac{2\pi}{l} x = \frac{1}{2}(1 + \cos \frac{4\pi}{l} x)$$

なる関係を代入するとこの式は

$$-mV^2 a_1 \frac{4\pi^2}{l^2}\cos\frac{2\pi}{l}x + a_0 k + (a_1 - a_0\varepsilon)k\cos\frac{2\pi}{l}x - \frac{1}{2}a_1\varepsilon k - \frac{1}{2}a_1\varepsilon k\cos\frac{4\pi}{l}x = P_0$$

を得る。ここで $\cos\dfrac{4\pi}{l}x$ の項を無視し、常数項および $\cos\dfrac{2\pi}{l}x$ の係数を比較すれば

$$-mV^2 a_1 \frac{4\pi^2}{l^2} + a_1 k - a_0 \varepsilon k = 0 \tag{9}$$

$$a_0 k - \frac{1}{2}a_1 \varepsilon k = P_0 \tag{10}$$

の両式を得る。(9) と (10) から $a_0$ を消去すると

$$-mV^2 a_1 \frac{4\pi^2}{l^2} + a_1 k - \varepsilon P_0 - \frac{1}{2}a_1 \varepsilon^2 k = 0$$

あるいは

$$a_1 = \frac{\varepsilon P_0}{k}\frac{1}{1 - \dfrac{mV^2}{k}\dfrac{4\pi^2}{l^2} - \dfrac{\varepsilon^2}{2}} \tag{11}$$

$$a_0 = P_0/k + a_1\varepsilon/2$$

$$= \frac{P_0}{k}\left\{1 + \frac{1}{2}\frac{\varepsilon^2}{1 - \dfrac{mV^2}{k}\dfrac{4\pi^2}{l^2} - \dfrac{\varepsilon^2}{2}}\right\} \tag{12}$$

を得る。この (11)、(12) で与えられる係数 $a_0$、$a_1$ を (8) に代入したものが (7) の近似解になる。

(11) あるいは (12) の分母が 0 になると、この計算では架線の押上が無限大になる。その時の速度 $V_C$ を限界速度と呼ぶことにすると

$$1 - \frac{mV_C^2}{k}\frac{4\pi^2}{l^2} - \frac{\varepsilon^2}{2} = 0$$

より

$$V_C = \sqrt{1 - \frac{\varepsilon^2}{2}}\frac{l}{2\pi}\sqrt{\frac{k}{m}} \tag{13}$$

を得る。$\varepsilon \ll 1$ であれば

$$V_C \approx \frac{l}{2\pi}\sqrt{\frac{k}{m}} \tag{14}$$

となる。

5. 限界速度の性質とその検討

いまかりに $P_0 = 6.5kg$ で平均押上量 $50mm$ とすると

$$k = 6.5/0.05 = 130 kg/m$$

また資料 4-34 より PS-13 について

$$m = 0.036 kgs^2/cm = 3.6 kgs^2/m$$

とすると

$$\sqrt{k/m} = \sqrt{130/3.6} = \sqrt{36} = 6 \ (1/s)$$

$l = 45m$ とすると、$\varepsilon = 0$ のとき

$$V_C = 42.9m = 154 km/h$$

$\varepsilon = 0.3$ とすると $\sqrt{1-\varepsilon^2/2} = 0.98$ で

$$V_C = 151 km/h$$

この値は従来の概念からするとやや高すぎるが、それははじめの省略が大きいことと計算の近似性から来ているのであろう。しかしとにかく (13)(14) の式が近似的にでも架線の限界的な性質を表しているものとすれば、この両式から次のようなことが理解される。すなわち限界速度を高めるには

(a) パンタグラフの等価質量 $m$ を小さくする。
(b) 架線の平均ばね定数 $k$ を高める。
(c) 架線のばね定数の不同 $\varepsilon$ を小さくする。

上の式ではスパン $l$ を大きくすると良いことになるが、これには平均的なばね定数の低下を伴うおそれのあることも考慮に入れねばならない。(a) の条件に対しては、前回有本氏が説明された架線を 2 本用いる方法は $m$ が半分になり他の性質を変えないから有効なはずで $V_C$ が 4 割上昇することになる。しか

しこれは、架線が変形せずパンタグラフのみが振動を起こすような場合には有効でない。

(b) の条件に対しては張力を高くすることは有効であろう。(c) に対しては変形 Y 型などのようなものの利用が効果があるのではないかと思う。この計算では $\varepsilon$ の影響は小さいが第 2 図の線図では $\varepsilon$ が大きくなると不安定領域が急に増すから注意を要する。いずれにしても常識的な結論であるが、多少とも判断に役立つと思う。

## 6. 離線速度

(8) 式を (4) 式に代入すれば

$$P = P_0 + mV^2 a_1 \frac{4\pi^2}{l^2} \cos\frac{2\pi}{l} x$$

を得る。これに (11) の $a_1$ を代入すると、

$$P_0 = \frac{\varepsilon P_0}{k} \frac{mV^2 \frac{4\pi^2}{l^2}}{1 - \frac{mV^2}{k}\frac{4\pi^2}{l^2} - \frac{\varepsilon^2}{2}}$$

あるいは

$$1 - \frac{mV^2}{k}\frac{4\pi^2}{l^2} - \frac{\varepsilon^2}{2} = \varepsilon \frac{mV^2}{k}\frac{4\pi^2}{l^2}$$

あるいは

$$(1+\varepsilon)\frac{mV^2}{k}\frac{4\pi^2}{l^2} = 1 - \frac{\varepsilon^2}{2}$$

を得る。これより

$$V_r = \sqrt{\frac{1-\varepsilon^2/2}{1+\varepsilon}} \frac{l}{2\pi}\sqrt{\frac{k}{m}} = \frac{1}{\sqrt{1+\varepsilon}} V_C$$

を得る。この離線速度の性質も前の限界速度と同じようなもので、限界速度を高めれば離線速度も高まることになるが、ただばね定数の不同 $\varepsilon$ がさらに強く効いている。例えば前例の $\varepsilon = 0.3$ では

$1\sqrt{1+\varepsilon} = 1/1.14 = 0.88$ で離線速度は $V_r$ は

$$V_r = 0.88 V_C = 0.88 \times 151 = 133 km/h$$

となる。したがって $\varepsilon$ を小さくすることは離線速度を高めるのに大切である。$\varepsilon$ を小さくすれば離線速度は限界速度にごく近くなる。

なお、この計画で $V_C$, $V_r$ のいずれにも押上力 $P_0$ が入っていないのが面白い。しかしこれは架線の初期凹凸をなしとしたからで、それがあるとその項は強制振動と同じ形で効いてきて、$P_0$ の大きいほうが離線が少なくなるということになろう。

結　論

以上のように簡単な仮定の下に架線の変形を主体として架線とパンタグラフ系の限界速度 $V_C$ と離線速度 $V_r$ を計算すると

$$V_C = \sqrt{1 - \frac{\varepsilon^2}{2}} \frac{l}{2\pi} \sqrt{\frac{k}{m}}$$

$$V_r = \frac{1}{\sqrt{1+\varepsilon}} V_C$$

を得る。ここに $\varepsilon$ は架線の上下方向のばね定数の不同を、$l$ は架線のスパンを、$k$ は架線の平均の上下方向ばね定数を、$m$ はパンタグラフの等価質量を表す。架線の初期のたわみは考慮していない。この式によれば限界速度および離線速度を高めるには架線のばね定数を大にし、その不同を小にし、パンタグラフの等価質量を小にするのがよい。

附　記

上述の計算では $P_0$ の影響を念頭に入れて $a=4$ の場合を取扱ったが、もし $a=9$ の場合が出てくるとすればもっと低速でも起こることになる。しかし起こり方は $a=4$ のものよりも少ないであろう。なお架線の重量を無視したことは大きな省略で、その一部を換算質量としてでもパンタグラフの重量に加えることができればさらに実際に近いものとなろう。この架線の質量も考慮に入れた計算方を考えて、この計算をさらに現実的なものにしたいと考えている。

1955-9-27

## 資料3. 振幅変調、復調について

AF軌道回路で用いている振幅変調方式において、伝送する信号波 $v_S$ を

$$v_S = E_S \cos \omega_S t \tag{1}$$

とし、搬送波 $v_C$ を

$$v_C = E_C \cos \omega_C t \tag{2}$$

とすれば、信号波で振幅変調された被変調波 $v_{AM}$ は

$$v_{AM} = (E_C + E_S \cos \omega_S t) \cos \omega_C t \tag{3}$$

となる。

(3) を変形すると

$$\begin{aligned} v_{AM} &= E_C \cos \omega_C t + E_S \cos \omega_S t \cdot \cos \omega_C t \\ &= E_C \cos \omega_C t + \frac{E_S}{2} \cos(\omega_C - \omega_S)t + \frac{E_S}{2} \cos(\omega_C + \omega_S)t \end{aligned} \tag{4}$$

となる。

(1) 式で表される被変調波は図1に示すように搬送波 $v_C$ と二つの側帯波(搬送波±信号波の周波数)から構成されていることがわかる。

(3) で表される3つの波を送信し、受信側でこれを受信し復調回路を通して信号波を取り出す方式が両側帯波振幅変調方式 (Double Side Band Amplitude Modifying:DSB) である。

受信側での復調は被変調波 $v_{AM}$ に再度変調波 $v_C$ を掛けた波形 $v_{OUT}$ から得られる。$v_{OUT}$ は、

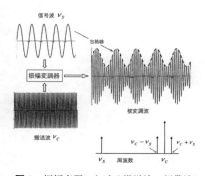

図1 振幅変調における搬送波、側帯波

$$\begin{aligned} v_{OUT} &= v_{AM} \cdot \cos \omega_C t \\ &= (E_C + E_S \cos \omega_S t) \cos \omega_C t \cdot \cos \omega_C t \\ &= (E_C + E_S \cos \omega_S t) \frac{1}{2} \{\cos 2\omega_C t + 1\} \end{aligned}$$

$$= \frac{1}{2}\{E_C \cos 2\omega_c t + E_C + E_S \cos \omega_S t \cdot \cos 2\omega_c t + E_S \cos \omega_S t\}$$

$$= \frac{1}{2}\left\{ \begin{array}{l} E_C \cos 2\omega_c t + E_C \\ + \dfrac{1}{2}\bigl[\cos(2\omega_C + \omega_S)t + \cos(2\omega_C - \omega_S)t\bigr] + E_S \cos \omega_S t \end{array} \right\} \quad (5)$$

となり、(5) 式の第 5 項が求める復調信号 $E_S \cos \omega_S t$ である。第 1、3、4 項は $2\omega_C$ の領域であり、第 2 項は直流なのでフィルタを使って第 5 項のみを取り出せば送信信号波は復元できる。

一方、一つの側帯波だけを送信し（搬送波も送らない）、受信側で復調用の搬送波を発生させて復調する方式を単側帯波振幅変調方式（Single Side Band Amplitude Modulation；SSB）と言い、その復調はつぎのように行われる。

送信する側帯波

$$\frac{1}{2}\{\cos(\omega_C + \omega_S)t\} \quad (6)$$

復調過程ではこれに搬送波を乗じ

$$\begin{aligned} v_{OUT} &= \frac{1}{2}\cos(\omega_C + \omega_S)t \cdot \cos(\omega_C t + \phi) \\ &= \frac{1}{4}\{\cos(2\omega_C t + \omega_S t + \phi) + \cos(\omega_S t - \phi)\} \end{aligned} \quad (7)$$

ただし $\phi$ は送信側搬送波と受信側復調用搬送波の位相差

(7) 式の第 2 項 $\cos(\omega_S t - \phi)$ が復調信号である（第 1 項は $2\omega_C$ の領域なので簡単に分離できる）。

DSB との比較で言えば、SSB は復調用搬送波発生装置が必要であるが、
・送信電力が小さくて良い
・送信帯域が半分で良いので雑音に強い
・送信側と復調側の搬送波の位相差を気にしなくてよい
などが特徴である。

一方 SSB の難点は、受信側で作る復調用搬送波の周波数を送信側の搬送波とぴったり一致させること（同期をとること）である。一致しないと (7) 式の第 2 項は信号波の周波数にならない。

但し電源同期 SSB 方式では同じ電源（電車電源）から搬送波を作り出せるので、基本的に搬送波は同期がとれているのである。

# 謝　　辞

　2014年2月頃でしたが、本書執筆にあたって最初に相談にのってもらったのが、著者が鉄道技術研究所企画室に勤務していたときの畏友、藤森聡二氏でした。氏は早速主だった資料を送ってくれ、また田中真一先輩から昭和30年代の研究活動の様子を、岡本勲氏から近年の車両技術の話を伺う機会を作ってくれました。

　しかし、送ってもらった資料に目を通してみたところ、生半可なことでは手に負えない内容と分量であることがわかり、気が重くなって2年近く逃避してしまいました。

　2016年になりようやく取り掛かりましたが、最初に読み始めた松平精氏の蛇行動に関する論文で早々に躓いてしまいました。研究所を離れて30年以上経っており、また著者には機械振動分野の知識が不足していることもあって読み進むことができませんでした。

　そこで頼りにしたのが昔の研究室の仲間でこの方面に強い真鍋克士氏でした。氏は著者の初歩的な質問にも丁寧に答えてくれたので大変助かりました。また、真鍋氏と同じく架線パンタグラフ系の振動解析で成果を挙げた網干光雄氏にも随所で助けてもらいました。

　初稿は2017年2月にでき上がり、まず藤森氏に見てもらって修正意見をいただきました。

　鉄道技術全般に精通している人はいません。著者は鉄道技術のうちの一部しか経験がなく本書で記した多くの事柄についてはいわば門外漢です。したがって、これらの分野については大筋で間違いがないか、大事なことが抜け落ちていないかなどについて専門家に目を通してもらう必要があります。

　これをお願いしたのが軌道、車両、信号保安、集電のそれぞれの第一人者である三浦重氏、岡本勲氏、佐々木敏明氏、真鍋克士氏で各位からは手直しのアドバイスをいただきました。

　また、田中真一先輩には全体を見ていただくとともに、三木忠直氏と一緒に新幹線の車体形状を決めた風洞試験のことや、モデル線で激しい蛇行動が発生したときの緊迫した様子、低い完成度で開業したため多くの心配事があったことなど当時の状況を伺いました。また、氏からはモデル線当時のデータや歪みゲージ実用化初期の頃の資料をいただきました。

　このように、それぞれの専門家に一応目を通してもらったとはいえ、記述に

## 謝辞

ついての全ての責任は著者にあることは言うまでもありません。

一方、本書は鉄道関係者でない人から見ても読めるかの観点から、大学時代の友人である岩間紀男氏と松井信行氏に見ていただき意見をいただきました。

掲載した写真については（公財）鉄道総合技術研究所、日本車輌製造株式会社、フランス国鉄、La Vie du Rail 社、田中真一氏、清沢三郎氏、宮坂達也氏、西田和良氏にご協力いただきました。

そして、Marry Hughes 氏には著書「Rail 300 – The World High Speed Train Race」からの引用許可をいただきました。

鉄道総研 OB で著者の国鉄同期でもある河田博之氏には、出版に関し成山堂書店を紹介していただきました。成山堂書店には、出版に至るまでの多くのことについてご支援いただきました。

このように、本書は多くの方に助けられて出版に至りました。ここに各位に対し厚くお礼を申し上げる次第です。

2018 年 12 月　下前 哲夫

東海道新幹線レリーフ
（東京駅、18・19 番線中央階段下）

# 索　　引

## 【英数】

1/10 模型 ……………………… 175
1/5 模型 ………………………… 177
2 元モデル ……………………… 226
2 軸貨車 …………………… 46, 186
2 軸台車 ………………………… 23
2 重系 …………………………… 337
3 重系 …………………………… 337
3 値符号形式 …………………… 332
80 系 ……………………………… 41
AF（Audio Frequency、可聴周波）
　………………………………… 104
AF 軌道回路 ……………… 104, 321
AGREE …………………………… 328
AM 変調式 ……………………… 114
AT（単巻き変圧器） …………… 318
ATACS …………………………… 161
ATC（Automatic Train Control、
　自動列車制御装置） ……… 174, 321
ATC 総合動作試験 …………… 323
A 形車内警報装置 …………… 321
A 編成 …………………………… 170
BT（吸上げ変圧器） …………… 309
B 編成 …………………………… 171
Cain ……………………………… 29
CARAT …………………………… 161
Carter …………………………… 29
COMTRAC ……………………… 338
CTC（Centralized Traffic Control、
　列車集中制御装置） ……… 174, 330
C 編成 …………………………… 170
DSB 方式 ……………………… 325
DT16 …………………………… 41
DT17 …………………………… 41
DT200 ………………………… 205
DT9002 ………………………… 203
DT9005 ………………………… 203
Euler 座屈 ……………………… 85
G-15 計算機 …………………… 255
G-20 計算機 …………………… 191
GHQ ……………………………… 37
IS 式軸箱支持装置 …………… 206
Meyer …………………………… 62
PS13 型パンタグラフ ………… 128
PS16 型パンタグラフ ………… 214
SE 車 …………………………… 55
TR35 …………………………… 33
TR37 …………………………… 33
Wickens ………………………… 30

## 【ア】

アーク対策 ……………………… 310
アーク放電 ……………………… 229
圧力抵抗 ………………………… 281
圧力波 …………………………… 292
有本弘 …………………… 124, 209
アルストム式 …………………… 182
安全限界 ………………………… 200
安全性技術 ……………………… 119
安全率 …………………………… 18, 87
安定領域 ………………………… 26, 44
池田正二 ………………………… 17
石澤應彦 ………………………… 206
板倉栄治 ………………………… 109
出縄隧道 ………………………… 292
移動速度 ………………………… 24
岩瀬勝 …………………… 121, 229
ウイングばね …………………… 34
上側帯波 ………………………… 114
運動自由度 ……………………… 47
エイジング ……………………… 330
駅装置 …………………………… 333
江原信郎 ………………………… 237
オイルダンパ ………………… 36, 41
応力解析法 ……………………… 94
応力外皮構造 …………………… 57
応力測定 ………………………… 57

| | |
|---|---|
| 応力分布 | 65 |
| 大蔵公望 | 166 |
| 大塚誠之 | 67 |
| 押上がり量 | 130 |
| 尾関雅則 | 141 |
| 温度伸縮 | 238 |

## 【カ】

| | |
|---|---|
| 開極速度 | 311 |
| 海軍航空技術廠 | 55 |
| 開電路式 | 103 |
| 開放インピーダンス | 111 |
| 重ね板ばね | 12 |
| 荷重係数 | 239 |
| 荷重試験 | 58 |
| 加振試験 | 13 |
| 架線 | 122 |
| 架線押上がり量 | 130 |
| 架線金具 | 234 |
| 架線試験車 | 213 |
| 架線振動 | 121, 123 |
| 架線の静特性 | 209 |
| 架線の断線事故 | 234 |
| 架線ばね定数 | 133 |
| 架線方式 | 123 |
| 仮想仕事の原理 | 84 |
| 加速度 | 97 |
| ガタ | 28 |
| 活線測定 | 126 |
| 滑走防止装置 | 279 |
| 可動端 | 252 |
| 過渡的な空力現象 | 290 |
| 渦流抵抗 | 281 |
| 側受け | 154 |
| 側受間隔 | 179 |
| 側受支持 | 185 |
| 側受摩擦 | 183 |
| 側構体 | 62 |
| 河辺一 | 104 |
| 慣性力 | 23, 26 |
| 幹線調査室 | 165 |
| カント | 148 |

| | |
|---|---|
| 緩動性 | 119 |
| 機械的抵抗 | 305 |
| 幾何学的蛇行動 | 15 |
| 軌間 | 22, 144 |
| 軌框剛性 | 85 |
| 危険側の誤動作 | 114 |
| 疑似軌道回路装置 | 108 |
| 軌条輪 | 43 |
| 艤装 | 66 |
| 岐点圧 | 295 |
| 軌道応力計算法 | 92 |
| 軌道回路 | 103, 160 |
| 軌道回路計算法 | 106 |
| 軌道回路定数 | 106, 110 |
| 軌道強度 | 75 |
| 軌道狂い | 90, 154 |
| 軌道構造 | 75, 239 |
| 軌道の防振 | 156 |
| 軌道破壊 | 98, 154, 239 |
| 軌道破壊係数 | 239 |
| 軌道力学 | 91, 157 |
| 記念講演会 | 73, 142 |
| 境界層 | 286 |
| 狭軌 | 143 |
| 狭軌最高速度 | 72 |
| 共振速度 | 134, 208 |
| 共役根 | 194 |
| 橋梁桁座配置 | 251 |
| キロサイクル軌道回路 | 104, 109, 160 |
| 空気抵抗 | 305 |
| 空気抵抗の分離測定 | 305 |
| 空気抵抗板 | 70 |
| 空気ばね | 17, 152, 259 |
| 空気摩擦抵抗係数 | 303 |
| 空力スカート | 72 |
| 鎖相似架線 | 209 |
| 駆動輪 | 151 |
| 国枝正春 | 20 |
| 粂沢郁郎 | 209 |
| クモヤ 93000 | 213 |
| クリープ | 16 |
| クリープ係数 | 27 |

## 索　引

クリープ力 …………………… 16, 23
経済安定九原則 ……………… 37, 40
形状抵抗係数 …………………… 302
継電器 …………………………… 104
京阪神急行電鉄 …………… 42, 295
ゲージ率 ………………………… 60
ケーブル回線 …………………… 335
限界速度 ……………………… 28, 49
研究補助金 ……………………… 71
減速度 …………………………… 157
コイルばね …………………… 20, 41
広軌 ……………………………… 143
高周波焼入れ …………………… 255
扛上 ……………………………… 116
公職追放 ………………………… 105
合成コンパウンド架線 ………… 212
合成素子 ………………………… 212
構造係数 ………………………… 239
高速台車振動研究会 …………… 4
高速パンタグラフ ……………… 222
高調波 …………………………… 114
交流軌道回路 …………………… 104
交流電化 …………… 104, 160, 308
交流電化調査委員会 …………… 308
互換性 …………………………… 142
故障率 ……………………… 329, 336
誤字率 …………………………… 335
固定端 …………………………… 252
小宮次郎 ………………………… 124
ゴムパッド ……………………… 156
ゴムブッシュ …………………… 37
固有振動 ……………… 6, 8, 9, 11
転がり速度 ……………………… 24
コンクリート道床 ……………… 151
コンパウンド架線 ……………… 131

### 【サ】

最低座屈強さ …………………… 86
最低軸圧 ………………………… 78
最適軌道構造 …………………… 243
座屈 ……………………………… 76
座屈長 …………………………… 77

座屈強さ ………………… 74, 84, 238
座屈理論 ………………………… 77
佐藤裕 …………………………… 78
三位式信号 ……………………… 112
残留応力 ………………………… 90
塩谷正雄 ………………………… 209
磁気探傷 ………………………… 258
軸距 ………………………… 29, 178
軸箱 ………………………… 27, 32
軸箱支持装置 …………………… 181
軸箱守 …………………………… 27
軸ばね ………………… 9, 10, 11, 20
軸力 ……………………………… 78
試作電車 ………………………… 170
支持点間の波 …………………… 130
下側帯波 ………………………… 114
実験台車 ………………………… 180
自動列車制御 …………………… 119
視認距離 ………………………… 157
篠原武司 ………………… 73, 138
柴田碧 …………………………… 209
島隆 ……………………………… 209
島秀雄 …………………………… 4
車軸の強度 ……………………… 255
車軸横弾性 ………………… 181, 183
車体強度計算法 ………………… 62
車体剛性 ………………………… 62
車体質量 ………………………… 26
車体相当部 ……………………… 180
車体蛇行動 ……………………… 50
車体の気密化 …………………… 253
車体無傾斜機構 ………………… 190
遮断電流 ………………………… 314
車内警報装置 ……… 104, 160, 321
車内信号 ………………………… 325
車両係数 ………………………… 239
車両構造 ………………………… 145
車両試験台 ………………… 31, 181
車両抵抗係数 …………………… 303
車輪径 ……………………… 15, 22
車輪フラット ……………… 238, 247
車輪フランジ …………………… 28

| | | | | |
|---|---|---|---|---|
| 重心低下 | 69 | スリップリング | 60 |
| 舟体 | 224 | 静荷重試験 | 254 |
| 集中定数モデル | 96 | 制限速度 | 69 |
| 集電研究委員会 | 122 | 制動距離 | 157 |
| 集電性能 | 121 | セクション | 309 |
| 集電摩耗 | 229 | セクションアーク対策 | 308 |
| 周波数変調 | 322 | セクション構造 | 215 |
| 受信コイル | 159 | セクション短絡 | 314 |
| 受電端 | 106 | 接触力 | 133 |
| 受電端インピーダンス | 112 | 全走行抵抗 | 305 |
| シュリーレン式 | 182 | 双曲線関数 | 107 |
| 瞬時回復電圧 | 316 | 走行抵抗 | 72, 302 |
| 準張殻構造 | 65 | 相似率 | 87 |
| 衝撃係数 | 240 | 送電端 | 106 |
| 衝撃的横圧 | 197 | 側帯波 | 324 |
| 状態係数 | 239 | 速度依存性 | 93 |
| 冗長度 | 335 | 速度照査 | 323 |
| 摺動式軸箱支持方式 | 37 | 十河信二 | 138 |
| 商用周波軌道回路 | 116 | | |
| 初期故障 | 330, 340 | **【タ】** | |
| ショックレー | 109 | 第1次蛇行動 | 50, 184 |
| 自励振動 | 150 | 第2次蛇行動 | 50, 184 |
| 新幹線建設基準調査委員会 | 170 | 台車回転抵抗 | 187 |
| 新幹線構想 | 73 | 台車慣性力 | 25 |
| 伸縮区間 | 79 | 台車質量 | 25 |
| 伸縮長 | 78 | 台車蛇行動 | 50 |
| 伸縮継目 | 74, 200, 246 | ダイヤフラム形空気ばね | 265 |
| 伸縮率 | 60 | 台枠 | 62, 66 |
| 伸縮量 | 74, 80 | 蛇行動 | 5, 15, 149 |
| 振動試験 | 65 | 蛇行動解析 | 21 |
| 振動変位 | 97 | 蛇行動限界速度 | 54, 183, 196 |
| 振幅変調式 | 114 | 多数決方式 | 330 |
| シンプル架線 | 131, 208 | 多数パンタグラフ集電 | 219 |
| 信頼性 | 327 | 脱線係数 | 148, 197 |
| 信頼性技術 | 329 | 縦道床抵抗 | 79 |
| 吸上げ変圧器 | 309 | ダブルコンパウンド架線 | 236 |
| 随時起動方式 | 332 | 弾丸列車構想 | 69 |
| スキャニング方式 | 332 | 弾性結合 | 28 |
| 図式解法 | 175 | 弾性支持 | 29 |
| スナバー | 20 | 弾性復元力 | 29 |
| スラストばね | 179 | 弾性方程式 | 63 |
| すり板 | 120 | 単巻き変圧器（AT） | 318 |

| | |
|---|---|
| 短絡インピーダンス | 111 |
| 短絡感度 | 112 |
| 中央装置 | 333 |
| 中空軸 | 68 |
| 超過遠心力 | 148 |
| 長大アーク | 311 |
| 直流軌道回路 | 104 |
| 直結軌道 | 246 |
| ツインシンプルカテナリ式 | 130 |
| 通信誘導障害 | 308 |
| 継目抵抗 | 78 |
| 坪内享嗣 | 119 |
| 定期修繕方式 | 241 |
| 抵抗係数 | 68, 282 |
| 抵抗セクション方式 | 312 |
| 抵抗線歪みゲージ | 57 |
| ディスクブレーキ | 69, 273 |
| デジタル軌道回路 | 330 |
| デジタルシミュレーション手法 | 237 |
| 鉄系すり板 | 233 |
| 電気ブレーキ | 273 |
| 電源同期SSB2周波組合せ | 330 |
| 電源同期SSB方式 | 324 |
| 電磁ブレーキ | 272 |
| 電信方程式 | 106 |
| 点接触トランジスタ | 109 |
| 転走試験装置 | 31 |
| 伝送定数 | 106 |
| 伝送損失 | 112 |
| 伝播速度 | 121 |
| 東海道線増強調査会 | 143, 164 |
| 等価質量 | 96 |
| 等価ばね定数 | 96 |
| 銅系すり板 | 232 |
| 道床加速度 | 93 |
| 道床抵抗 | 80 |
| 動特性 | 262 |
| 等分布荷重 | 65 |
| 踏面勾配 | 15, 22 |
| 動力学 | 95 |
| 動力分散 | 146 |
| 特性インピーダンス | 106 |
| 特性方程式 | 188 |
| 独立車輪 | 179 |
| 特急つばめ | 67 |
| ドッジ・ライン | 40 |
| 戸原春彦 | 125, 126 |
| 共金現象 | 232 |
| 鳥越隆道 | 292 |
| トンネル突入時の空力現象 | 289 |

## 【ナ】

| | |
|---|---|
| 長崎惣之助 | 308 |
| 中村和雄 | 19, 57 |
| ナハ10 | 64, 150 |
| 沼田実 | 74 |
| ねじり振動 | 65 |
| 熱暴走現象 | 113 |
| 粘着係数 | 275 |
| 粘着限界 | 273 |
| 粘着ブレーキ | 272 |
| ノイズ電圧 | 112 |
| 乗り心地 | 12, 259 |
| 乗り心地判定基準 | 267 |

## 【ハ】

| | |
|---|---|
| バーディーン | 109 |
| 長谷川豊 | 161 |
| 波動伝播速度 | 228 |
| ばね定数均一化 | 235 |
| ばね定数の不等率 | 133 |
| 波面 | 291 |
| 林正巳 | 314 |
| バラスト軌道 | 91, 157 |
| 原朝茂 | 290 |
| 張殻構造 | 146 |
| 張出量 | 77 |
| パルス変調式 | 114 |
| ハンガー周期の接触力変動 | 237 |
| 反射波 | 292 |
| 搬送波 | 110, 114, 322 |
| パンタグラフ | 122 |
| パンタグラフ質量 | 134 |
| パンタグラフ数削減 | 318 |

| | |
|---|---|
| パンタグラフすり板 | 229 |
| 疋田遼太郎 | 18 |
| ヒステリシス | 264 |
| 歪みゲージ | 58 |
| 非線形性 | 264 |
| ピッチング | 8, 10 |
| ビット | 331 |
| 非同期妨害波 | 326 |
| ピトー管列 | 297 |
| 捻りセクション | 219 |
| ビビリ振動 | 34 |
| 表定速度 | 144 |
| 表皮効果 | 111 |
| 負圧 | 296 |
| 不安定度 | 25 |
| 不安定領域 | 44 |
| 風圧ブレーキ | 272 |
| ブースタセクション | 317 |
| 風速計の応答性 | 299 |
| 風洞試験 | 38 |
| フェールセーフ | 103 |
| 復元ばね | 226, 227 |
| ふく進 | 74 |
| 復調用搬送波 | 326 |
| 藤井澄二 | 132 |
| 不整支持 | 254 |
| 不平衡問題 | 113 |
| フラッタ | 3 |
| ブラッテン | 109 |
| ブリッジ結線 | 59 |
| ブレーキ距離 | 276 |
| ブレーキ制御 | 323 |
| 分布定数モデル | 96 |
| 分布容量 | 106 |
| 平均寿命 | 329 |
| 平均ばね定数 | 208 |
| 閉電路式 | 103 |
| ヘビーコンパウンド架線 | 236 |
| ベローズ形空気ばね | 260 |
| 変形Y型コンパウンド架線 | 212 |
| 変形Y型シンプルカテナリ式 | 130 |
| 妨害電圧 | 160, 322 |
| 妨害波 | 112 |
| 防振ゴム | 41 |
| ボー | 331 |
| 穂坂衛 | 30 |
| 星野陽一 | 74 |
| 補助タンク | 259 |
| 保原光雄 | 331 |
| 堀越一三 | 74 |

【マ】

| | |
|---|---|
| マイクロ波回線 | 335 |
| 枕ばね | 9, 10, 11, 20 |
| 摩擦ブレーキ | 273 |
| 松井哲 | 38 |
| 松井信夫 | 14 |
| 松平精 | 2, 139 |
| 松原健太郎 | 238 |
| 摩耗踏面 | 181 |
| マルチプルタイタンパー | 90 |
| 三木忠直 | 55, 139 |
| 耳ツン現象 | 253, 300 |
| ミンデン式 | 182 |
| 模型架線 | 211 |
| モデル線 | 171 |
| モハ31 | 32 |
| モハ52 | 32 |
| モハ63型電車 | 7 |

【ヤ】

| | |
|---|---|
| 屋根構体 | 62 |
| 山葉ホール | 91, 138 |
| 山本彬也 | 301 |
| 山本利三郎 | 72 |
| 揺れ枕吊り | 10 |
| 揺れ枕吊り方式 | 7 |
| 揺れ枕吊りリンク | 35 |
| ヨーイング | 8, 10 |
| 横支持剛性 | 49 |
| 横方向抵抗 | 77 |
| 吉峯鼎 | 59 |

## 【ラ】

| | |
|---|---|
| 落下 | 116 |
| 離線 | 121 |
| 離線開始速度 | 134, 208 |
| 流線型 | 68 |
| 流速分布 | 288 |
| 量産車 | 171 |
| 量産車用台車 | 204 |
| 臨界速度 | 129, 130 |
| 輪重横圧 | 59 |
| 輪重変動 | 256 |
| レール圧力 | 245 |
| レールインダクタンス | 106 |
| レールインピーダンス | 106 |
| レール温度上昇 | 81 |
| レール温度低下 | 81 |
| レール軸力 | 76 |
| レール沈下 | 246 |
| レール締結装置 | 245 |
| レール抵抗 | 106 |
| レールの加温 | 88 |
| レール溶接口数 | 249 |
| 列車制御 | 104, 110 |
| 列車風 | 298 |
| 連続網目架線 | 212 |
| 漏洩アドミッタンス | 106 |
| 漏洩コンダクタンス | 106 |
| ローリング | 8, 10 |
| ロングレール | 74, 238 |

編 著 者 略 歴

下前　哲夫（しもまえ　てつお）

1941年、和歌山県に生まれる。1966年、名古屋工業大学修士課程修了（電気工学）、国鉄入社。1967年から国鉄鉄道技術研究所において集電関係の技術開発などに従事。1981年から国鉄本社・鉄道管理局において、1987年から東海旅客鉄道（株）において鉄道電気設備の保守・改良などに従事。1996年から同社鉄道事業の安全管理などに従事。2000年から新生テクノス（株）、2008年から（社）日本鉄道電気技術協会に勤務。2012年、退職。現在（一社）日本鉄道電気技術協会顧問
著書：『新幹線の連続アークはどのようにして解消されたか』（共著、（社）日本鉄道電気技術協会、2008年）

### 新幹線実現をめざした技術開発

定価はカバーに表示してあります。

2019年1月18日　初版発行

| | |
|---|---|
| 編著者 | 下前　哲夫 |
| 発行者 | 小川　典子 |
| 印　刷 | 三和印刷株式会社 |
| 製　本 | 株式会社難波製本 |

### 発行所 鬱 成山堂書店

〒160-0012　東京都新宿区南元町4番51　成山堂ビル
TEL：03(3357)5861　　FAX：03(3357)5867
URL：http://www.seizando.co.jp

落丁・乱丁本はお取り換えいたしますので，小社営業チーム宛にお送りください。

©2019　Tetsuo Shimomae
Printed in Japan　　　　　　　　　　ISBN 978-4-425-96281-5

## 成山堂書店発行　鉄道関係図書案内

東海道新幹線　運転室の安全管理
200のトラブル事例との対峙

中村信雄　著

A5判・256頁・定価2400円

鉄道技術者の国鉄改革
－関門トンネルから
　　　　　九州新幹線まで－

高津俊司　著

A5判・204頁・定価2400円

鉄道がつくった日本の近代

高階秀爾・芳賀徹・老川慶喜・高木博志　編著

A5判・368頁・定価2300円

新幹線開発百年史
東海道新幹線の礎を築いた運転技術者たち

中村信雄　著

A5判・330頁・定価3200円

復刻版　高速鉄道の研究
主として東海道新幹線について

鉄道技術研究所　監修

B5判・680頁・定価18000円

国鉄乗車券図録

池田和政　編

B5判・580頁・定価38000円

※定価はすべて税別です。